新三导丛书

复变函数与积分变换
导教·导学·导考

（高教社·西安交通大学·第四版）

（高教社·东南大学·第四版）

王惠珍　赵伟舟　编著

西北工业大学出版社

【内容简介】 本书内容包括复数与复变函数、解析函数、复变函数的积分、级数、留数、共形映射、Fourier变换、Laplace变换.主要内容结构为每章的内容导教、内容导学、典型例题解析,习题精解以及课程考试真题与参考答案.以帮助读者抓住要点,把握实质,掌握方法,融会贯通,提高学习效率和与教学教育质量.

本书可供高等工科院校各专业的师生参考.

图书在版编目（CIP）数据

复变函数与积分变换导教·导学·导考/王惠珍,赵伟舟编著.—西安:西北工业大学出版社,2014.8

(新三导丛书)

ISBN 978-7-5612-4106-6

Ⅰ.①复… Ⅱ.①王…②赵… Ⅲ.①复变函数—高等学校—教学参考资料②积分变换—高等学校—教学参考资料 Ⅳ.①O174.5②O177.6

中国版本图书馆 CIP 数据核字（2014）第 190794 号

出版发行:西北工业大学出版社
通信地址:西安市友谊西路 127 号　　邮编:710072
电　　话:(029)88493844　88491757
网　　址:http://www.nwpup.com
印　刷　者:兴平市博闻印务有限公司
开　　本:787 mm×1 092 mm　1/16
印　　张:11.875
字　　数:364 千字
版　　次:2014 年 8 月第 1 版　　2014 年 8 月第 1 次印刷
定　　价:25.00 元

前　言

随着信息化教育的迅速发展和知识爆炸时代的到来,现代科技对于数学课程的教与学都提出越来越高的要求.但是,与此同时,我国目前大学数学教育严重出现了高要求与学时少的突出矛盾.正是为了更好地解决这一矛盾,笔者在近30年的教学经验和对教案整理的基础上,编写了三导系列丛书之一——《复变函数与积分变换导教·导学·导考》,以帮助读者抓住要点,把握实质,掌握方法,融会贯通,提高教学和学习效率与教育质量.

本书共分为两部分:复变函数与积分变换,分别与高等教育出版社出版的下列教材相配套:西安交通大学编第四版《复变函数》和东南大学编第四版《积分变换》.

本书内容包括复数与复变函数、解析函数、复变函数的积分、级数、留数、共形映射、Fourier变换、Laplace变换.各章主要内容结构为内容导教、内容导学、典型例题分析,习题精解以及课程考试真题与参考答案.本书可作为高等工科院校各专业的老师教学参考和学生自学参考书.每章的教学建议既可以帮助任课老师把握讲授要点及内容组织方法,又可以帮助学生透视知识系统脉络,掌握预习或课后复习方法;而重点、难点解析有助于帮助老师在教学组织中突出重点,化解难点,把握本质;也有助于学生在学的过程中深刻理解主要内容,掌握知识联系与区别,并结合典型例题分析,做到融会贯通,从细节的认识升华到全盘的系统认识,提高分析问题、解决问题的能力.

各章的教学建议和主要概念(包括教学基本要求,主要内容精讲,重点、难点解析和部分的典型例题分析)由王惠珍编写,部分例题分析、习题精选详解与以及课程考试真题与参考解答、插图由赵伟舟编写.

由于水平有限,不妥之处在所难免,恳望广大读者批评指正!

编著者

2014年5月

目 录

第二部分 积分变换

绪　言

0.1　为什么要学习这门课

"复变函数与积分变换"课程包括"复变函数"和"积分变换"两个分支,是理工科院校大多数专业的一门必修专业基础课程,其理论和方法在数学、自然科学和工程技术中有着广泛的应用,是解决诸如流体力学、电磁学、热学、弹性力学中的平面问题和通信工程、电气工程、信号处理及自动控制不可缺少的有力工具.

早在16世纪中叶,G. Cardano(1501—1576年)在研究一元二次方程时遇到了负数开平方的情况,首先引进了复数,然而在很长一段时间内,复数并不被人们所接受,通常被认为是没有意义的"虚数".直到18世纪,随着微积分的产生与发展,人们才真正开始将注意力转移到复数的"真实性"和"重要性"上来,特别是欧拉(L. Euler)的研究结果,例如欧拉公式深刻揭示了复指数函数与三角函数之间的关系.随后,C. Wesse(1745—1818年)和R. Argand(1768—1822年)的研究结果——将复数用二维向量或点表示,以及K. F. Gauss(1777—1855年)与W. R. Hamilton(1805—1865)定义复数为有序实数对.这些数学家的研究结果,为复变函数论的发展奠定了坚实的理论基础.

复变函数论产生于18世纪.1774年,欧拉在他的一篇论文中考虑了由复变函数的积分导出的两个方程,而在比他更早时期,法国数学家达朗贝尔(D. Alembert,1717—1783年)在他关于流体力学的论文中,就已经得到同样的两个方程.因此后来人们就称这两个方程为"达朗贝尔-欧拉方程".随后,法国的拉普拉斯研究了复变函数的积分.欧拉、达朗贝尔和拉普拉斯都是创建复变函数论的先驱.到了19世纪,当柯西和黎曼研究流体力学时,对上述两个方程又做了更详细的研究,所以这两个方程也被称为"柯西-黎曼"条件.柯西、黎曼和德国数学家维尔斯特拉斯为这门学科的发展做了大量的奠基工作.

复变函数论的全面发展是在19世纪,就像微积分的发展统治了18世纪的数学那样,复变函数这个新的分支统治了19世纪的数学.当时的数学家公认复变函数论是最丰饶的数学分支,并且成为这个时期的数学盛宴.也有人称赞它是抽象科学中最和谐的理论之一.

20世纪初,复变函数论又有了很大的进展,维尔斯特拉斯的学生——瑞典数学家列夫勒、法国数学家彭加勒、阿达玛等——都做了大量的研究工作,开拓了复变函数论更广阔的研究领域,为这门学科的发展做出了贡献.

复变函数中的许多概念、理论和方法是实变函数在复数域内的推广和发展.其主要任务是研究复变函数之间的依赖关系及复数域上的微积分,其主要研究对象是解析函数.

复变函数的柱石——柯西积分公式,把可微复变函数与复幂级数联系起来,现代数学一刻也离不开它.首先,黎曼利用它把zeta函数延拓到整个复平面,这一成果成为后世追随者的崇拜对象.调和分析复方法,首先必须引用柯西积分公式.由于其基础性的作用,代数复几何,如基本的霍奇定理、解析数论(更是完全依赖zeta函数的解析性质)及素数大定理的非初等证明,素数分布的诸多结论,都极端依赖于可微函数和幂解析的等价性.复变函数可以通过共形映射为它的性质提供几何说明,共形映射在流体力学、空气动力学、弹性理论、静电场理论等方面都得到了广泛的应用.留数理论将复变函数积分的计算大大简化.

现在复变函数已经深入到代数学、微分方程、积分方程、概率论与数理统计、拓扑学和解析数论等数学分支.复变函数的理论和方法已被广泛应用于理论物理、电磁学、热学、流体力学、空气动力学、弹性力学、通信工程、电气工程、信号处理和自动控制等领域.它是解决平面问题的有力工具,在描述波动、交流电、原子结构中都具有很大的优越性.

例如在力学或物理学中,可以用复变函数来建立很多"稳定平面场"的数学模型:流体力学中的平面流速场的速度分布和静电学中的平面静电场的强度分布可用复变函数来表示.

俄国的茹柯夫斯基在设计飞机的时候,就用复变函数论解决了飞机机翼的结构问题,他在运用复变函数论解决流体力学和航空力学方面的问题上也做出了贡献.

而数学、自然科学和工程技术的不断发展又极大地推动了复变函数的发展,丰富了复变函数的内容.近年来,关于广义解析函数论的理论和应用研究的发展也十分迅速.

随着工程技术(信号与系统、电工技术、无线电技术、信号处理等领域)的不断发展和需要,在复变函数论的基础上,形成了积分变换.所谓积分变换,就是通过适当的积分运算,把某函数类 A 中的一个函数变成另一函数类 B 中的一个函数的变换.工程技术中最常用的积分变换就是傅里叶变换和拉普拉斯变换.

积分变换起源于 19 世纪的运算危机.英国著名的无线电工程师海维赛德(Heaviside)在求解电工学、物理学等领域的线性微分方程的过程中逐步形成了一种所谓的符号法,后来符号法又演变成现在的积分变换法.积分变换法已成为求解微分方程或其他方程的简便有效的工具,通过积分变换,能够把分析运算(如微分、积分)转换为代数运算,把原来的微(积)分方程转换为代数方程.

积分变换的理论与方法不仅在数学的许多分支中得到广泛应用,而且作为一种研究方法和工具,在许多科学技术领域中(例如物理学、力学、无线电技术及信号处理等方面),无论是过去还是现在或者将来都发挥着极为重要的作用.

0.2 如何教好这门课

复变函数通常又称复分析,复变函数的许多概念、理论和方法都是实变函数在复数域内的推广与发展,因此复变函数与实变函数的内容之间有许多相似之处,但又有本质不同之处.复变函数构建的是二维空间到二维空间的映射,抽象程度更高,理论推导更繁,遇到的问题更繁杂,学生理解起来难度相对较大,容易感到枯燥无味.不少学生对复变函数学习并没有引起足够重视.因此在复变函数教学中,要启发、引导学生善于比较,勤于思考,既要注意共同点,更要注意复数域上特有的性质与结果,抓住本质,融会贯通,同时还要注意激发学生学习这门课的兴趣.要克服这些问题,我们在教学中进行了以下尝试:

(1)相关数学历史的渗透.一方面,通过知识背景介绍,在枯燥的数学讲授中增加趣味性内容,以调动学生的学习兴趣和主动性.特别是第一次课的内容包括复变函数的历史和涉及的数学家柯西、黎曼、傅里叶、拉普拉斯等的故事,这些历史故事的介绍不但可以抓住学生的兴趣点,使他们对复变函数中的重要定理产生好奇,在以后正式学习定理时能够更快记住和掌握.另一方面,通过介绍数学家对知识的发现过程,培养学生追求真理的执著信念和正确的人生观、价值观.从数学家的故事中,学生也会感受到数学大师们独特的思维方法和坚忍不拔的精神,从而鼓励学生积极思维,勇战困难.

(2)现代教学模式的应用.复变函数与积分变换是解决实际问题的有力工具,在教学中需要注意两点:一是教师的基础知识传授;二是学生的自主学习与创新能力培养.在教学过程中,尽量打破传统的教师主讲模式,将课堂作为学生参与数学活动的重要阵地之一,大力提倡"讲授+实践"和"以学为主,先学后教"的教学模式,理论与实践相结合,讲授与自学相结合,精讲多练,突出重点,化解难点,以此提高课堂效率,培养学生的建模思想和数学实践能力.

例如,积分变换属于基础性工程应用类的数学课程,是以复变函数为基础的积分运算,其理论、方法简单,但公式、性质多,学起来枯燥一些.因此,当进行积分变换内容的教学时,应该以应用思想方法教学为重点,要更加注重应用性问题的解决和实践性的教学环节.这样才能取得更好的教学效果,并对学生学习后继相应的专业课程打下良好的基础.

(3)现代教学法的应用.传统的复变函数教学,多采用单纯的类比教学法,从高等数学的相关内容讲起.

但由于复变函数大多数都安排在第四学期,不少学生在学习复变函数时,已经遗忘了有关的高等数学知识.如果仅仅依赖大量的类比法教学,学生会有"重复感"而不能激起学习兴趣.因此,在教学过程中,可从一些有意义的相关实际背景问题出发,实施"例证式"等现代教学方法与传统"类比联想"教学方法相结合的思路进行课堂讲授.一方面,由于学生学习数学最怕的就是理论性强的定理,因此在讲复变函数的一些理论时可先从生动的实际例子入手,使学生真正感到所学定理在实际中是有用的,是能解决实际问题的,避免学生对所学知识产生"无用论"的消极思维,从而激发了学生的兴趣,充分调动学生学习的主观能动性.例如,讲复变函数的第1章的辐角及其主值时,联想起如今大家都热衷的数码照相机.数码相机照出的照片好看,有立体感.在讲第3章柯西积分公式时,让学生思考如何测得一个球形物体球心的温度:如果球面各点的温度能够知道的话,则可利用柯西积分公式计算出球的中心温度值;当讲解析函数时,指出解析函数在电场的电位和电通的研究中的作用.另一方面,由于复变函数和积分变换是高等数学的后继课程,是高等数学的继续和发展,特别是复变函数的基本概念和定理,比如极限、连续、导数等都与高等数学中的一元函数的相应概念形式一致,而本质不同.因此,在教学过程中,要运用好类比联想法教学,培养学生使用已知知识的能力.例如,复与实极限类比,可导解析类比、结构的类比等.多年的教学实践证明,类比的过程是培养学生创造性思维的过程,通过联想使他们回忆高等数学的重要知识,也对高等数学的知识有了更高层次的认识,并掌握了复变函数与高等数学不一样的地方,激发了他们探索新知识的积极性.

(4)数学思想和应用方法的渗透.课堂讲授,针对相关概念、理论和方法,展示形成过程,挖掘潜在思想本质,提炼应用思想方法,启发拓展思路,介绍相关应用.这对于学生理解、掌握和应用知识是至关重要的,也使学生对该课程的适用性有了新的认识.

(5)第二课堂和实践课的开展.鼓励和指导学生尽可能多地阅读相关课外参考书或文献,将相关专业课的知识融进这门课,并通过数学建模或实践课让学生应用所学知识解决一些简单的实际问题,撰写心得体会或小论文.这对于让学生重视这门课,培养学生学习兴趣,提高自学能力、独立思考和创新应用能力是极其重要的.

(6)优化检测评价机制.过程监控是调整教学、改善效果的唯一依据,教学检测中注重知识和能力两方面检测,利用互联网、校园网由学生网上测试、网上批阅,及时反馈检测结果,以及时调整教学.

0.3　如何学好这门课

复变函数和积分变换是相关专业必修的重要基础理论课程,是信号处理、物理现象解析、工程运用的基本数学工具.因此要学好这门课程,学生在学习过程中需要注意以下几点。

(1)认识课程的重要性.查阅课程相关方面的史料及应用文献,培养浓厚的学习兴趣,充分发挥主观能动性.

(2)掌握类比、联想、总结、概括、推广的学习方法.好的学习方法,对于提高学习效率是至关重要的.通过应用类比、联想的方法,基于充分复习,顺利从回顾高等数学的知识点推广过渡到学习复变函数的相关知识点.做到从对一堂课内容的概括总结到一章内容的概括总结,再从第一节课到即学内容的概括总结;总结知识点之间的联系、常见问题、常用方法及步骤、总结应用思想,做到举一反三、融会贯通.

(3)分清异同,抓住本质.把握复变函数与高等数学的本质区别,掌握复变函数特有的性质、结果和研究方法.学生在学习中,只有勤于思考,善于比较,分清异同,抓住本质,才能加深理解,融会贯通.

(4)重视课前预习和课后演练.复变函数与积分变换具有概念抽象、公式定理繁多的特点,需要学生在课前复习或预习课后多计算、多演练、多实践,以此加深对抽象概念的理解.华罗庚曾经说过:"学数学就是做数学".

(5)勤思考,多讨论,勤反馈.学生学习中遇到问题是必然的,积极面对问题、及时解决问题是必须的.避免问题日积月累,导致恶性循环,影响更多内容的学习.解决问题的主要途径、程序可概括为:首先是自己独立尝试解决——针对问题所涉及的知识点,认真阅读课本和参考书的相关内容,努力回顾课堂老师所讲,经过认真思考,尝试寻找解决问题的办法;其次是请教身边学习好的同学,或者和周围同学共同讨论,找到解决问题的思路;最后是及时请教老师,弄清楚所学知识的来龙去脉和应用方法,既及时、很好地解决了问题,还能让老师及时了解学生掌握知识的情况,更好地调整教学策略,达到更好的教学效果.

第一部分　复变函数

第1章 复数与复变函数

1.1 内容导教

一、复数的概念、运算及其表示方法

复数的概念、运算及其表示方法是学习复变函数的基础. 教学中要强调以下几点：

(1)借助于复平面与平面直角坐标系的关系,建立复数与平面点的一一对应关系,复数的代数表达式与几何表达式(包括三角表示式、指数表示式)之间的关系及相互转化方法.

(2)注意辐角的多值性、复数乘积和商的辐角公式成立的特殊性.

二、平面图形的复数表示

平面图形(平面曲线或平面区域等)的复数表示(方程或不等式)是复变函数理论的几何基础,也是解决有关几何问题的重要方法,例如,向量的旋转就可以用该向量所表示的复数乘一个模为1的复数去实现.因此,教学中要强调：

(1)平面曲线是平面上点的运动轨迹.在复平面中,由于平面点与复数一一对应,因此平面曲线可与复数方程一一对应.

(2)平面区域则是由平面曲线所围成的图形,可以用复数不等式来表示.

(3)平面图形的复数表示式与其他表示式(如参数方程、直角坐标式)之间可以相互转化.

三、复变函数的概念

类似于实变函数是"实分析"的研究对象,复变函数是"复分析"的研究对象.教学中应强调：

(1)复变函数实质：可理解为两个复平面上的点集之间的一种映射.

(2)复变函数与实变函数的异同点：复变函数定义形式与一元实变函数相似,但其实质上对应两个二元实变函数.

四、复变函数的极限与连续

类似于实分析,复变函数的极限是"复分析"研究问题的主要工具,连续是复变函数的重要性质和"复分析"研究问题的桥梁.

(1)应用"类比教学法",把一元实变函数的极限与连续概念推广得到复变函数的极限和连续.

(2)教学中,要引导学生们注意：形式上,复变函数的极限与连续的定义、运算法则和许多性质都与一元实变函数相同;但实质上,一个复变函数的极限与连续却对应着两个二元实变函数的极限与连续.

1.2 内容导学

1.2.1 内容要点精讲

一、教学基本要求

(1)通过复习,熟练掌握和灵活应用复数的概念、运算及其表示方法,特别注意要正确理解辐角的多值性、复数乘积和商的复角公式成立的特殊性.

(2)了解平面曲线、平面区域等平面图形的概念及其复数表达式.

(3)理解复变函数的定义及其与映射的关系.

(4)理解复变函数极限与连续性的概念及其与实变函数相关概念的异同点.

(5)熟悉复变函数极限存在的充要条件及复变函数连续的充要条件,熟悉复变函数极限的运算法则,掌握复变函数极限存在性的判别方法和极限求法.

二、主要内容精讲

(一)复数及其运算

复数的概念、运算及其表示方法是学习复变函数的基础.

1.复数与共轭复数的概念

定义 1.1 (复数与共轭复数) $\forall x, y \in \mathbf{R}$,称 $z = x + \mathrm{i}y$ 为复数,而称 $\bar{z} = x - \mathrm{i}y$ 为 z 的共轭复数.其中 i 称为虚数单位,x, y 分别称为 z 的实部和虚部,记作

$$x = \mathrm{Re}\,(z), \quad y = \mathrm{Im}\,(z)$$

[注] (1) $z = \mathrm{i}y$ 称为纯虚数,$z = x = x + 0\mathrm{i}$,则看作实数 x.

(2) 设 $z_1 = x_1 + \mathrm{i}y_1$,$z_2 = x_2 + \mathrm{i}y_2$,则 $z_1 = z_2 \Leftrightarrow \begin{cases} x_1 = x_2 \\ y_1 = y_2 \end{cases}$

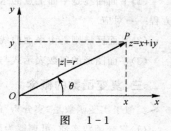

图 1-1

两个复数相等,当且仅当它们的实部和虚部分别相等.

(3) $z = x + \mathrm{i}y = 0 \Leftrightarrow x = 0, y = 0$.

一个复数等于 0,当且仅当它的实部和虚部都等于 0.

2.复数的其他表示法

(1) 复平面与扩充复平面:在平面直角坐标系中,当 x 轴表示实轴,y 轴表示虚轴时,则 xOy 面称为复平面;而把包括无穷远点在内的复平面称为扩充复平面.xOy 面上的点 (x, y) 称为复平面上的点 $z = x + \mathrm{i}y$(见图 1-1).

(2) 复数的几何表示 —— 点与向径:如图 1-1 所示,在复平面上,复数 $z = x + \mathrm{i}y$ $\xleftrightarrow{\text{一一对应}}$ 平面点 (x, y) $\xleftrightarrow{\text{一一对应}}$ 平面向量 **OP**.

(3) 复数的两要素表示 —— 复数的模与辐角(见图 1-1).

复数的模:向量 **OP** 的长度称为复数 $z = x + \mathrm{i}y$ 的模,记作 $|z| = r = \sqrt{x^2 + y^2}$.且满足如下三角不等式:

$$|x| \leqslant |z|, \quad |y| \leqslant |z|, \quad |z| \leqslant |x| + |y|$$

复数的辐角:当 $z \neq 0$ 时,以正实轴为始边,以 z 对应的向量 **OP** 为终边的角的弧度数 θ 称为 z 的辐角,记作 $\mathrm{Arg}z = \theta$.

特别地,称 $z \neq 0$ 在 $(-\pi, \pi]$ 内的辐角 θ_0 为 $\mathrm{Arg}z$ 的主值,记作 $\arg z = \theta_0$,且

$$\arg z = \begin{cases} \arctan \dfrac{y}{x}, & \text{当 } x > 0 \text{ 时} \\ \pm \dfrac{\pi}{2}, & \text{当 } x = 0, y \neq 0 \text{ 时} \\ \arctan \dfrac{y}{x} \pm \pi, & \text{当 } x < 0, y \neq 0 \text{ 时} \\ \pi, & \text{当 } x < 0, y = 0 \text{ 时} \end{cases} \qquad (z \neq 0, -\dfrac{\pi}{2} < \arctan \dfrac{y}{x} < \dfrac{\pi}{2})$$

[注]　1)$\tan (\mathrm{Arg} z) = \tan (\arg z) = \dfrac{y}{x}$.

2)$\forall z \neq 0, \mathrm{Arg} z = \arg z + 2k\pi (k \in \mathbf{Z})$

即任何一个复数 $z \neq 0$ 都有无穷多个辐角,且任意两个辐角之差为 $2k\pi(k \in \mathbf{Z})$.

3)复数 $z = x + \mathrm{i}y$ 的实部、虚部与其模、辐角的关系为

$$\begin{cases} x = r\cos \theta \\ y = r\sin \theta \end{cases} \quad \text{或} \quad r = \sqrt{x^2 + y^2}, \quad \theta = \arctan \dfrac{y}{x}$$

(4)复数的三角表示:$z = r(\cos \theta + \mathrm{i}\sin \theta)$.

(5)复数的指数表示:$z = r\mathrm{e}^{\mathrm{i}\theta}$.

例如,复数 $z = -\sqrt{12} - 2\mathrm{i}$,由于 $x < 0, y < 0$,故 z 位于第三象限,则

z 的模为
$$r = |z| = \sqrt{(-\sqrt{12})^2 + (-2)^2} = 4$$

z 的辐角为
$$\theta = \mathrm{Arg} z = \arctan \left(\dfrac{-2}{-\sqrt{12}} \right) - \pi = \dfrac{\pi}{6} - \pi = -\dfrac{5}{6}\pi$$

z 的三角表达式为 $z = 4 \left[\cos \left(-\dfrac{5\pi}{6} \right) + \mathrm{i}\sin \left(-\dfrac{5\pi}{6} \right) \right]$,$z$ 的指数表达式为 $z = 4\mathrm{e}^{-\frac{5\pi}{6}\mathrm{i}}$.

又例如,复数 $z = \sin \dfrac{\pi}{5} + \mathrm{i}\cos \dfrac{\pi}{5}$,由于 $x = \sin \dfrac{\pi}{5} > 0, y = \cos \dfrac{\pi}{5} > 0$ 位于第一象限,且

$$r = |z| = \sqrt{\sin^2 \dfrac{\pi}{5} + \cos^2 \dfrac{\pi}{5}} = 1$$

$$\sin \dfrac{\pi}{5} = \cos \left(\dfrac{\pi}{2} - \dfrac{\pi}{5} \right) = \cos \dfrac{3\pi}{10}$$

$$\cos \dfrac{\pi}{5} = \sin \left(\dfrac{\pi}{2} - \dfrac{\pi}{5} \right) = \sin \dfrac{3\pi}{10}$$

故 $\theta = \dfrac{3\pi}{10}$(求辐角的一种特殊方法).

因此,z 的三角表达式为 $z = \cos \dfrac{3\pi}{10} + \mathrm{i}\sin \dfrac{3\pi}{10}$,$z$ 的指数表达式为 $z = \mathrm{e}^{\frac{3\pi}{10}\mathrm{i}}$.

辐角及其主值的应用实例:数码照相机.数码相机照出的照片好看,有立体感.

(6)复数的另一几何表示形式 —— 复球面:与复平面相切于原点 $z = 0$ 的球面.其中复球面上南极 S 对应于复平面的原点 $z = 0$(二者重合),北极 N(以过南极 S 且垂直于复平面的直线与球面的交点)对应于复平面上的"无穷远点"(即模为 $+\infty$ 的点,记作 $z = \infty$)(见图 1-2),复球面上的其他点与复平面内的其他点一一对应.

[注]　复球面上的点与扩充复平面内的点一一对应.

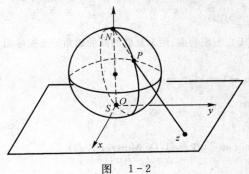

图　1-2

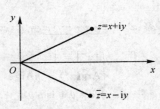

图　1-3

3. 复数的运算

设 $z = x + \mathrm{i}y$,$z_k = x_k + \mathrm{i}y_k = r_k(\cos\theta_k + \mathrm{i}\sin\theta_k) = r_k\mathrm{e}^{\mathrm{i}\theta_k}(k = 1,2)$,则有：

(1) 共轭复数：$z = x - \mathrm{i}y \Rightarrow |z| = |\bar{z}|$,$\arg z = -\arg \bar{z}$($z$ 不在原点和负实轴上)

可见,一对共轭复数 z 与 $\bar{z}$ 在复平面上的位置是关于实轴对称的(见图 1-3).

(2) 加减法：$z_1 \pm z_2 = (x_1 + \mathrm{i}y_1) \pm (x_2 + \mathrm{i}y_2) = (x_1 \pm x_2) + \mathrm{i}(y_1 \pm y_2) \overset{\Delta}{=\!=\!=}$

$$r(\cos\theta + \mathrm{i}\sin\theta) = r\mathrm{e}^{\mathrm{i}\theta} \quad \left(r = \sqrt{(x_1 \pm x_2)^2 + (y_1 \pm y_2)^2}, \quad \theta = \arctan\frac{y_1 \pm y_2}{x_1 \pm x_2}\right)$$

两个复数的加、减法在复平面上与向量的加、减法一致(见图 1-4),且满足三角不等式(见图 1-5)：

$$|z_1 + z_2| \leqslant |z_1| + |z_2|, \quad |z_1 - z_2| \geqslant ||z_1| - |z_2||$$

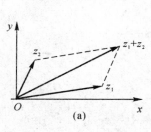 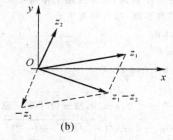 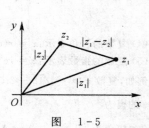

图 1-4

图 1-5

(3) 乘积(见图 1-6)：$z_1 z_2 = (x_1 + \mathrm{i}y_1)(x_2 + \mathrm{i}y_2) = (x_1 x_2 - y_1 y_2) + \mathrm{i}(x_2 y_1 + x_1 y_2) =$

$$r_1 r_2[\cos(\theta_1 + \theta_2) + \mathrm{i}\sin(\theta_1 + \theta_2)] = r_1 r_2 \mathrm{e}^{\mathrm{i}(\theta_1 + \theta_2)} \Rightarrow$$

$$\begin{cases} |z_1 z_2| = |z_1||z_2| \\ \mathrm{Arg}(z_1 z_2) = \mathrm{Arg}z_1 + \mathrm{Arg}z_2 \end{cases}$$

定理 1.1 （复数的乘积） 两个复数乘积的模等于它们模的乘积;两个复数乘积的辐角等于它们的辐角之和.

[注] 由于辐角的多值性,上述辐角之间的等式两端都是由无穷多个数构成的两个数集,等式的实质是：等式两端可能取的值的全体是相同的.也就是说,对于左端的任一值,右端必有一值和它相等,并且反过来也一样.

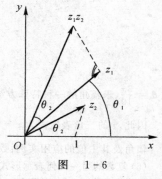

图 1-6

(4) 商：$\dfrac{z_1}{z_2} = \dfrac{x_1 + \mathrm{i}y_1}{x_2 + \mathrm{i}y_2} = \dfrac{(x_1 + \mathrm{i}y_1)(x_2 - \mathrm{i}y_2)}{(x_2 + \mathrm{i}y_2)(x_2 - \mathrm{i}y_2)} =$

$$\frac{x_1 x_2 + y_1 y_2}{x_2^2 + y_2^2} + \mathrm{i}\frac{x_2 y_1 - x_1 y_2}{x_2^2 + y_2^2} =$$

$$\frac{r_1}{r_2}[\cos(\theta_1 - \theta_2) + \mathrm{i}\sin(\theta_1 - \theta_2)] =$$

$$\frac{r_1}{r_2}\mathrm{e}^{\mathrm{i}(\theta_1 - \theta_2)} \Rightarrow \begin{cases} \left|\dfrac{z_1}{z_2}\right| = \dfrac{|z_1|}{|z_2|} \\ \mathrm{Arg}\left(\dfrac{z_1}{z_2}\right) = \mathrm{Arg}z_1 - \mathrm{Arg}z_2 \end{cases}$$

定理 1.2 （复数的商） 两个复数的商的模等于它们模的商;两个复数的商的辐角等于被除数和除数的辐角之差.

(5) 乘幂：$z^n = \underbrace{z \cdot z \cdot \cdots \cdot z}_{n\uparrow} = r^n(\cos n\theta + \mathrm{i}\sin n\theta) = r^n \mathrm{e}^{\mathrm{i}n\theta} \Rightarrow$

$$\begin{cases} |z^n| = |z|^n \\ \mathrm{Arg}(z^n) = n\mathrm{Arg}z \\ (\cos\theta + \mathrm{i}\sin\theta)^n = \cos n\theta + \mathrm{i}\sin n\theta \quad (\text{棣莫弗(De Moivre) 公式}) \end{cases}$$

$$z^{-n} \xrightarrow{\Delta} \frac{1}{z^n} = r^{-n}(\cos n\theta - i\sin n\theta) = r^{-n}e^{-in\theta}$$

(6) 方根：$w = \sqrt[n]{z} = r^{\frac{1}{n}}\left(\cos\dfrac{\theta+2k\pi}{n} + i\sin\dfrac{\theta+2k\pi}{n}\right)$ $(k = 0,1,2,\cdots,n-1)$.

事实上，设 $w = \rho(\cos\varphi + i\sin\varphi)$，$z = r(\cos\theta + i\sin\theta)$，则

$$w = \sqrt[n]{z} \Rightarrow w^n = z \Rightarrow \begin{cases} \rho^n = r \\ \cos n\varphi = \cos\theta \\ \sin n\varphi = \sin\theta \end{cases} \Rightarrow \begin{cases} \rho = \sqrt[n]{r} \\ n\varphi = \theta + 2k\pi(k = 0,1,2,\cdots) \end{cases}$$

因此，$w = \sqrt[n]{z} = r^{\frac{1}{n}}\left(\cos\dfrac{\theta+2k\pi}{n} + i\sin\dfrac{\theta+2k\pi}{n}\right)$ $(k = 0,1,2,\cdots,n-1)$.

[注] 由于正、余弦函数的周期性，当 $k = 0,1,2,\cdots,n-1$ 时，得到 $w = \sqrt[n]{z}$ 的 n 个相异的根；当 k 取其他整数时，这些根又重复出现. 在几何上，$w = \sqrt[n]{z}$ 的 n 个相异的根正好是以原点为中心，$\sqrt[n]{r}$ 为半径的圆的内接正 n 边形的 n 个顶点.

运算规律：

交换律：$z_1 + z_2 = z_2 + z_1$，$z_1 z_2 = z_2 z_1$；

结合律：$(z_1 + z_2) + z_3 = z_1 + (z_2 + z_3)$，$(z_1 z_2)z_3 = z_1(z_2 z_3)$；

分配律：$(z_1 + z_2)z_3 = z_1 z_3 + z_2 z_3$；

共轭运算律：$\overline{z_1 \pm z_2} = \bar{z}_1 \pm \bar{z}_2$，$\overline{z_1 z_2} = \bar{z}_1 \bar{z}_2$，$\overline{\left(\dfrac{z_1}{z_2}\right)} = \dfrac{\bar{z}_1}{\bar{z}_2}$，

$$\bar{\bar{z}} = z,\quad z\bar{z} = [\mathrm{Re}\,(z)]^2 + [\mathrm{Im}\,(z)]^2 = x^2 + y^2 = |z|^2,$$

$$z + \bar{z} = 2\mathrm{Re}\,(z) = 2x,\quad z - \bar{z} = 2i\mathrm{Im}\,(z) = 2iy.$$

[注] 复数的加、减法运算一般用代数表示法；乘、除法及开方运算一般用三角表示式或指数表示式.

4. 平面曲线及其复数表示

在复平面中，由于平面点与复数一一对应，因而平面曲线可与复数形式的方程一一对应.

设平面曲线 C 的参数方程为

$$\begin{cases} x = x(t) \\ y = y(t) \end{cases} \quad (t \text{ 为参数})$$

则 C 的复数形式方程为 $z = z(t) = x(t) + iy(t)$（t 为参数）.

当 $x(t)$，$y(t)$ 在 $[\alpha,\beta]$ 上连续时，称 C 为平面上的一条连续曲线；

当 $x'(t)$，$y'(t)$ 在 $[\alpha,\beta]$ 上连续且 $[x'(t)]^2 + [y'(t)]^2 \neq 0$ 时，则 C 称为光滑曲线；由几段依次相接的光滑曲线所组成的曲线称为按段光滑曲线.

没有重点的连续曲线称为简单曲线或约当(Jardan)曲线（即简单曲线自身不会相交）.

而称起点与终点重合的简单曲线 C 为简单闭曲线（简单闭曲线把整个复平面唯一地分成 3 个互不相交的点集：C，C 的内部及 C 的外部.

如图 1-7 所示，设 $C:z = z(t)$（$a \leqslant t \leqslant b$）为一连续曲线，$z(a)$，$z(b)$ 分别是 C 的起点和终点.

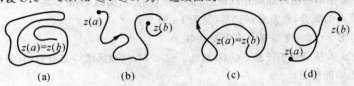

图 1-7

(a) 简单，闭； (b) 简单，不闭； (c) 不简单，闭； (d) 不简单，不闭

例如,平面上的圆 $\begin{cases} x = R\cos\theta \\ y = R\sin\theta \end{cases}$ (或 $x^2 + y^2 = R^2$) 的复数形式为 $|z| = R$ 或参数方程 $z = R\cos\theta + iR\sin\theta$,是一条光滑的简单闭曲线.

又例如,通过两点 $z_k = x_k + iy_k (k = 1,2)$ 的直线的参数方程为

$$\begin{cases} x = x_1 + t(x_2 - x_1) \\ y = y_1 + t(y_2 - y_1) \end{cases} \quad (t \in \mathbf{R})$$

因此,所求复数形式的参数方程为

$$z = z_1 + t(z_2 - z_1) \quad (t \in \mathbf{R})$$

而由 z_1 到 z_2 的直线段的参数方程为

$$z = z_1 + t(z_2 - z_1) \quad (0 \leqslant t \leqslant 1)$$

当 $t = \dfrac{1}{2}$ 时,得线段 $\overline{z_1 z_2}$ 的中点为 $z = \dfrac{z_1 + z_2}{2}$.

再例如,若令 $z = x + iy$,则复数方程:

$$|z + i| = 2 \Leftrightarrow |x + (y + 1)i| = 2 \Leftrightarrow x^2 + (y + 1)^2 = 4$$

表示一条中心为 $(0, -1)$,半径为 2 的圆周.

$$|z - 2i| = |z + 2| \Leftrightarrow |(x + (y - 2)i| = |(x + 2) + 2i| \Leftrightarrow y = -x$$

表示复平面上连接点 $z_1 = 2i$ 和 $z_2 = -2$ 的线段的垂直平分线.

$$\text{Im}(i + \bar{z}) = 4 \Leftrightarrow \text{Im}(x + (1 - y)i) = 4 \Leftrightarrow 1 - y = 4 \Leftrightarrow y = -3$$

表示平行于 x 轴的直线.

5.平面区域及其复数表示

平面区域是描述复变函数的变化范围的主要概念,是复变函数概念的基础.

(1) 邻域:复平面上的点集 $U(z_0, \delta) = \{z \mid |z - z_0| < \delta\}$ 称为 z_0 的 δ(含心)邻域,它表示以 z_0 为中心,δ 为半径的圆(见图 1-8).

(2) 去心邻域: 平面上的点集 $U(z_0, \delta) = \{z \mid 0 < |z - z_0| < \delta\}$ 称为 z_0 的 δ 去心邻域.

(3)* 无穷原点的邻域:在扩充复平面中,包括无穷原点自身在内且满足 $|z| > M (\exists M \in \mathbf{R}, M > 0)$ 的所有点的集合,称为无穷原点的邻域.

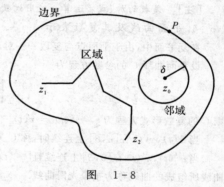

图 1-8

(4) 内点与开集:设 G 是一平面点集,$z_0 \in G$.

1) 如果存在 z_0 的一个邻域 $U(z_0) \subset G$,则称 z_0 是 G 的一个内点.

2) 如果 G 内的每个点都是它的内点,则称 G 是开集(见图 1-8).

(5) 边界点与边界:设 G 是一平面点集,z_0 是平面上一点(可以属于 G,也可以不属于 G).

1) 如果 z_0 的任意小的邻域内都既有 G 的点,又有非 G 的点,则称 z_0 是 G 的一个边界点;

2)G 的所有边界点的集合,称为 G 的边界(见图 1-8).

(6) 有界点集与无界点集:设 G 是一个平面点集.

1) 如果存在 $M > 0$,使得对于任意 $z \in G$,都有 $|z| < M$,则称区域 G 是有界的(即有界点集可以被包含在一个以原点为中心的圆里面).

2) 如果对于任意 $M > 0$,存在 $z_0 \in G$,使得 $|z_0| \geqslant M$,则称区域 G 是无界的(即无界点集不可能被任何一个以原点为中心的圆所包围).

(7) 连通集:设 G 是一个平面点集,如果 G 中任意两点都可以用完全属于该区域内的一条折线连接起来,则称 G 是连通集(见图 1-8).

(8) 区域与闭区域：设 D 是一平面点集，

1) 如果 D 是开集，且是连通集，则称 D 是一个开区域，简称区域（即连通的开集称为区域）.

2) 区域 D 与它的边界一起构成闭区域，记作 $\overline{D}$.

［注］ 区域的边界可能是由一条或几条曲线与一些孤立点所组成的（见图 $1-9$）.

(9) 单连通域与多连通域：

1) 如果复平面上的区域 B 中任一条简单闭曲线（或约当闭曲线，即没有重点的闭曲线）的内部都属于 B，则称 B 是单连通域（见图 $1-10$(a)）；

2) 不是单连通的区域则称为多连通域（或复连通域，见图 $1-10$(b)）.

（简言之，无"洞"的区域是单连域，有"洞"的区域是多连域）

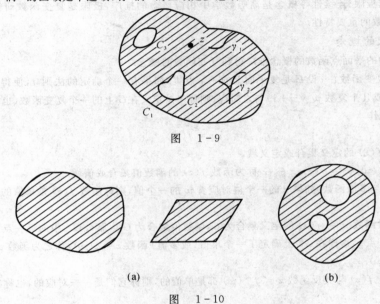

图　$1-9$

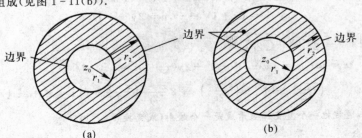

(a)　　　　　　　　　　　　　　　　(b)

图　$1-10$

［注］ 单连通域的特征：单连通域内的任一条简单闭曲线都可以经过连续的变形而缩称一点. 多连域不具有这个特征.

几种常见的区域举例：

圆域：$\{z\,|\,z-z_0\,|<R\}$，是一个单连通的、有界区域，边界为圆周 $|z-z_0|=R$.

圆环域：$\{z\,|\,r\leqslant|z-z_0|\leqslant R\}$，是一个多连通的、有界闭区域，其边界是由两个圆周 $|z-z_0|=r$ 和 $|z-z_0|=R$ 组成（见图 $1-11$(a)）.

如果在上述圆环域内去掉一个（或几个）点，它仍然构成区域，但区域的边界则是由两个圆周和一个（或几个）孤立的点所组成（见图 $1-11$(b)）.

边界　　　　　边界　　　　　边界

z_0　r_1　r_2　　　　z_0　r_1　r_2

(a)　　　　　　　　　　(b)

图　$1-11$

上半平面：$\{z \mid \text{Im}(z) \geqslant 0\}$，是一个单连通的、无界闭区域，其边界是实轴 $\text{Im}(z) = 0$.

角形域：$\{z \mid \varphi_1 < \arg z < \varphi_2\}$，是一个单连通的、无界区域，其边界是由两条射线 $\arg z = \varphi_1$, $\arg z = \varphi_2$ 组成的.

带形域：$\{z \mid a \leqslant \text{Im}(z) \leqslant b\}$，是一个单连通的、无界闭区域，边界由两条水平直线 $\text{Im}(z) = a$，$\text{Im}(z) = b$ 组成的.

带形域：$\{z \mid a < \text{Re}(z) < b\}$，是一个单连通的、无界闭区域，边界由两条竖直直线 $\text{Re}(z) = a$，$\text{Re}(z) = b$ 组成的.

（二）复变函数及其极限与连续

复变函数及其极限、连续性等概念是高等数学中相应概念的推广，极限是复变函数研究问题的重要工具，连续是复变函数的重要特性.

1. 复变函数的概念

把高等数学中的平面点函数的概念推广得到复变函数的概念.

定义 1.2 （复变函数）　设 G 是复平面上的一个点集. 如果有一个确定的法则 f，使得对于 $\forall z = x + \mathrm{i}y \in G$，都有一个或几个复数 $w = u + \mathrm{i}v$ 与之对应，则称 f 是定义在 G 上的一个复变函数（也称复变数 w 是复变数 z 的函数），记作

$$w = f(z)$$

其中，G 称为函数 $f(z)$ 的定义集合或定义域，

而集合 $G^* = \{w \mid w = f(z), z \in G\}$ 称为函数 $f(z)$ 的函数值集合或值域.

（1）单值函数与多值函数：如果 z 的一个值对应着 w 的一个值，则称函数 $f(z)$ 是单值的，否则称 $f(z)$ 为多值的.

（2）反函数：设函数 $w = f(z)$ 的定义集合为 G，函数值集合为 G^*，那么 G^* 中的每一点 w 必将对应着 G 中的一个（或几个）点 z，这样在 G^* 上确定了一个单值（或多值）函数 $z = \varphi(w)$，称之为函数 $w = f(z)$ 的反函数，记作 $z = f^{-1}(w)$.

如果函数 $w = f(z)$ 与其反函数 $z = f^{-1}(w)$ 都是单值的，则称它们是一一对应的，也称集合 G 与值集合 G^* 是一一对应的.

（3）复合函数：设 $w = f(h), h \in G, h = g(z), z \in D$，且 $h = g(z)$ 的值域 $D^* \subset G$，则称 $w = f[g(z)]$ 为定义在 D 上的一个复合函数.

显然，$w = f[\varphi(w)] = f[f^{-1}(w)], z = \varphi[f(z)] = f^{-1}[f(z)]$.

［注］　一个复变函数 $w = f(z)$ 对应于两个二元实变函数：$\begin{cases} u = u(x, y) \\ v = v(x, y) \end{cases}$.

例如　　　　　$w = z^2 + 2z + 1 \leftrightarrow u = (x+1)^2 - y^2, v = 2y(x+1)$

事实上，令 $w = u + \mathrm{i}v, z = x + \mathrm{i}y$，则一方面

$$w = u + \mathrm{i}v = z^2 + 2z + 1 = (x + \mathrm{i}y)^2 + 2(x + \mathrm{i}y) + 1 =$$
$$x^2 + 2x + 1 - y^2 + 2y(x+1)\mathrm{i} = (x+1)^2 - y^2 + 2y(x+1)\mathrm{i}$$

从而有　　　　　　　　$u = (x+1)^2 - y^2, v = 2y(x+1)$

另一方面，利用 $x = \dfrac{z + \bar{z}}{2}, y = \dfrac{z - \bar{z}}{2\mathrm{i}}$，则

$$w = u + \mathrm{i}v = (x+1)^2 - y^2 + 2y(x+1)\mathrm{i} =$$
$$\left(\frac{z+\bar{z}}{2} + 1\right)^2 - \left(\frac{z-\bar{z}}{2\mathrm{i}}\right)^2 + 2\frac{z-\bar{z}}{2\mathrm{i}}\left(\frac{z+\bar{z}}{2} + 1\right)\mathrm{i} = z^2 + 2z + 1$$

［注］　几何上，通常把一个复变函数看成是一个映射（或变换）.

2. 映射的概念

定义 1.3 （由函数 $w = f(z)$ 构成的映射）　通过复变函数 $w = f(z)$ 把 z 平面上的点 $z \in G$ 变到 w 平

面上的点 $w \in G^*$,从而把 z 平面上的点集 G 映到 w 平面上的点集 G^* 的映射称为由函数 $w = f(z)$ 构成的映射(见图 $1-12$).

[注]　映射概念表示了两个复平面上点集之间的对应关系,从而从几何上表示了两对变量 u,v 与 x,y 之间的对应关系.这种方法便于借助于几何直观来研究和理解复变函数问题.

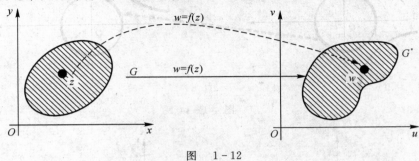

图　$1-12$

以后的讨论中,不再区分函数与映射(变换).

例如,如图 $1-13$(a) 所示,在映射 $w = \bar{z}$ 下,有

z 平面上的点 $z = x + \mathrm{i}y \leftrightarrow w$ 平面上的点 $w = x - \mathrm{i}y$,比如

$$z_1 = 2 + 3\mathrm{i} \leftrightarrow w_1 = 2 - 3\mathrm{i}, \quad z_2 = 1 - 2\mathrm{i} \leftrightarrow w_2 = 1 + 2\mathrm{i}$$

z 平面上的直线 $L:y = kx + b \leftrightarrow w$ 平面上的直线 $L_1:v = -ku - b$,比如

$$\text{平面上的 } \triangle ABC \leftrightarrow w \text{ 平面上的 } \triangle A'B'C'$$

如果把 z 平面和 w 平面重叠在一起,函数 $w = \bar{z}$ 是关于实轴的一个对称映射. 因此,通过映射 $w = \bar{z}$,z 平面上的任一图形的映像是关于实轴对称的一个全同图形(见图 $1-13$(b)).

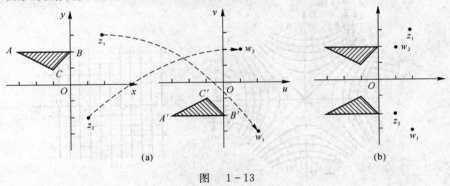

(a)　　　　　　　　　　　　　　　　　　(b)

图　$1-13$

如图 $1-14$ 所示,在映射 $w = \bar{z}$ 下,有

z 平面上的圆 $C:x^2 + y^2 = R^2 \leftrightarrow w$ 平面上的圆 $C_1:u^2 + v^2 = R^2$.

z 平面上的双曲线 $C:xy = 1 \leftrightarrow w$ 平面上的双曲线 $C_1:uv = -1$.

又例如,函数 $w = z^2$ 构成的映射:把点 z 平面上的点 $z_1 = \mathrm{i}, z_2 = 1 + 2\mathrm{i}, z_3 = -1$ 分别映射成点 w 平面上的点 $w_1 = -1, w_2 = -3 + 4\mathrm{i}, w_3 = 1$(见图 $1-15$).

由于 $w = z^2 = r^2(\cos 2\theta + \mathrm{i}\sin 2\theta)$ 把 z 平面上的角形域 $\{z \mid 0 < \mathrm{Arg}z < \alpha\}$ 映射成 w 平面上的角形域 $\{w \mid 0 < \mathrm{Arg}w < 2\alpha\}$.如图 $1-15$ 所示中阴影部分所示.

又由于 $w = z^2 = x^2 - y^2 + 2xy\mathrm{i}$ 把 z 平面上的两族等轴双曲线 $x^2 - y^2 = c_1, 2xy = c_2$ 分别映射成 w 平面上的两族平行直线 $u = c_1, v = c_2$(见图 $1-16$).

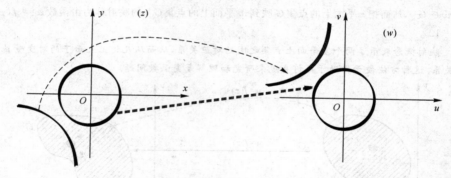

图 1-14

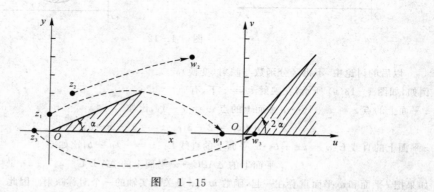

图 1-15

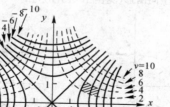

(a)

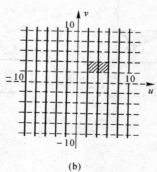

(b)

图 1-16

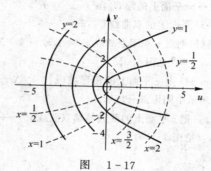

图 1-17

而 $w = z^2 = x^2 - y^2 + 2xy\mathrm{i}$ 则把 z 平面上的定直线 $x = \lambda$ 和 $y = \mu$ 分别映射成以原点为焦点、向左张开的抛物线 $v^2 = 4\lambda^2(\lambda^2 - u)$（见图 $1-17$ 中的虚线）和以原点为焦点、向右张开的抛物线 $v^2 = 4\mu^2(\mu^2 + u)$（见图 $1-17$ 中的实线）.

3. 复变函数的极限与连续性

(1) 平面点函数的极限：设平面点函数 $f(P)$ 在平面点 P_0 的去心邻域内有定义，则 $\lim\limits_{P \to P_0} f(P) = A \overset{\triangle}{\Longleftrightarrow}$ 对于任意 $\varepsilon > 0$，存在 $\delta > 0$，使当 $0 < |P_0 P| < \delta$ 时，有 $|f(P) - A| < \varepsilon$.

(2) 平面点函数 $f(P)$ 的连续性：设平面点函数 $f(P)$ 在平面 P_0 的邻域内有定义，如果 $\lim\limits_{P \to P_0} f(P) = f(P_0)$，则称 $f(P)$ 在点 P_0 处连续；如果 $f(P)$ 在区域 D 内处处连续，则称 $f(P)$ 在区域 D 内处处连续.

复数 $z = x + \mathrm{i}y \leftrightarrow$ 有序数组 $(x,y) \leftrightarrow xOy$ 平面上点 $P(x,y)$.

复变函数 $f(z) \leftrightarrow$ 平面点函数 $f(P)$.

把高等数学中的平面点函数的极限与连续性概念推广得到复变函数的极限与连续性概念.

定义 1.4　（复变函数的极限）　设复变函数 $f(z)$ 在 z_0 的去心邻域内有定义，则 $\lim\limits_{z \to z_0} f(z) = A \overset{\triangle}{\Longleftrightarrow}$ 对于任意 $\varepsilon > 0$，存在 $\delta > 0$，使当 $0 < |z - z_0| < \delta$ 时，有 $|f(z) - A| < \varepsilon$. 也记作 $f(z) \to A(z \to z_0)$.

$\lim\limits_{z \to z_0} f(z) = A$ 的几何意义：当变点 z 一旦进入 z_0 的充分小的 δ 去心邻域时，它的象点 $f(z)$ 就落入 A 的一个预先给定的 ε 邻域中（见图 $1-18$）.

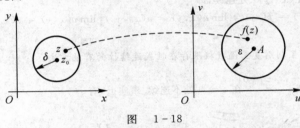

图　$1-18$

[注]　(1) 复变函数的极限与实变函数的极限既有相似之处，又有本质区别：

形式上，复变函数的极限定义、极限运算法则均与一元实变函数相似；

实质上，复变函数的极限要求与二元实函数的极限要求类似：要求 $z \to z_0$ 的方式是沿复平面上的任意路径.

(2) 判别复变函数的极限不存在的方法：

方法 1：有一个 $z \xrightarrow{l_1} z_0$ 方式使得 $\lim\limits_{z \to z_0} f(z)$ 不存在，极限 $\lim\limits_{z \to z_0} f(z)$ 不存在.

方法 2：有某两种 $z \xrightarrow{l_1} z_0$ 与 $z \xrightarrow{l_2} z_0$ 方式，使得 $\lim\limits_{z \to z_0} f(z) \neq \lim\limits_{z \to z_0} f(z)$，则极限 $\lim\limits_{z \to z_0} f(z)$ 不存在.

例如，函数 $f(z) = \dfrac{\mathrm{Re}(z)}{|z|}$ 当 $z \to 0$ 时的极限不存在.

事实上，令 $z = x + \mathrm{i}y$，则 $f(z) = \dfrac{x}{\sqrt{x^2 + y^2}}$.

由于 $\lim\limits_{\substack{y = kx \\ x \to 0}} f(z) = \lim\limits_{\substack{x \to 0 \\ y = kx}} \dfrac{x}{\sqrt{x^2 + y^2}} = \pm \dfrac{1}{\sqrt{1 + k^2}}$ 随着 k 的不同而不同，故 $\lim\limits_{z \to z_0} f(z) = \lim\limits_{z \to z_0} \dfrac{\mathrm{Re}(z)}{z}$ 不存在.

(3) 复变函数的极限又可以用两个二元实变函数的极限来表示. 事实上，有

$$w = f(z) = u(x,y) + \mathrm{i}v(x,y) \leftrightarrow \begin{cases} u = u(x,y) \\ v = v(x,y) \end{cases}$$

定理 1.3　（复变函数极限存在的充要条件）　设 $w = f(z) = u(x,y) + \mathrm{i}v(x,y)$，$A = u_0 + \mathrm{i}v_0$，$z = x +$

$iy, z_0 = x_0 + iy_0,$ 则

$$\lim_{z \to z_0} f(z) = A \Leftrightarrow \lim_{\substack{x \to x_0 \\ y \to y_0}} u(x,y) = u_0, \lim_{\substack{x \to x_0 \\ y \to y_0}} v(x,y) = v_0$$

定理 1.4 （复变函数极限运算法则） 设 $\lim_{z \to z_0} f(z) = A \Leftrightarrow \lim_{z \to z_0} g(z) = B,$ 则

(1) $\lim_{z \to z_0} [f(z) \pm g(z)] = A \pm B.$

(2) $\lim_{z \to z_0} [f(z)g(z)] = AB.$

(3) $\lim_{z \to z_0} \dfrac{f(z)}{g(z)} = \dfrac{A}{B} (B \neq 0).$

(4) 设 $\lim_{h \to h_0} f(h) = A, \lim_{z \to z_0} g(z) = h_0,$ 则复合函数 $w = f[g(z)]$ 在 z_0 处的极限存在,且

$$\lim_{z \to z_0} f[g(z)] = \lim_{h \to h_0} f(h) = A$$

类似地,可得到复变函数连续性定义、充要条件及运算法则:

定义 1.5 （复变函数的连续性） 设点函数 $f(z)$ 在 z_0 的邻域内有定义,如果 $\lim_{z \to z_0} f(z) = f(z_0),$ 则称 $f(z)$ 在点 z_0 处连续.

如果 $f(z)$ 在区域 D 内处处连续,则称 $f(z)$ 在区域 D 内连续.

定理 1.5 （复变函数连续的充要条件） 函数 $f(z) = u(x,y) + iv(x,y)$ 在 $z_0 = x_0 + iy_0$ 处连续的充要条件是: $u(x,y), v(x,y)$ 在 (x_0, y_0) 处连续,即

$$\lim_{z \to z_0} f(z) = f(z_0) \Leftrightarrow \lim_{\substack{x \to x_0 \\ y \to y_0}} u(x,y) = u(x_0, y_0), \lim_{\substack{x \to x_0 \\ y \to y_0}} v(x,y) = v(x_0, y_0)$$

[注] 充要条件提供了判别复变函数极限存在性或连续性的有效方法。

例如,$f(z) = \begin{cases} \dfrac{xy}{x^2 + y^2}, & z = 0 \\ 0, & z = 0 \end{cases}$ 在 $z = 0$ 处不连续.事实上,有

$$\lim_{z \to 0} f(z) = \lim_{\substack{x \to 0 \\ y \to 0}} \frac{xy}{x^2 + y^2} = \lim_{\substack{x \to 0 \\ y = kx}} \frac{xy}{x^2 + y^2} = \frac{k}{1 + k^2}$$

随着 k 的不同,$\dfrac{k}{1 + k^2}$ 取值也不同,即 $\lim_{z \to 0} f(z)$ 不存在,从而 $f(z)$ 在 $z = 0$ 处不连续.

定理 1.6 （复变连续函数运算法则） (1) 设 $f(z), g(z)$ 在 z_0 处(或区域 D 内)连续,则 $f(z) \pm g(z),$ $f(z)g(z)$ 及 $\dfrac{f(z)}{g(z)} (g(z) \neq 0)$ 在 z_0 处(或区域 D 内)均连续.

(2) 设 $h = g(z)$ 在 z_0 处(或区域 D 内)连续,$w = f(h)$ 在 $h_0 = h(z_0)$ 处(或区域 $G \supset D^* = \{h \mid h = g(z), z \in D\}$ 内)连续,则复合函数 $w = f[g(z)]$ 在 z_0 处(或区域 D 内)连续.

[注] (1) 有理复变整函数(复变多项式) $w = P(z) = a_0 + a_1 z + a_2 z^2 + \cdots + a_n z^n$ 在复平面上处处连续.

(2) 有理复变分式函数 $w = \dfrac{P(z)}{Q(z)} = \dfrac{a_0 + a_1 z + a_2 z^2 + \cdots + a_n z^n}{b_0 + b_1 z + b_2 z^2 + \cdots + b_m z^m}$ 在复平面上除 $Q(z) = 0$ 的点之外处处连续.

(3) 闭曲线或包括曲线端点在内的曲线 C 弧段上的连续函数都是有界的,即存在 $M > 0,$ 使得 $|f(z)| \leqslant M, z \in C.$

1.2.2 重点、难点解析

1. 重点

(1) 复变函数(映射)的概念(复变函数是复分析研究的对象).

(2) 复变函数的极限、连续概念与存在条件(是复分析的主要研究工具).

2. 难点

（1）对复数的辐角多值性、两个复数乘积与商的辐角公式理解和应用：

$$\text{Arg}z = \arg z + 2k\pi \quad (k \in \mathbf{Z})$$

$$\text{Arg}(z_1z_2) = \text{Arg}z_1 + \text{Arg}z_2, \quad \text{Arg}\left(\frac{z_1}{z_2}\right) = \text{Arg}z_1 - \text{Arg}z_2$$

且后面这两个公式，应理解为等式两端可能取的值的全体相同．

（2）平面图形的复数表示方法 —— 复数方程或不等式，是复分析理论的几何基础，是解决许多有关几何问题的重要方法．例如，向量的旋转就可以用向量表示的复数乘一个模为 1 的复数去实现．

（3）用"$z = \infty$"表示扩充复平面上的"无穷远点"（亦即复球面上的"北极"N 时，"$z = \infty$"是指 $|z| = \infty$（$\text{Arg}z$ 无意义）的唯一的一个复数，不要与实数中的无穷大或正、负无穷大混为一谈．

（4）对复变函数概念及其构成的映射的正确理解和应用：

复变函数 $w = f(z)$ 定义形式上与一元实变函数类似，但其实质上对应于两个二元实函数 $u = u(x,y)$，$v = v(x,y)$，这正是复变函数与实变函数的不同之处．

由复变函数 $w = f(z)$ 构成的映射，是把 z 平面上的点集 G 映射（或变换）到 w 平面上的点集 G^*．其实质上是借助于几何直观，由两个复平面上点集之间的对应关系来表达两对变量 u,v 与 x,y 之间的对应关系，使问题直观化、几何化，便于研究和理解复变函数问题．

（5）判别复变函数的极限存在性与连续性．

形式上，复变函数的极限、连续性与一元实变函数的极限、连续类似，因而有类似的运算法则；

实质上，由于一个复变函数 $w = f(z)$ 的极限、连续性的判别等价于两个二元实函数 $u = u(x,y)$，$v = v(x,y)$ 的极限、连续性的判别，要求"$z \to z_0$"的方式是平面上的任意路径，

因此说复变函数的极限、连续性是一元实变函数的极限、连续性的推广和发展，而这既有联系，又有区别．在学习中，应当善于比较，把握本质，深刻理解．

1.3 典型例题解析

例 1.1 计算 $\dfrac{2+i}{1-2i}$．

分析 需要将运算结果表示成复数的一般形式，可以直接进行代数运算，也可以考虑到两个复数的乘、除法运算，借助三角表示式较为简便．

解法 1 （代数运算法）

$$\frac{2+i}{1-2i} = \frac{(2+i)(1+2i)}{(1-2i)(1+2i)} = \frac{2+i+4i+2i^2}{1-4i^2} = \frac{5i}{5} = i$$

解法 2 （三角运算法）　显然有

$$2+i = \sqrt{5}\left[\cos\left(\arctan\frac{1}{2}\right) + i\sin\left(\arctan\frac{1}{2}\right)\right]$$

$$1-2i = \sqrt{5}\{\cos[\arctan(-2)] + i\sin[\arctan(-2)]\}$$

从而有　$\dfrac{2+i}{1-2i} = \cos\left[\arctan\dfrac{1}{2} - \arctan(-2)\right] + i\sin\left[\arctan\dfrac{1}{2} - \arctan(-2)\right] =$

$$\cos\frac{\pi}{2} + i\sin\frac{\pi}{2} = i$$

【评注】 复数乘法和除法的运算，通常采用三角形式较代数形式简便．

例 1.2 如果 $|z| = 1$，试证对任何复数 a, b，有 $\left|\dfrac{az+b}{bz+a}\right| = 1$．

分析 当 $|z| = 1$ 时，可以利用 $z = \dfrac{1}{z}$ 简化证明．

证明 考虑到当 $|z| = 1$ 时,有 $z = \dfrac{1}{\bar{z}}$,则

$$\left|\frac{az+b}{\bar{b}z+\bar{a}}\right| = \left|\frac{az+b}{\bar{b}+\bar{a}\bar{z}} \cdot \frac{1}{\bar{z}}\right| = \left|\frac{az+b}{\overline{az+b}}\right| \cdot \frac{1}{|\bar{z}|} = 1$$

【评注】 复数运算时注意应用常见性质,尽量避免用 $z = x + iy$ 形式参与计算.

例 1.3 求解方程 $z^3 - 2 = 0$.

分析 将解复数方程的问题转化为复数的方根计算.

解 由原方程可得:$z = 2^{\frac{1}{3}}$.

由 $2 = 2(\cos 0 + i\sin 0)$,得

$$z = \sqrt[3]{2}\left(\cos\frac{2k\pi}{3} + i\sin\frac{2k\pi}{3}\right), \quad k = 0,1,2$$

即

$$z_1 = \sqrt[3]{2}, \quad z_2 = \sqrt[3]{2}\left(-\frac{1}{2} + \frac{\sqrt{3}}{2}i\right), \quad z_3 = \sqrt[3]{2}\left(-\frac{1}{2} - \frac{\sqrt{3}}{2}i\right)$$

【评注】 复数的幂运算和方根运算采用三角形式较好,注意方根的个数.

例 1.4 若 n 为自然数,且 $x_n + iy_n = (1 + i\sqrt{3})^n$,其中 x_n, y_n 为实数,证明:

$$x_{n-1}y_n - x_ny_{n-1} = 4^{n-1}\sqrt{3}$$

分析 应用复数的三角形是将条件中的幂运算展开,由其结果的实部和虚部获得 x_n, y_n,即可代入证明.

证明 由于

$$1 + i\sqrt{3} = 2\left(\cos\frac{\pi}{3} + i\sin\frac{\pi}{3}\right)$$

则

$$(1 + i\sqrt{3})^n = 2^n\left(\cos\frac{\pi}{3} + i\sin\frac{\pi}{3}\right)^n = 2^n\left(\cos\frac{n\pi}{3} + i\sin\frac{n\pi}{3}\right)$$

得

$$x_n = 2^n\cos\frac{n\pi}{3}, \quad y_n = 2^n\sin\frac{n\pi}{3}$$

故

$$x_{n-1}y_n - x_ny_{n-1} = 2^{n-1}\cos\frac{(n-1)\pi}{3} \cdot 2^n\sin\frac{n\pi}{3} - 2^n\cos\frac{n\pi}{3} \cdot 2^{n-1}\sin\frac{(n-1)\pi}{3} =$$

$$2^{2n-1}\sin\left[\frac{n\pi}{3} - \frac{(n-1)\pi}{3}\right] = 2^{2n-1}\frac{\sqrt{3}}{2} = 4^{n-1}\sqrt{3}$$

【评注】 这类等式证明题与计算题实质相同,主要是获得复数的实部和虚部;另外,幂次运算借助三角形式简便.

例 1.5 若点 z 满足 $z\bar{z} + a\bar{z} + \bar{a}z + b = 0$,试分析 z 的轨迹(其中 a 为复数,b 为实常数).

分析 考虑到条件中给出的等式较为复杂,可将其整理后进行讨论.

解 显然有:$(z+a)(\bar{z}+\bar{a}) + b - |a|^2 = 0$,即

$$|z + a|^2 = |a|^2 - b$$

(1) 若 $|a|^2 = b$,则 z 的轨迹即为点 $-a$;

(2) 若 $|a|^2 > b$,则 z 的轨迹为以 $-a$ 为圆心,$\sqrt{|a|^2 - b}$ 为半径的圆;

(3) 若 $|a|^2 < b$,则无意义.

【评注】 可通过复函数分析,也可代入一般形式 $z = x + iy$ 分析.当已知条件中的等式较为复杂时,一般应结合复数的性质进行简化.

例 1.6 试说明 $G = \{z \mid |z| \geqslant R\}$ 是闭集.

分析 点集是开集一般根据定义说明;点集是闭集通常是借助"余集是开集"来说明.

解 由于 G 的余集 $G^c = \{z \mid |z| < R\}$ 是开集,因此 G 是闭集.

【评注】 集合开闭性的说明,通常可采用分析余集的开闭性进行说明.

例 1.7 试说明 $-\dfrac{\pi}{3} < \arg z < \dfrac{\pi}{3}$ 表示怎样的图形.

分析 显然复数的辐角在一定范围内变化,而模长未指出.

解 这是介于两射线 $\arg z = -\dfrac{\pi}{3}$ 及 $\arg z = \dfrac{\pi}{3}$ 之间的一个角形区域.

【评注】 复数几何图形的说明主要结合复数的几何意义包括模长和辐角等.

例 1.8 讨论函数 $f(z) = \dfrac{\mathrm{Re}\,(z)}{1+|z|}$ 在原点的连续性.

分析 根据复变函数连续的判定定理,先把一个复变函数转化为两个二元实函数.

解 令 $f(z) = u + iv, z = x + iy$,则 $u = \dfrac{x}{1+\sqrt{x^2+y^2}}, v = 0$.

因 u,v 在 $(0,0)$ 处连续,故 $f(z)$ 在 $(0,0)$ 处连续.

【评注】 借助复变函数连续的充要条件,将复变函数连续性转化为其对应的二元实函数连续来判别是非常有效的方法.

例 1.9 试讨论函数 $f(z) = \begin{cases} i, & z = 0 \\ \dfrac{\mathrm{Im}\,(z)}{1+|z|}, & z \neq 0 \end{cases}$ 在 $z = 0$ 处是否连续?

分析 直接应用复函数连续的定义.

解 不妨设 $z = x + iy$,则有

$$\frac{\mathrm{Im}\,(z)}{1+|z|} = \frac{y}{1+\sqrt{x^2+y^2}}$$

考察

$$\lim_{z \to 0} f(z) = \lim_{\substack{x \to 0 \\ y \to 0}} \frac{y}{1+\sqrt{x^2+y^2}} = 0$$

而 $f(0) = i$,即 $\lim\limits_{z \to 0} f(z) \neq f(0)$,故 $f(z)$ 在 $z = 0$ 处不连续.

【评注】 在说明复函数连续时可根据定义或定理,而在说明不连续时,通常选取两个方向说明极限不存在或不等于复函数在该点的取值.

1.4 习题精解

1. 求下列复数 z 的实部和虚部、共轭复数、模与辐角.

3) $\dfrac{(3+4i)(2-5i)}{2i}$;   4) $i^8 - 4i^{21} + i$.

分析 将复数整理为 $x + iy$ 形式,即可获得相应结果.

解 3) 原式 $= \dfrac{26-7i}{2i} = -\dfrac{7}{2} - 13i$

$$\mathrm{Re}\,(z) = -\frac{7}{2}, \quad \mathrm{Im}(z) = -13, \quad \bar{z} = -\frac{7}{2} + 13i, \quad |z| = \sqrt{\left(-\frac{7}{2}\right)^2 + 13^2} = \frac{5}{2}\sqrt{29}$$

$$\arg z = \arctan\frac{26}{7} - \pi, \quad \mathrm{Arg}\,z = \arctan\frac{26}{7} - \pi + 2k\pi \, (k = 0, \pm 1, \pm 2, \cdots)$$

4) 原式 $= (i^2)^4 - 4(i^2)^{10} i + i = 1 - 4i + i = 1 - 3i$

$$\mathrm{Re}\,(z) = 1, \quad \mathrm{Im}(z) = -3, \quad \bar{z} = 1 + 3i, \quad |z| = \sqrt{1^2 + (-3)^2} = \sqrt{10}$$

$$\arg z = -\arctan 3, \quad \mathrm{Arg}\,z = -\arctan 3 + 2k\pi \, (k = 0, \pm 1, \pm 2, \cdots)$$

2. 当 x, y 等于什么数时,等式 $\dfrac{(x+1)+i(y-3)}{5+3i} = 1+i$ 成立?

分析 将等式左边整理成 $x + iy$ 的一般形式,再根据两个复数相等的条件求解.

解 由所给等式,可得

$$x + 1 + i(y-3) = (1+i)(5+3i) = 2 + 8i$$

利用复数相等的概念,有

$$\begin{cases} x+1=2 \\ y-3=8 \end{cases} \Rightarrow \begin{cases} x=1 \\ y=11 \end{cases}$$

即当 $x=1,y=11$ 时等式成立.

3.证明虚单位 i 有这样的性质: $-\mathrm{i}=\mathrm{i}^{-1}=\bar{\mathrm{i}}$.

分析 注意 $\mathrm{i}^2=-1$ 的应用.

证明 因为 $-\mathrm{i}=\dfrac{-\mathrm{i}\times\mathrm{i}}{\mathrm{i}}=-\dfrac{-\mathrm{i}^2}{\mathrm{i}}=\dfrac{1}{\mathrm{i}}=\mathrm{i}^{-1}$, $\bar{\mathrm{i}}=-\mathrm{i}$,所以 $-\mathrm{i}=\mathrm{i}^{-1}=\bar{\mathrm{i}}$.

4.证明: 6) $\mathrm{Re}\ (z)=\dfrac{1}{2}(\bar{z}+z),\mathrm{Im}\ (z)=\dfrac{1}{2\mathrm{i}}(z-\bar{z})$.

分析 有关复数运算性质的证明,可将复数设成一般形式进行处理.

证明 不妨设 $z=x+\mathrm{i}y$,则 $\bar{z}=x-\mathrm{i}y$,从而

$$\frac{1}{2}(z+\bar{z})=\frac{1}{2}(x+\mathrm{i}y+x-\mathrm{i}y)=x=\mathrm{Re}\ (z)$$

$$\frac{1}{2\mathrm{i}}(z-\bar{z})=\frac{1}{2\mathrm{i}}(x+\mathrm{i}y-x+\mathrm{i}y)=\frac{1}{2\mathrm{i}}(2\mathrm{i}y)=y=\mathrm{Im}\ (z)$$

6.当 $|z|\leqslant 1$ 时,求 $|z^n+a|$ 的最大值,其中 n 为正整数,a 为复数.

分析 需对 $|z^n+a|$ 进行放大,由于考察模长,需用到有关模长的不等式性质.

解 由三角不等式及 $|z|\leqslant 1$ 可知:

$$|z^n+a|\leqslant|z|^n+|a|\leqslant 1+|a|$$

而且当 $z_0=\mathrm{e}^{\mathrm{i}\frac{\arg a}{n}}$ 时, $|z_0^n+a|=|\mathrm{e}^{\mathrm{i}\arg a}+a|=|\mathrm{e}^{\mathrm{i}\arg a}|=1+|a|$,故其最大值为 $1+|a|$.

8.将下列复数化为三角表示式和指数表示式.

1) $1-\cos\varphi+\mathrm{i}\sin\varphi(0\leqslant\varphi\leqslant\pi)$; 5) $\dfrac{2\mathrm{i}}{-1+\mathrm{i}}$; 6) $\dfrac{(\cos 5\varphi+\mathrm{i}\sin 5\varphi)^2}{(\cos 3\varphi-\mathrm{i}\sin 3\varphi^3)}$.

分析 将复数表示成三角形式或指数形式,主要是应用复数的定义和法则,正确计算出模长和辐角主值.

解 1)模长为 $\sqrt{(1-\cos\varphi)^2+\sin^2\varphi}=\sqrt{2-2\cos\varphi}=2\sin\dfrac{\varphi}{2}$

考虑到 $0\leqslant\varphi\leqslant\pi$,有辐角:

$$\arg(1-\cos\varphi+\mathrm{i}\sin\varphi)=\arctan\frac{\sin\varphi}{1-\cos\varphi}=\arctan(\tan\frac{\pi-\varphi}{2})=\frac{\pi-\varphi}{2}$$

三角表示式为 $2\sin\dfrac{\varphi}{2}\left[\cos\left(\dfrac{\pi-\varphi}{2}\right)+\mathrm{i}\sin\left(\dfrac{\pi-\varphi}{2}\right)\right]$

指数表示式为 $2\sin\dfrac{\varphi}{2}\mathrm{e}^{\mathrm{i}\frac{\pi-\varphi}{2}}$

5)显然 $\dfrac{2\mathrm{i}}{-1+\mathrm{i}}=1-\mathrm{i}$,其模长为 $\sqrt{2}$,辐角主值为 $-\dfrac{\pi}{4}$,则有

三角表示式为 $\sqrt{2}\left[\cos\left(-\dfrac{\pi}{4}\right)+\mathrm{i}\sin\left(-\dfrac{\pi}{4}\right)\right]$

指数表示式为 $\sqrt{2}\mathrm{e}^{-\mathrm{i}\frac{\pi}{4}}$

6)显然模长为 1,辐角为 19φ,由于

$$\frac{(\cos\varphi+\mathrm{i}\sin 5\varphi)^2}{(\cos 3\varphi-\mathrm{i}\sin 3\varphi)^3}=\frac{\cos 10\varphi+\mathrm{i}\sin 10\varphi}{\cos 9\varphi-\mathrm{i}\sin 9\varphi}=(\cos 10\varphi+\mathrm{i}\sin 10\varphi)(\cos 9\varphi+\mathrm{i}\sin 9\varphi)=\cos 19\varphi+\mathrm{i}\sin 19\varphi$$

三角表示式为 $\cos\ (19\varphi)+\mathrm{i}\sin\ (19\varphi)$

指数表示式为 $\mathrm{e}^{\mathrm{i}19\varphi}$

9.将下列坐标变换公式写成复数形式.

2) 旋转公式：$\begin{cases} x = x_1 \cos \alpha - y_1 \sin \alpha \\ y = x_1 \sin \alpha + y_1 \cos \alpha \end{cases}$.

分析 只需将 x,y 和 x_1,y_1 分别视为两个复数 z 和 z_1 的实部和虚部,确定出 z 和 z_1 之间的关系表达式即可.

解 令 $z = x + iy, z_1 = x_1 + iy_1, c = \cos \alpha + i \sin \alpha$,或 $c = e^{i\alpha}$,从而旋转公式可写成:
$$z = (x_1 \cos \alpha - y_1 \sin \alpha) + i(x_1 \sin \alpha + y_1 \cos \alpha) = (x_1 + iy_1)(\cos \alpha + i \sin \alpha) = z_1 e^{i\alpha}$$

11. 证明:$|z_1 + z_2|^2 + |z_1 - z_2|^2 = 2(|z_1|^2 + |z_2|^2)$,并说明其几何意义.

分析 将 z_1, z_2 视为复平面上的两点,结合向量的合成法则来理解其几何意义.

证明
$$|z_1 + z_2|^2 + |z_1 - z_2|^2 = (z_1 + z_2)(\overline{z_1 + z_2}) + (z_1 - z_2)(\overline{z_1 - z_2}) =$$
$$(z_1 + z_2)(\overline{z_1} + \overline{z_2}) + (z_1 - z_2)(\overline{z_1} - \overline{z_2}) =$$
$$|z_1|^2 + z_1 \overline{z_2} + z_2 \overline{z_1} + |z_2|^2 + |z_1|^2 - z_1 \overline{z_2} - z_2 \overline{z_1} + |z_2|^2 =$$
$$2(|z_1|^2 + |z_2|^2)$$

几何意义:以 z_1, z_2 为边构成的平行四边形的两条对角线长度的平方和等于四边长的平方和.

12. 证明下列各题.

3) 如果复数 $a + ib$ 是实系数方程:$a_0 z^n + a_1 z^{n-1} + \cdots + a_{n-1} z + a_n = 0$ 的根,那么 $a - ib$ 也是它的根.

分析 只需证明 $a - ib$ 满足给定的实系数方程即可.

证明 令 $P(z) = a_0 z^n + a_1 z^{n-1} + \cdots + a_{n-1} z + a_n$,则可证明 $P(\bar{z}) = \overline{P(z)}$.

如果 $a + ib$ 是所给实系数方程的根,则 $P(a + ib) = 0$,于是有
$$P(a - ib) = P(\overline{a + ib}) = \overline{P(a + ib)} = 0$$

这说明 $a - ib$ 也是所给方程的根.

13. 如果 $z = e^{it}$,证明:$z^n - \dfrac{1}{z^n} = 2i \sin nt$.

分析 直接利用指数函数以及幂函数的运算及性质,等式右边是三角函数形式,因此推导过程中可能还需要利用欧拉公式.

证明 由于 $z = e^{it}$,则 $\qquad z^n = (e^{it})^n = e^{int} = \cos nt + i \sin nt$
$$\frac{1}{z^n} = e^{-int} = \cos nt - i \sin nt$$
$$z^n - \frac{1}{z^n} = \cos nt + i \sin nt - (\cos nt - i \sin nt) = 2i \sin nt$$

14. 求下列各式的值.2) $(1+i)^6$; 4) $(1-i)^{\frac{1}{3}}$.

分析 幂函数计算时采用三角表达式较为方便,因此需要正确给出各复数的三角表达式.

解 2) 由 $1 + i = \sqrt{2}\left(\cos \dfrac{\pi}{4} + i \sin \dfrac{\pi}{4}\right)$,得
$$(1+i)^6 = \left[\sqrt{2}\left(\cos \frac{\pi}{4} + i \sin \frac{\pi}{4}\right)\right]^6 = 8\left(\cos \frac{3\pi}{2} + i \sin \frac{3\pi}{2}\right) = -8i$$

4) 由 $1 - i = \sqrt{2}\left[\cos\left(-\dfrac{\pi}{4}\right) + i \sin\left(-\dfrac{\pi}{4}\right)\right]$,得
$$(1-i)^{\frac{1}{3}} = \sqrt[6]{2}\left(\cos \frac{-\frac{\pi}{4} + 2k\pi}{3} + i \sin \frac{-\frac{\pi}{4} + 2k\pi}{3}\right) \quad (k = 0,1,2)$$

15. 若 $(1+i)^n = (1-i)^n$,试求 n 的值.

分析 将等式两边的 $1+i$ 和 $1-i$ 化成三角表示式,再进行幂运算即可获得 n 的值.

解 将原式化为三角表示式即为
$$\left[\sqrt{2}\left(\cos \frac{\pi}{4} + i \sin \frac{\pi}{4}\right)\right]^n = \left[\sqrt{2}\left(\cos \frac{-\pi}{4} + i \sin \frac{-\pi}{4}\right)\right]^n$$

$$2^{\frac{n}{2}}\left(\cos\frac{n\pi}{4}+\mathrm{i}\sin\frac{n\pi}{4}\right)=2^{\frac{n}{2}}\left(\cos\frac{-n\pi}{4}+\mathrm{i}\sin\frac{-n\pi}{4}\right)$$

即有 $\qquad \sin\dfrac{n\pi}{4}=-\sin\dfrac{n\pi}{4},\quad \sin\dfrac{n\pi}{4}=0,\quad \dfrac{n\pi}{4}=k\pi,\quad n=4k(k=0,\pm1,\pm2,\cdots)$

16.1）求方程 $z^3+8=0$ 的所有根；

2）求微分方程 $y'''+8y=0$ 的一般解.

分析 1）涉及幂运算，以三角表示式进行较为方便.

2）根据微分方程的通解结构，只需由特征根求得线性无关的解即可.

解 1）显然有 $z^3=-8$，其根为 $z=\sqrt[3]{-8}$. 又 $-8=8(\cos\pi+\mathrm{i}\sin\pi)$，则有

$$z=\sqrt[3]{-8}=\sqrt[3]{8}\left(\cos\frac{\pi+2k\pi}{3}+\mathrm{i}\sin\frac{\pi+2k\pi}{3}\right)\quad(k=0,1,2,\cdots)$$

即 $\qquad\qquad\qquad\qquad z=-2,1\pm\sqrt{3}\,\mathrm{i}$

2）显然该微分方程的特征方程为 $r^3+8=0$，由 1）知，$r=-2,1\pm\sqrt{3}\,\mathrm{i}$，故方程的通解为

$$y=C_1\mathrm{e}^{-2x}+\mathrm{e}^x(C_2\cos\sqrt{3}\,x+C_3\sin\sqrt{3}\,x)$$

18.已知 3 点 z_1,z_2 和 z_3，问下列各点 z 位于何处？

3）$z=\dfrac{1}{3}(z_1+z_2+z_3)$.

分析 借助于几何意义来分析问题.

解 不妨设 $z_i=x_i+\mathrm{i}y_i(i=1,2,3)$，则

① 当 z_1,z_2,z_3 不共线时，$z=\dfrac{1}{3}(z_1+z_2+z_3)=\dfrac{x_1+x_2+x_3}{3}+\mathrm{i}\dfrac{y_1+y_2+y_3}{3}$ 位于三角形 z_1,z_2,z_3 的重心；

② 当 z_1,z_2,z_3 共线时，则 z 在此直线上，物理意义仍是重心所在点.

19.设 z_1,z_2,z_3 三点适合条件：$z_1+z_2+z_3=0$，$|z_1|=|z_2|=|z_3|=1$.证明：z_1,z_2,z_3 是内接于单位圆周 $|z|=1$ 的一个正三角形的顶点.

分析 根据内接于单位圆的正三角形的边长讨论 3 点的距离满足要求即可.

证明 由前面习题的结论及题设条件可知：

$$|z_1+z_2|^2+|z_1-z_2|^2=2(|z_1|^2+|z_2|^2)=2(1+1)=4$$

由 $|-z_3|^2+|z_1-z_2|^2=4$ 知，$|z_1-z_2|^2=3$，从而 $|z_1-z_2|=\sqrt{3}$.

类似地，有

$$|z_2-z_3|^2=2(|z_2|^2+|z_3|^2)-|z_2+z_3|^2=4-|-z_1|^2=3$$

$$|z_1-z_3|^2=2(|z_1|^2+|z_3|^2)-|z_1+z_3|^2=4-|-z_2|^2=3$$

即 $\qquad\qquad\qquad |z_1-z_2|=|z_2-z_3|=|z_1-z_3|=\sqrt{3}$

故 z_1,z_2,z_3 是内接于单位圆周 $|z|=1$ 的一个正三角形的顶点.

20.如果复数 z_1,z_2,z_3 满足等式：$\dfrac{z_2-z_1}{z_3-z_1}=\dfrac{z_1-z_3}{z_2-z_3}$，证明：$|z_2-z_1|=|z_3-z_1|=|z_2-z_3|$.

分析 要产生模长间的关系，首先应对已知等式两边同时取模长.

证明 由所给等式，可得

$$\left|\frac{z_2-z_1}{z_3-z_1}\right|=\left|\frac{z_1-z_3}{z_2-z_3}\right|\Rightarrow|z_1-z_3|^2=|z_2-z_1|\cdot|z_2-z_3| \qquad (1.1)$$

及

$$\frac{z_2-z_1}{z_3-z_1}-1=\frac{z_1-z_3}{z_2-z_3}-1\Rightarrow\frac{z_2-z_3}{z_3-z_1}=\frac{z_1-z_2}{z_2-z_3}$$

两边取模长，又可得

$$\left|\frac{z_2-z_3}{z_3-z_1}\right|=\left|\frac{z_1-z_2}{z_2-z_3}\right|\Rightarrow|z_2-z_3|^2=|z_3-z_1|\cdot|z_1-z_2| \qquad (1.2)$$

式(1.1)与式(1.2)相除并整理,可得

$$|z_1 - z_3| = |z_2 - z_3|$$

代入式(1.1),得

$$|z_2 - z_1| = |z_3 - z_1| = |z_2 - z_3|$$

21．指出下列各题中点 z 的轨迹或所在范围．

2）$|z + 2i| \geqslant 1$；　　　　4）$\text{Re}(i\bar{z}) = 3$；　　　　6）$|z + 3| + |z + 1| = 4$；

8）$\left| \dfrac{z-3}{z-2} \right| \geqslant 1$；　　　　10）$\arg(z - i) = \dfrac{\pi}{4}$．

分析　研究 z 的轨迹,可设 $z = x + iy$,代入已知条件,从实变函数的角度分析其图形．

解　2）不妨设 $z = x + iy$,由 $|z + 2i| = \sqrt{x^2 + (y+2)^2} \geqslant 1$ 得 z 的轨迹为以 $(0, -2)$ 为中心,1 为半径的圆周及其外部区域．

4）由 $i\bar{z} = i(x - iy) = y + ix$ 得,$\text{Re}(i\bar{z}) = y$,则 z 的轨迹为直线 $y = 3$．

6）因为 $|z + 3|$ 表示 z 与 -3 的距离,所以 $|z + 3| + |z + 1| = 4$ 表示 z 距点 -3 与 -1 的距离之和为 4,z 的轨迹为以 $(-3, 0)$,$(-1, 0)$ 为焦点,以 4 为长轴的椭圆：$\dfrac{(x+2)^2}{4} + \dfrac{y^2}{3} = 1$．

8）由 $\left| \dfrac{z-3}{z-2} \right| = \dfrac{\sqrt{(x-3)^2 + y^2}}{\sqrt{(x-2)^2 + y^2}} \geqslant 1$,得 $(x-3)^2 + y^2 \geqslant (x-2)^2 + y^2$,化简得 $x \leqslant \dfrac{5}{2}$,从而 z 的轨迹为直线 $x = \dfrac{5}{2}$ 及其左方区域．

10）由 $\arg(z - i) = \arg[x + (y-1)i] = \dfrac{\pi}{4}$,得 $\tan[\arg(z-i)] = 1 (x > 0, y > 1)$,即 $\dfrac{y-1}{x} = 1$,亦即 $y - x - 1 = 0 (x > 0, y > 1)$,故 z 的轨迹为以 i 为起点的射线 $y - x - 1 = 0 (x > 0)$．

22．描述下列不等式所确定的区域或闭区域,并指明它是有界的还是无界的,单连通的还是多连通的．

6）$-1 < \arg z < -1 + \pi$；　　　　7）$|z - 1| < 4|z + 1|$；　　　　8）$|z - 2| + |z + 2| \leqslant 6$；

9）$|z - 2| - |z + 2| > 1$；　　　　10）$z\bar{z} - (2 + i)z - (2 - i)\bar{z} \leqslant 4$．

分析　根据有界、无界、单连通、多连通的定义进行说明,还可根据草图验证其结果．

解　6）$-1 < \arg z < -1 + \pi$ 为由射线 $\arg z = -1$ 及 $\arg z = -1 + \pi$ 构成的角形域(不含两射线),是无界单连通区域．

7）设 $z = x + iy$,则 $|z - 1| < 4|z + 1|$ 可写成 $(x-1)^2 + y^2 < 16(x+1)^2 + 16y^2$,化简得：

$$\left(x + \frac{17}{15} \right)^2 + y^2 > \left(\frac{8}{15} \right)^2$$

表示以 $\left(-\dfrac{17}{15}, 0 \right)$ 为圆心,$\dfrac{8}{15}$ 为半径的圆周的外部区域(不含圆周),为无界多连通区域．

8）$|z - 2| + |z + 2| \leqslant 6$ 为椭圆 $|z - 2| + |z + 2| = 6$ 的内部(包含椭圆),此椭圆是以 $(2, 0)$ 与 $(-2, 0)$ 为焦点,6 为长轴的椭圆：$\dfrac{x^2}{9} + \dfrac{y^2}{5} = 1$,这是一个有界单连通的闭区域．

9）$|z - 2| - |z + 2| > 1$ 可写成 $\sqrt{(x-2)^2 + y^2} > \sqrt{(x+2)^2 + y^2} + 1$,两边平方,有

$$x^2 - 4x + 4 + y^2 > 1 + 2\sqrt{(x+2)^2 + y^2} + x^2 + 4x + 4 + y^2$$

$$-8x - 1 > 2\sqrt{(x+2)^2 + y^2}$$ (由此易知 $x < -\dfrac{1}{8}$),两边再平方,即

$$60x^2 - 4y^2 > 15 \quad \text{或} \quad 4x^2 - \frac{4}{15}y^2 > 1$$

再注意到 $x < -\dfrac{1}{8}$,即知不等式 $|z - 2| - |z + 2| > 1$ 表示双曲线 $4x^2 - \dfrac{4}{15}y^2 = 1$ 的左边分支的内部(含焦点 $z = -2$ 的那部分)区域,是无界单连通区域．

10）原不等式可写成：

$$x^2 + y^2 - (2+i)(x+iy) - (2-i)(x-iy) \leqslant 4$$

化简得 $\qquad x^2 + y^2 + 2y - 4x \leqslant 4 \qquad$ 或 $\qquad (x-2)^2 + (y+1)^2 \leqslant 9$

它是以 $(2, -1)$ 为圆心,3 为半径的圆周及其内部,这是一个有界单连通闭区域.

23.证明复平面上的直线方程可写成:$\alpha \bar{z} + \bar{\alpha} z = c(\alpha \neq 0$ 为复常数,c 为实常数).

分析 化为直角坐标系下的表示式.

证明 设 $z = x + iy, \alpha = a + ib$,则 $\alpha \bar{z} + \bar{\alpha} z = c$ 可写为

$$(a+ib)(x-iy) + (a-ib)(x+iy) = c$$

从而有 $\qquad\qquad 2ax + 2by = c$

反过来,对任一条直线 $Ax + By + C = 0(A, B$ 不同时为零) 只须令 $z = x + iy, \alpha = \dfrac{A + iB}{2}, c = -C$,便

可将其方程写成 $\alpha \bar{z} + \bar{\alpha} z = c(\alpha \neq 0$ 为复常数,c 为实常数).

24.证明复平面上的圆周方程可写成:

$$\bar{z}z + \alpha \bar{z} + \bar{\alpha} z + c = 0 \qquad (其中 \alpha 为复常数,c 为实常数)$$

分析 利用欧拉公式,用复数分别表示实部和虚部,再代入圆的一般方程.

证明 令 $z = x + iy, \alpha = a + ib$,则有 $x = \dfrac{z + \bar{z}}{z}, y = \dfrac{z - \bar{z}}{2i}, a = \dfrac{\bar{\alpha} + \alpha}{2}, b = \dfrac{\alpha - \bar{\alpha}}{2i}$,代入圆周的一般方程

$$x^2 + y^2 + 2ax + 2bx + c = 0 \qquad (a^2 + b^2 - c \geqslant 0)$$

即得 $\qquad\qquad \bar{z}z + \alpha \bar{z} + \bar{\alpha} z + c = 0$

25.将下列方程(t 为实参数) 给出的曲线用一个实直角坐标方程表出.

4)$z = t^2 + \dfrac{i}{t^2}$; $\qquad\qquad$ 5)$z = a\cosh t + ib\sinh t (a, b$ 为实常数);

6)$z = ae^{it} + be^{-it}$; $\qquad\qquad$ 7)$z = e^{\alpha t} (\alpha = a + ib$ 为复数).

分析 借助于复数的实部和虚部,消去参数即可获得实直角坐标方程的表达式,但是需要注意其取值范围.

解 4)显然,$x = t^2, y = \dfrac{1}{t^2}$,消去参数 t,得

$$xy = 1 (x > 0, y > 0)$$

即为等轴双曲线在第一象限中的一支.

5)显然有 $x = a\cosh t, y = b\sinh t$,消去参数,得

$$\dfrac{x^2}{a^2} - \dfrac{y^2}{b^2} = 1$$

即为双曲线.

6) $z = ae^{it} + be^{-it} = a\cos t + ia\sin t + b\cos t - ib\sin t = (a+b)\cos t + i(a-b)\sin t$

即有 $x = (a+b)\cos t, y = (a-b)\sin t$,化成直角坐标方程为

$$\dfrac{x^2}{(a+b)^2} + \dfrac{y^2}{(a-b)^2} = 1$$

即为椭圆,这里 $a \neq \pm b$.

① 当 $a = b$ 时,则方程表示 x 轴上的线段 $[-|a+b|, |a+b|]$;

② 当 $a = -b$ 时,则方程表示 y 轴上的线段 $[-|a-b|, |a-b|]$.

7)$z = e^{\alpha t} = e^{(a+ib)t} = e^{at+ibt} = e^{at} e^{ibt} = e^{at}\cos bt + ie^{at}\sin bt$

由此可得 $\qquad\qquad x = e^{at}\cos bt, \qquad y = e^{at}\sin bt$

消去参数 t 后,化成直角坐标方程即得

$$x^2 + y^2 = e^{\frac{2a}{b}\arctan\frac{y}{x}}$$

26.函数 $w = \dfrac{1}{z}$ 把下列 z 平面上的曲线映射成 w 平面上怎样的曲线?

2)$y = x$; 4)$(x-1)^2 + y^2 = 1$.

解 令 $z = x + iy, w = u + iv$, 则 $w = \dfrac{1}{z}$ 相当于:

$$u + iv = \frac{1}{x + iy} = \frac{x}{x^2 + y^2} - i\frac{y}{x^2 + y^2} \quad \text{或} \quad u = \frac{x}{x^2 + y^2}, v = \frac{-y}{x^2 + y^2}$$

当 $y = x$ 时, $u = -v$ 或 $u + v = 0$ 为 w 平面上的直线.

4) 显然, $x = 1 + \cos\theta, y = \sin\theta (0 \leqslant \theta \leqslant 2\pi)$, 代入 $u = \dfrac{x}{x^2 + y^2}, v = \dfrac{-y}{x^2 + y^2}$ 可得

$$u = \frac{1 + \cos\theta}{2 + 2\cos\theta} = \frac{1}{2}, \quad v = \frac{-\sin\theta}{2(1 + \cos\theta)}$$

此为 w 平面上的直线 $u = \dfrac{1}{2}$.

27. 已知映射 $w = z^3$, 求:

1) 点 $z_1 = i, z_2 = 1 + i, z_3 = \sqrt{3} + i$ 在 w 平面上的像;

2) 区域 $0 < \arg z < \dfrac{\pi}{3}$ 在 w 平面上的像.

解 $z_1 = i, w_1 = z_1^3 = i^3 = -i$

$z_2 = 1 + i, w_2 = (1 + i)^3 = (1 + i)^2(1 + i) = -2 + 2i$

$z_3 = \sqrt{3} + i = 2\left(\cos\dfrac{\pi}{6} + i\sin\dfrac{\pi}{6}\right), \quad w_3 = \left[2\left(\cos\dfrac{\pi}{6} + i\sin\dfrac{\pi}{6}\right)\right]^3 = 2^3\left(\cos\dfrac{3\pi}{6} + i\sin\dfrac{3\pi}{6}\right) = 8i$

即 z_1, z_2, z_3 的像分别为 $-i, -2 + 2i, 8i$.

2) 令 $z = r(\cos\theta + i\sin\theta)$, 则 $w = z^3 = r^3(\cos 3\theta + i\sin 3\theta)$

当 $0 < \arg z < \dfrac{\pi}{3}$ 时, $0 < \arg w = 3\arg z < \pi$, 即区域 $0 < \arg z < \dfrac{\pi}{3}$ 的像区域为 $0 < \arg w < \pi$(上半平面).

29. 设函数 $f(z)$ 在 z_0 连续且 $f(z_0) \neq 0$, 那么可找到 z_0 的小邻域, 在这邻域内 $f(z) \neq 0$.

分析 利用复变函数连续的定义和极限保号性.

证明 设 $z = x + iy, z_0 = x_0 + iy_0, f(z) = u(x, y) + iv(x, y)$, 则

$$f(z) \text{ 在 } z_0 \text{ 连续} \Leftrightarrow u(x, y) \text{ 与 } v(x, y) \text{ 在 } (x_0, y_0) \text{ 连续}$$

由 $f(z_0) = u(x_0, y_0) + iv(x_0, y_0) \neq 0$ 可知, $u(x_0, y_0)$ 与 $v(x_0, y_0)$ 之中必有一个不为零, 不妨设 $u(x_0, y_0) \neq 0$, 于是 $u(x_0, y_0) > 0$ 或 (< 0). 由连续函数的保号定理可知, 必有 (x_0, y_0) 的一个邻域, 在此邻域内 $f(z) \neq 0$.

30. 设 $\lim\limits_{z \to z_0} f(z) = A$, 证明 $f(z)$ 在 z_0 的某一去心邻域内是有界的, 即存在一个实常数 $M > 0$, 使在 z_0 的某一去心邻域内有 $|f(z)| \leqslant M$.

分析 利用复变函数极限定义和有界性定义.

证明 由 $\lim\limits_{z \to z_0} f(z) = A$, 根据极限的定义, 对于 $\varepsilon < 1$, 相应地存在正数 δ, 当 $0 < |z - z_0| < \delta$ 时, 有

$$|f(z) - A| < 1 \Rightarrow |f(z)| = |f(z) - A + A| \leqslant |f(z) - A| + |A| < 1 + |A|$$

取 $M = 1 + |A| (> 0)$, 可知在 z_0 的 δ 去心邻域内有 $|f(z)| \leqslant M$.

31. 设 $f(z) = \dfrac{1}{2i}\left(\dfrac{z}{\bar{z}} - \dfrac{\bar{z}}{z}\right) (z \neq 0)$, 试证当 $z \to 0$ 时, $f(z)$ 的极限不存在.

分析 利用复变函数极限存在的充要条件.

证明 令 $z = x + iy, f(z) = u(x, y) + iv(x, y)$, 则

$$u(x, y) + iv(x, y) = \frac{1}{2i}\left(\frac{x + iy}{x - iy} - \frac{x - iy}{x + iy}\right) = \frac{2xy}{x^2 + y^2}$$

即
$$u(x,y) = \frac{2xy}{x^2 + y^2}, \quad v(x,y) = 0$$

注意到, $\lim_{z \to 0} f(z)$ 存在的充要条件是 $\lim_{\substack{x \to 0 \\ y \to 0}} u(x,y)$ 与 $\lim_{\substack{x \to 0 \\ y \to 0}} v(x,y)$ 存在, 而 $\lim_{\substack{x \to 0 \\ y \to 0}} u(x,y) = \lim_{\substack{x \to 0 \\ y \to 0}} \frac{2xy}{x^2 + y^2}$ 不存在, 故

当 $z \to 0$ 时, $f(z)$ 的极限不存在.

32. 试证 $\arg z$ 在原点与负实轴上不连续.

分析　利用复变函数连续性定义.

证明　令 $f(z) = \arg z$, 因为 $f(0)$ 无定义, 所以 $f(z) = \arg z$ 在原点不连续.

设 $z_0 \neq 0$ 为负实轴上任意一点, 则 $f(z_0) = \arg z_0 = \pi$. 当 z 从上半平面趋于 z_0 时, 则
$$\lim_{\substack{z \to z_0 \\ \mathrm{Im}(z) > 0}} f(z) = \lim_{\substack{z \to z_0 \\ \mathrm{Im}(z) > 0}} \arg z = \pi$$

而当 z 从下半平面趋于 z_0 时, $f(z) = \arg z \to -\pi$, 故 $\lim_{z \to z_0} f(z)$ 不存在, $f(z)$ 在 z_0 点不连续.

第2章 解析函数

2.1 内容导教

（1）教学组织中，采用"问题驱动法"来引入，先从"平面流速场和静电场复势"问题将实变函数导数概念与运算推广到复变函数导数概念和运算，进而引出解析函数的概念和性质及其在研究平面场问题中的应用.

（2）采用"类比、联想、推广教学法"将一元实变函数的导数概念、微分概念、求导公式和求导法则相应推广到复变函数中去；并借助于一个复变函数与两个二元实变函数的对应关系，建立复变函数的可导性、导数公式与两个二元实变函数的可微性、偏导数之间的关系.

（3）重点介绍在点的邻域内可导的复变函数——解析函数——的概念，以及常用初等复变函数的解析性和其他特有的性质.

（4）通过应用解析函数来描述平面场，学生可以了解到复变函数理论的实用性与重要性.

2.2 内容导学

2.2.1 内容要点精讲

一、教学基本要求

（1）理解复变函数的导数、微分的概念，掌握复变函数求导（微分）法则、求导（微分）公式与求导（微分）方法.

（2）理解解析函数的概念及其与连续函数、可导函数之间的联系与区别，掌握函数解析的充要条件（柯西-黎曼方程）和常用判别方法.

（3）了解一些常用初等函数及其解析性.

（4）了解复变函数在平面场中的应用思想方法.

二、主要内容精讲

引例　平面流速场的复势表示问题.

问题　设有不可压缩的（即流体的密度为常数）定常的理想平面流速场 v，有

$$v = v_x(x,y)i + v_y(x,y)j$$

其中，速度分量 $v_x(x,y)$ 与 $v_y(x,y)$ 都有连续的偏导数. 并且它在单连通区域 B 内既是无源场，又是无旋场. 试用一个复变函数来表示该平面流速场.

分析　一方面，由于 v 是无源场（即管量场），则有

$$\text{div}\,v = \frac{\partial v_x}{\partial x} + \frac{\partial v_y}{\partial y} = 0$$

即

$$\frac{\partial v_x}{\partial x} = -\frac{\partial v_y}{\partial y}$$

故存在一个可微函数 $\psi(x,y)$，使得

$$d\psi(x,y) = -v_y dx + v_x dy$$

且

$$\frac{\partial \psi}{\partial x} = -v_y, \quad \frac{\partial \psi}{\partial y} = v_x$$

$\psi(x,y)$ 的物理意义：由于沿等值线 $\psi(x,y) = c_1$，$d\psi(x,y) = -v_y dx + v_x dy = 0$，即 $\dfrac{dy}{dx} = \dfrac{v_y}{v_x}$，故场 v 在等值线 $\psi(x,y) = c_1$ 上每一点处的向量 v 都是等值线的切向量，因而在流速场中，等值线 $\psi(x,y) = c_1$ 就是流线，函数 $\psi(x,y)$ 称为场 v 的流函数.

另一方面，由于 v 是无旋场（即势量场），则有 $\text{rot}v = \mathbf{0}$，即

$$\frac{\partial v_y}{\partial x} = \frac{\partial v_x}{\partial y}$$

故存在另一个可微函数 $\varphi(x,y)$，使得

$$d\varphi(x,y) = v_x dx + v_y dy$$

且

$$\frac{\partial \varphi}{\partial x} = v_x, \frac{\partial \varphi}{\partial y} = v_y$$

从而有

$$\text{grad}\varphi = v$$

$\varphi(x,y)$ 的物理意义：在流速场中，等值线 $\varphi(x,y) = c_2$ 称为等势线（或等位线），函数 $\varphi(x,y)$ 称为场 v 的势函数（或位函数）

结论 在单连通区域 B 内，存在一复变函数：

$$w = f(z) = \varphi(x,y) + i\varphi(x,y)$$

满足

$$\frac{\partial \varphi}{\partial x} = \frac{\partial \varphi}{\partial y}, \frac{\partial \varphi}{\partial y} = -\frac{\partial \varphi}{\partial x}$$

该复变函数完全描述了平面流速场，称之为平面流速场的复势函数.

这正是我们要学习的解析函数. 为此需要首先引进复变函数的导数与微分的概念.

（一）复变函数的导数与微分

复变函数的导数与微分是复分析微分学的两个最基本概念，是一元实变函数的导数与微分概念在复分析中的推广.

1. 复变函数的导数定义

定义 2.1（可导与导数） 设函数 $w = f(z)$ 在区域 D 有定义，$z_0, z_0 + \Delta z \in D$. 如果极限 $\lim\limits_{\Delta z \to 0} \dfrac{f(z_0 + \Delta z) - f(z_0)}{\Delta z}$ 存在，则称 $f(z)$ 在 z_0 可导，而称此极限值为函数 $w = f(z)$ 在 z_0 处的导数，记作

$$f'(z_0) = \frac{dw}{dz}\bigg|_{z=z_0} = \lim_{\Delta z \to 0} \frac{f(z_0 + \Delta z) - f(z_0)}{\Delta z} = \lim_{z \to z_0} \frac{f(z) - f(z_0)}{z - z_0} \quad (\Delta z = z - z_0)$$

如果函数 $w = f(z)$ 在区域 D 内处处可导，则称 $w = f(z)$ 在 D 内可导，并有导函数定义

$$f'(z) = \frac{dw}{dz} = \lim_{\Delta z \to 0} \frac{f(z + \Delta z) - f(z)}{\Delta z} \quad (z \in D)$$

[注]（1）复变函数的导数定义形式与一元实变函数导数定义类似.

（2）在导数定义中，要求"$z \to z_0$"的方式任意，并且一个复变函数 $w = f(z)$ 对应于两个二元实函数 $u = u(x,y)$，$v = v(x,y)$，因此利用导数定义求导或判别函数可导性的问题，实质上转化为关于 $\Delta x, \Delta y$ 的二元函数极限存在问题.

例如，求 $f(z) = z^2$ 的导数.

因为

$$\lim_{\Delta z \to 0} \frac{f(z + \Delta z) - f(z)}{\Delta z} = \lim_{\Delta z \to 0} \frac{(z + \Delta z)^2 - z^2}{\Delta z} = \lim_{\Delta z \to 0} (2z + \Delta z) = 2z$$

所以 $f'(z) = 2z$.

再例如，判别 $f(z) = x + 2yi$ 的可导性.

事实上,只需要把增量比的极限转化为二重极限来求即可,即

$$\lim_{\Delta z \to 0} \frac{f(z+\Delta z)-f(z)}{\Delta z} = \lim_{\substack{\Delta x \to 0 \\ \Delta y \to 0}} \frac{(x+\Delta x)+2(y+\Delta y)i - x - 2yi}{\Delta x + i\Delta y} = \lim_{\substack{\Delta x \to 0 \\ \Delta y \to 0}} \frac{\Delta x + 2\Delta yi}{\Delta x + \Delta yi}$$

由于 $\quad \lim_{\substack{\Delta x \to 0 \\ \Delta y = 0}} \frac{\Delta x + 2\Delta yi}{\Delta x + \Delta yi} = \lim_{\Delta x \to 0} \frac{\Delta x}{\Delta x} = 1, \quad \lim_{\substack{\Delta x = 0 \\ \Delta y \to 0}} \frac{\Delta x + 2\Delta yi}{\Delta x + \Delta yi} = \lim_{\Delta y \to 0} \frac{2\Delta yi}{\Delta yi} = 2$

如图 2-1 所示,故 $f(z)=x+2yi$ 的导数不存在.

2. 复变函数的微分定义

类似于一元实函数的微分定义与公式,有

定义 2.2 (可微与微分) 设函数 $w=f(z)$ 在区域 D 有定义,z_0,$z_0 + \Delta z \in D$. 如果函数的增量可以表示为

$$\Delta w = f(z_0 + \Delta z) - f(z_0) = A\Delta z + o(\Delta z)$$

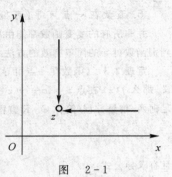

图 2-1

则称 $f(z)$ 在 z_0 可微,而称 $\mathrm{d}w \xmapsto{\Delta} A\Delta z$ 为函数 $w=f(z)$ 在 z_0 处的微分.

定理 2.1 (可微的条件与微分公式) 函数 $w=f(z)$ 在 z_0 处可微的充要条件是:函数 $w=f(z)$ 在 z_0 处可导,且 $\mathrm{d}w\mid_{z=z_0} = f'(z_0)\mathrm{d}z$.

如果函数 $w=f(z)$ 在区域 D 内处处可微,则称 $w=f(z)$ 在 D 内可微,并有微分公式:

$$\mathrm{d}w = f'(z)\mathrm{d}z \quad (z \in D)$$

此时 $\qquad \Delta w = f(z+\Delta z) - f(z) = f'(z)\Delta z + o(\Delta z) \quad (z \in D)$

证明 $w=f(z)$ 在 $z_0 \in D$ 内可微 $\Rightarrow$ 存在 A,使得

$$\Delta w = f(z_0 + \Delta z) - f(z_0) = A\Delta z + o(\Delta z) \Rightarrow \lim_{\Delta z \to 0} \frac{f(z_0 + \Delta z) - f(z_0)}{\Delta z} = A \text{ 存在} \Rightarrow$$

$$f'(z_0) \text{ 存在,且 } A = f'(z_0)$$

反过来,$w=f(z)$ 在 $z_0 \in D$ 可导 $\Rightarrow f'(z_0) = \lim_{\Delta z \to 0} \frac{f(z_0 + \Delta z) - f(z_0)}{\Delta z}$ 存在 $\Rightarrow$

$$\frac{f(z_0 + \Delta z) - f(z_0)}{\Delta z} = f'(z_0) + \rho(\Delta z) \Rightarrow$$

$$\Delta w = f(z_0 + \Delta z) - f(z_0) = f'(z_0)\Delta z + \rho(\Delta z)\Delta z = $$

$$f'(z_0)\Delta z + o(\Delta z) \Rightarrow$$

$$w = f(z) \text{ 在 } z_0 \in D \text{ 可微} \quad (\lim_{\Delta z \to 0}\rho(\Delta z) = 0)$$

3. 复变函数的可导性、可微性及连续性的关系

定理 2.2 (可导(微)与连续的关系) 若函数 $w=f(z)$ 在 z_0 处可导(可微),则函数 $w=f(z)$ 在 z_0 处连续,反之不然.

证明 $w=f(z)$ 在 $z_0 \in D$ 内可导(可微) $\Rightarrow \Delta w = f(z_0 + \Delta z) - f(z_0) = f'(z_0)\Delta z + o(\Delta z) \Rightarrow$

$$\lim_{\Delta z \to 0} \Delta w = 0$$

但反之不然,例如函数 $f(z)=x+2yi$ 在复平面内处处连续却处处不可导.

[注] 复变函数的可导性、可微性及连续性的关系完全与一元实变函数类似:可导 $\Leftrightarrow$ 可微 $\Rightarrow$ 连续.

4. 求导(微分)法则与基本公式(与一元实变函数类似)

(1)$(c)' = 0$, $\mathrm{d}(c) = 0$ (c 为复常数)

(2)$(z^n)' = nz^{n-1}$, $\mathrm{d}(z^n) = nz^{n-1}\mathrm{d}z$ (n 为正整数)

(3)$[f(z)+g(z)]' = f'(z)+g'(z)$, $\mathrm{d}[f(z)+g(z)] = \mathrm{d}f(z)+\mathrm{d}g(z)$

(4)$[f(z)g(z)]' = f'(z)g(z)+f(z)g'(z)$ $\mathrm{d}[f(z)g(z)] = g(z)\mathrm{d}f(z)+f(z)\mathrm{d}g(z)$

(5)$\left[\dfrac{f(z)}{g(z)}\right]' = \dfrac{f'(z)g(z)-f(z)g'(z)}{g^2(z)}$,$g(z) \neq 0$

$$d\left[\frac{f(z)}{g(z)}\right] = \frac{g(z)df(z) - f(z)dg(z)}{g^2(z)}, g(z) \neq 0$$

(6) $\{f[g(z)]\}' = f'[g(z)]g'(z)$, $\quad d\{f[g(z)]\} = f'[g(z)]g'(z)dz$

(7) $f'(z) = \dfrac{1}{\varphi'(w)}$, $\quad df(z) = \dfrac{1}{\varphi'(w)}dz$ $\quad (\varphi'(w) \neq 0)$

其中，$w = f(z)$ 与 $z = \varphi(w)$ 都是单值函数，且互为反函数．

5.函数在一点可导（可微）的充要条件

并非所有的复变函数都能由导数定义或求导法则很容易地判别出其在一点处是否可导，因此必须寻求判别函数可导的简单有效的方法．

定理 2.3 （函数在一点可导（可微）的充要条件） 设函数 $f(z) = u(x,y) + iv(x,y)$ 在区域 D 内有定义，那么 $f(z)$ 在点 $z = x + iy (z \in D)$ 可导（可微）的充要条件是：$u(x,y)$ 和 $v(x,y)$ 在点 (x,y) 处可微，且满足柯西-黎曼方程（简称 C-R 方程）：

$$\frac{\partial u}{\partial x} = \frac{\partial v}{\partial y}, \frac{\partial u}{\partial y} = -\frac{\partial v}{\partial x}$$

且有求导公式：

$$f'(z) = \frac{\partial u}{\partial x} + i\frac{\partial v}{\partial x} = \frac{1}{i}\frac{\partial u}{\partial y} + \frac{\partial v}{\partial y}$$

证明 必要性．设函数 $f(z) = u(x,y) + iv(x,y)$ 在点 $z = x + iy$ 可导（可微），则有

$$f(z + \Delta z) - f(z) = f'(z)\Delta z + \rho(\Delta z)\Delta z \quad (\lim_{\Delta z \to 0}\rho(\Delta z) = 0)$$

令

$$f(z + \Delta z) - f(z) = \Delta u + i\Delta v, \quad f'(z) = a + bi, \rho(\Delta z) = \rho_1 + i\rho_2$$

则有

$$\Delta u + i\Delta v = (a + bi)(\Delta x + \Delta yi) + (\rho_1 + i\rho_2)((\Delta x + \Delta yi) =$$
$$(a\Delta x - b\Delta y + \rho_1\Delta x - \rho_2\Delta y) + i(b\Delta x + a\Delta y + \rho_2\Delta x + \rho_1\Delta y)$$

从而有

$$\Delta u = a\Delta x - b\Delta y + \rho_1\Delta x - \rho_2\Delta y, \quad \Delta v = b\Delta x + a\Delta y + \rho_2\Delta x + \rho_1\Delta y$$

因为 $\lim\limits_{\Delta z \to 0}\rho(\Delta z) = 0$，所以有 $\lim\limits_{\substack{\Delta x \to 0 \\ \Delta y \to 0}}\rho_1 = \lim\limits_{\substack{\Delta x \to 0 \\ \Delta y \to 0}}\rho_2 = 0$．

因此，由二元实变函数可微（即全微分存在）的定义可知，$u(x,y)$ 和 $v(x,y)$ 在点 (x,y) 处可微，且有关系式为

$$a = \frac{\partial u}{\partial x} = \frac{\partial v}{\partial y}, \quad -b = \frac{\partial u}{\partial y} = -\frac{\partial v}{\partial x} \quad (\text{C-R 方程})$$

和导数公式

$$f'(z) = a + bi = \frac{\partial u}{\partial x} + i\frac{\partial v}{\partial x} = \frac{1}{i}\frac{\partial u}{\partial y} + \frac{\partial v}{\partial y}$$

充分性．设 $u(x,y)$ 和 $v(x,y)$ 在点 (x,y) 处可微，且满足 C-R 方程：

$$\frac{\partial u}{\partial x} = \frac{\partial v}{\partial y}, \frac{\partial u}{\partial y} = -\frac{\partial v}{\partial x}$$

则有

$$\Delta u = u_x\Delta x + u_y\Delta y + \varepsilon_1\Delta x + \varepsilon_2\Delta y = u_x\Delta x + i^2 v_x\Delta y + \varepsilon_1\Delta x + \varepsilon_2\Delta y$$
$$\Delta v = v_x\Delta x + v_y\Delta y + \varepsilon_3\Delta x + \varepsilon_4\Delta y = v_x\Delta x + u_x\Delta y + \varepsilon_3\Delta x + \varepsilon_4\Delta y$$

其中，$\lim\limits_{\substack{\Delta x \to 0 \\ \Delta y \to 0}}\varepsilon_k = 0 \quad (k = 1,2,3,4)$．

故得

$$f(z + \Delta z) - f(z) = \Delta u + i\Delta v = (u_x + iv_x)\Delta x + (i^2 v_x + iu_x)\Delta y + (\varepsilon_1 + i\varepsilon_2)\Delta x + (\varepsilon_3 + i\varepsilon_4)\Delta y =$$
$$(u_x + iv_x)(\Delta x + i\Delta y) + o(\Delta z) = (u_x + iv_x)\Delta z + o(\Delta z)$$

即 $f(z)$ 在 $z = x + iy$ 可微（可导）．

推论 2.1 （函数在一点可导（可微）的充分条件） 设函数 $f(z) = u(x,y) + iv(x,y)$ 在区域 D 内有定义，如果 $u(x,y)$ 和 $v(x,y)$ 在点 (x,y) 处的偏导数连续，且满足 C-R 方程：

$$\frac{\partial u}{\partial x} = \frac{\partial v}{\partial y}, \frac{\partial u}{\partial y} = -\frac{\partial v}{\partial x}$$

那么 $f(z)$ 在点 $z = x + \mathrm{i}y (z \in D)$ 可导(可微).

[注] 定理 2.3 为判别复变函数的可导性和求导运算提供了简便有效的方法,把判别复变函数在一点的可导性问题,转化为判别两个二元实变函数的可微性(或二元实变函数偏导数的连续性)问题来讨论;其导数则可以用两个二元实变函数的偏导数来表示. 而推论 2.1 则是判别复变函数可导性的常用而简便的方法.

例如,讨论函数 $f(z) = z\mathrm{Re}(z)$ 的可导性.

事实上,$f(z) = z\mathrm{Re}(z) = x^2 + \mathrm{i}xy$,则 $u = x^2, v = xy$. 由于

$$u_x = 2x, \quad u_y = 0, \quad v_x = y, \quad v_y = x$$

都是连续函数,因而 $u = x^2, v = xy$ 都可微.

并且,只有当 $x = y = 0$ 时,满足 C-R 方程 $u_x = v_y, u_y = -v_x$.

当 $x \neq 0$ 或 $y \neq 0$ 时,不满足 C-R 方程,因此函数 $f(z)$ 仅在 $z = 0$ 处可导,而在复平面内其他点处均不可导.

(二) 解析函数(全纯函数或正则函数)

在复变函数理论中,重要的不只是在个别点可导的函数,而是在某点及其邻域内(甚至是区域内)可导的函数,即所谓的解析函数. 解析函数是复分析研究的主要对象.

1. 解析函数的概念

定义 2.3 (解析与解析函数) 如果函数 $f(z)$ 在 z_0 及 z_0 的某个邻域内处处可导,则称 $f(z)$ 在 z_0 处解析,也称 z_0 是 $f(z)$ 的一个解析点.

如果 $f(z)$ 在区域 D 内处处解析,则称 $f(z)$ 在 D 内解析,也称 $f(z)$ 是 D 内的一个解析函数(全纯函数或正则函数).

如果函数 $f(z)$ 在 z_0 不解析,则称 z_0 是 $f(z)$ 的一个奇点.

例如,函数 $f(z) = \dfrac{1}{z}$ 在除 $z = 0$ 外的复平面内处处解析. $z = 0$ 是它的一个奇点.

事实上,$f(z) = \dfrac{1}{z}$ 在 $z = 0$ 处不可导,在对于任意 $z \neq 0$ 处均可导,且有导数

$$f'(z) = -\frac{1}{z^2} \quad (z \neq 0)$$

又例如,函数 $f(z) = |z|^2$ 在复平面内处处不解析.

事实上,由于

$$\frac{f(z_0 + \Delta z) - f(z_0)}{\Delta z} = \frac{|z_0 + \Delta z|^2 - |z_0|^2}{\Delta z} = \frac{(z_0 + \Delta z)(\overline{z_0} - \overline{\Delta z}) - z_0\overline{z_0}}{\Delta z} = \overline{z_0} + \overline{\Delta z} + z_0\frac{\overline{\Delta z}}{\Delta z}$$

当 $z_0 = 0$ 时,有 $f'(0) = \lim\limits_{\Delta z \to 0} \dfrac{f(\Delta z) - f(0)}{\Delta z} = \lim\limits_{\Delta z \to 0} \overline{\Delta z} = 0$,即 $f(z)$ 在 $z = 0$ 处可导;

当 $z_0 \neq 0$ 时,有令 $z_0 + \Delta z$ 沿直线 $y - y_0 = k(x - x_0)$ 趋于 z_0,则有

$$\lim_{\substack{\Delta x \to 0 \\ \Delta y = k\Delta x}} \frac{\overline{\Delta z}}{\Delta z} = \lim_{\substack{\Delta x \to 0 \\ \Delta y = k\Delta x}} \frac{\Delta x - \Delta y \mathrm{i}}{\Delta x + \Delta y \mathrm{i}} = \lim_{\substack{\Delta x \to 0 \\ \Delta y = k\Delta x}} \frac{1 - \dfrac{\Delta y}{\Delta x}\mathrm{i}}{1 + \dfrac{\Delta y}{\Delta x}\mathrm{i}} = \frac{1 - k\mathrm{i}}{1 + k\mathrm{i}}$$

该本次限值随 k 之变化而变化,即 $\lim\limits_{\Delta z \to 0} \dfrac{\overline{\Delta z}}{\Delta z}$ 不存在,因而 $\lim\limits_{\Delta z \to 0} \dfrac{f(z_0 + \Delta z) - f(z_0)}{\Delta z}$ 不存在,即 $f(z)$ 在 $z \neq 0$ 处不可导.

因此,在复平面内,函数 $f(z) = |z|^2$ 仅在一点 $z = 0$ 处可导,而在其他点处都不可导,从而在复平面内处处不解析.

[注] (1)复变函数解析、可导(可微)与连续有下述关系:

$f(z)$ 在 D 内解析 $\Leftrightarrow f(z)$ 在 D 内可导(可微) $\Rightarrow f(z)$ 在 D 内连续;

$f(z)$ 在 z_0 解析 $\Rightarrow f(z)$ 在 z_0 可导(可微) $\Rightarrow f(z)$ 在 z_0 连续.

(2)重要结论:解析函数的求导方法、公式与一元实函数求导方法、公式相同.

2.解析函数的运算法则

定理 2.4 (解析函数的运算法则) (1)设 $f(z),g(z)$ 在 z_0 处(或区域 D 内)解析,则 $f(z) \pm g(z)$, $f(z)g(z)$, 及 $\dfrac{f(z)}{g(z)}(g(z) \neq 0)$ 在 z_0 处(或区域 D 内)均解析.

(2)设 $h = g(z)$ 在 z_0 处(或区域 D 内)解析,$w = f(h)$ 在 $h_0 = h(z_0)$ 处(或区域 $G \supset D^* = \{h \mid h = g(z), z \in D\}$ 内)解析,则复合函数 $w = f[g(z)]$ 在 z_0 处(或区域 D 内)解析.

[注] (1)复变多项式 $w = P(z) = a_0 + a_1 z + a_2 z^2 + \cdots + a_n z^n$ 在复平面上处处解析.

(2)有理复变分式函数 $w = \dfrac{P(z)}{Q(z)} = \dfrac{a_0 + a_1 z + a_2 z^2 + \cdots + a_n z^n}{b_0 + b_1 z + b_2 z^2 + \cdots + b_m z^m}$ 在复平面上除 $Q(z) = 0$ 的点之外处处解析,使得的点 $Q(z) = 0$ 是它的奇点.

3.函数解析的充要条件

并非所有的复变函数都是解析函数,并且上述例子表明:仅仅由定义判别一个函数是否解析,往往是很困难的.从复变函数解析的定义和其在一点处可导的充要条件,可得出函数解析的充要条件.

定理 2.5 (函数在区域 D 内解析(可导)的充要条件) 函数 $f(z) = u(x,y) + iv(x,y)$ 在其定义域 D 内解析(可导)的充要条件是:$u(x,y)$ 和 $v(x,y)$ 在区域 D 内可微,且满足 C-R 方程:

$$\frac{\partial u}{\partial x} = \frac{\partial v}{\partial y}, \frac{\partial u}{\partial y} = -\frac{\partial v}{\partial x}$$

推论 2.2 (函数在区域 D 内解析(可导)的充分条件) 设函数 $f(z) = u(x,y) + iv(x,y)$ 在区域 D 内有定义,如果 $u(x,y)$ 和 $v(x,y)$ 在区域 D 内的偏导数连续,且满足 C-R 方程:

$$\frac{\partial u}{\partial x} = \frac{\partial v}{\partial y}, \frac{\partial u}{\partial y} = -\frac{\partial v}{\partial x}$$

那么 $f(z)$ 在区域 D 内解析(可导).

求导公式,有

$$f'(z) = \frac{\partial u}{\partial x} + i\frac{\partial v}{\partial x} = \frac{1}{i}\frac{\partial u}{\partial y} + \frac{\partial v}{\partial y}$$

例如,前面讨论的函数 $f(z) = z\mathrm{Re}(z)$ 仅在 $z = 0$ 处可导,而在任意 $z \neq 0$ 点处均不可导,因而在复平面内处处不解析.

不难证明,函数 $f(z) = e^x(\cos y + i\sin y)$ 在复平面内处处解析,并且 $f'(z) = f(z)$.

(三)初等复变函数及其解析性

类似于实变函数理论,在复变函数理论中涉及的函数也大多数是初等函数,因此研究初等复变函数的解析性是非常必要的.初等复变函数是初等实变函数的推广.

1.指数函数

注意到实变指数函数 e^x 的特性:

(1)在实数轴上处处可导.

(2)其导数还是它本身,即 $(e^x)' = e^x$.

(3)服从加法定理:$e^{x_1+x_2} = e^{x_1}e^{x_2}$.

并考虑到 $z = x + iy$ 当 $y = 0$ 时的特殊情形及前面所学的复变函数 $f(z) = e^x(\cos y + i\sin y)$ 的特性:在复平面内处处解析,并且 $f'(z) = f(z)$,得到下述复变指数函数的定义和性质.

定义 2.4 (指数函数) 如果一个函数 $f(z)$ 满足以下 3 个条件:

(1)$f(z)$ 在复平面内处处解析.

(2)$f'(z) = f(z)$.

(3) 当 $\operatorname{Im}(z)=0$ 时, $f(z)=e^x$ (其中 $x=\operatorname{Re}(z)$).

则称 $f(z)$ 为复变数 z 的指数函数. 记作

$$e^z = \exp z = e^x(\cos y + i\sin y)$$

例如,

$$e^{1-i\frac{\pi}{2}} = e \cdot e^{-i\frac{\pi}{2}} = e\left(\cos\frac{\pi}{2} - i\sin\frac{\pi}{2}\right) = -ei$$

[注] (1) e^z 在复平面内处处解析, 且 $(e^z)' = e^z$.

(2) $e^z \neq 0, |e^z| = e^x, \operatorname{Arg}e^z = y + 2k\pi (k = 0, \pm 1, \pm 2 \cdots)$.

(3) 当 $\operatorname{Im}(z) = 0, x = \operatorname{Re}(z)$ 时, $f(z) = e^x$, 可见, 复变指数函数是实变指数函数的推广, 实变指数函数是复变指数函数的特殊情形.

(4) e^z 仅仅是 $\exp z$ 的一种简记符号, 它没有幂的意义 (这一点也与 e^x 不同).

(5) e^z 服从加法定理: $e^{z_1} e^{z_2} = e^{z_1 + z_2}$.

(6) e^z 具有周期性: 是周期为 $2k\pi i$ 的周期函数, 即

$$e^{z + 2k\pi i} = e^z \cdot e^{2k\pi i} = e^z \quad (k = 0, \pm 1, \pm 2, \cdots)$$

这一点是复变指数函数与实变指数函数的本质区别.

2. 对数函数

和实变函数一样, 把复变指数函数的反函数定义为复变对数函数.

定义 2.5 (对数函数) 满足方程 $e^w = z(z \neq 0)$ 的函数 $w = f(z)$ 称为对数函数, 记作

$$w = \operatorname{Ln}z \quad (z \neq 0)$$

(1) 复变对数函数的一般表达式为

$$\operatorname{Ln}z = \ln|z| + i\operatorname{Arg}z = \ln|z| + i\arg z + 2k\pi i \quad (z \neq 0, k = 0, \pm 1, \pm 2, \cdots)$$

事实上, 若令 $w = u + iv, z = re^{i\theta}$, 则有 $e^{u+iv} = re^{i\theta}$, 即

$$u = \ln r = \ln|z|, \quad v = \theta = \operatorname{Arg}z = \arg z + 2k\pi$$

$$\operatorname{Ln}z = \ln|z| + i\operatorname{Arg}z = \ln|z| + i\arg z + 2k\pi i$$

可见, 复变对数函数 $\operatorname{Ln}z$ 是一个定义在除去原点的复平面上的多值函数, 并且其任意两个值之间相差 $2k\pi i(k = 0, \pm 1, \pm 2, \cdots)$ (这是因为指数函数的周期性).

(2) 对数函数的主值和其他分支. 相应于辐角函数的主值, 定义对数函数 $\operatorname{Ln}z$ 的主值 $\ln z$ 为

$$\ln z = \ln|z| + i\arg z$$

这时有

$$\operatorname{Ln}z = \ln z + 2k\pi i$$

k 的不同值对应于 $\operatorname{Ln}z$ 的不同分支.

例如: $\ln 3 = \ln|3| + i\arg 3 = \ln 3, \qquad \operatorname{Ln}3 = \ln 3 + 2k\pi i$

$\ln(-1) = \ln|-1| + i\arg(-1) = \pi i, \qquad \operatorname{Ln}(-1) = \ln(-1) + 2k\pi i = (2k+1)\pi i$

(3) 当 $\operatorname{Im}(z) = 0, x = \operatorname{Re}(z) > 0$ 时,

$$\operatorname{Ln}z = \operatorname{Ln}x = \ln x + 2k\pi i$$

这时, $\operatorname{Ln}z$ 的主值 $\ln z = \ln x$, 就是实变对数函数.

(4) 复变对数函数的运算性质:

$$\operatorname{Ln}(z_1 \cdot z_2) = \operatorname{Ln}z_1 + \operatorname{Ln}z_2, \quad \operatorname{Ln}\left(\frac{z_1}{z_2}\right) = \operatorname{Ln}z_1 - \operatorname{Ln}z_2$$

但是

$$\operatorname{Ln}z^n \neq n\operatorname{Ln}z, \quad \operatorname{Ln}\sqrt[n]{z} \neq \frac{1}{n}\operatorname{Ln}z \quad (n \in \mathbf{Z}, n > 1)$$

这一点是复变对数函数与实变对数函数的本质区别 (这里的等式应理解为: 两端函数值集合相等).

(5) 复变对数函数的连续性与解析性.

由于 $\ln|z|$ 在除去原点外的复平面内处处连续,而 $\arg z$ 在除去原点和负实轴外的复平面内处处连续(这是因为在负实轴上的点 $z=x+\mathrm{i}y(x<0,y=0)$ 处,$\lim\limits_{y\to 0^-}\arg z=-\pi$,$\lim\limits_{y\to 0^+}\arg z=\pi$).因此,对数函数的主值分支 $\ln z$ 在除去原点和负实轴的复平面内处处连续;并且由于 $w=\ln z$ 是可导函数 $z=\mathrm{e}^w$ 在 $-\pi<\arg z<\pi$ 内的单值反函数,因而 $\ln z$ 在除去原点和负实轴的复平面内处处可导、解析,并且由反函数的求导法则可得 $\ln z$ 的导数公式为

$$(\ln z)'=\frac{\mathrm{d}(\ln z)}{\mathrm{d}z}=\frac{1}{\dfrac{\mathrm{d}\mathrm{e}^w}{\mathrm{d}w}}=\frac{1}{\mathrm{e}^w}=\frac{1}{z}$$

$\mathrm{Ln}z=\ln z+2k\pi\mathrm{i}$ 的其他各个分支在除去原点和负实轴的复平面内也处处连续且处处可导、解析,同样有

$$(\mathrm{Ln}z)'=\frac{\mathrm{d}(\mathrm{Ln}z)}{\mathrm{d}z}=\frac{1}{z}$$

(6)实变对数函数与复变对数函数的联系与及要区别见表 2.1.

表 2.1

函数	定义域	多值性	连续性与解析(可导)性	联 系
$\ln x$	所有正实数	单值	在正实轴上可导	$\ln z$ 的特殊情形
$\ln z$	所有非零复数	单值	在除去原点和负实轴的复平面内处处连续、解析	$\mathrm{Ln}z$ 的主值
$\mathrm{Ln}z$	所有非零复数	多值	各个分支在除去原点和负实轴的复平面内处处连续、解析	$\mathrm{Ln}z=\ln z+2k\pi\mathrm{i}$

可见,在实变函数中,负数无对数,每个正实数的对数都是单值、连续、可导的;而在复变函数中,只有 0 无对数,而且每个非零复数的对数(包括正实数的对数)都是无穷多值的,其每个分支在除去原点和负实轴的复平面内都是处处连续、解析的.因此,复变对数函数并不是实变对数函数的简单推广.两者既有许多相似之处,又有着本质的区别.

3.幂函数与乘幂

将实的乘幂 $a^b=\mathrm{e}^{b\ln a}(a>0,a\neq 1,b\in\mathbf{R})$ 和幂函数推广到复数的情形,得到复数的乘幂和幂函数.

定义 2.6 (复数的乘幂与复变幂函数)

复数的乘幂定义为 $a^b=\mathrm{e}^{b\mathrm{Ln}a}$ ($a\neq 0$ 和 b 都是复数);

复变幂函数定义为 $z^b=\mathrm{e}^{b\mathrm{Ln}z}$ ($z\neq 0$ 和 b 都是复数).

(1) $z^0=\mathrm{e}^{0\cdot\mathrm{Ln}z}=\mathrm{e}^0=1$, $z^b\big|_{z=a}=a^b$.

(2)当 $b=n$ 为正整数时,则得到通常的幂函数 $w=z^n=\mathrm{e}^{n\mathrm{Ln}z}(z\neq 0)$,也称为 z 的 n 次幂:$z^n=\underbrace{zz\cdots z}_{n\text{个}}$,

它是单值函数,在复平面内处处解析,且有导数公式:

$$(z^n)'=nz^{n-1}$$

事实上,由于指数的周期性,此时有

$$z^n=\mathrm{e}^{n\mathrm{Ln}z}=\mathrm{e}^{n(\ln|z|+\mathrm{i}\arg z+2k\pi\mathrm{i})}=\mathrm{e}^{n(\ln|z|+\mathrm{i}\arg z)}=\mathrm{e}^{n\ln z}=\underbrace{\mathrm{e}^{\ln z}\mathrm{e}^{\ln z}\cdots\mathrm{e}^{\ln z}}_{n\text{个}}=\underbrace{zz\cdots z}_{n\text{个}}\quad(z\neq 0)$$

而乘幂:

$$a^n=\mathrm{e}^{b\mathrm{Ln}a}=\underbrace{aa\cdots a}_{n\text{个}}\quad(a\neq 0)$$

(3)当 $b=\dfrac{1}{n}$(n 为正整数)时,则得到通常的 n 次根函数 $w=z^{\frac{1}{n}}=\mathrm{e}^{\frac{1}{n}\mathrm{Ln}z}=\sqrt[n]{z}(z\neq 0)$,它是多值函数,有 n 个分支,各分支在除去原点和负实轴的复平面内处处解析(这是因为对数函数 $\mathrm{Ln}z$ 的各分支在除去原点和负实轴的复平面内处处解析),且有导数公式:

$$\left(z^{\frac{1}{n}}\right)' = \left(\sqrt[n]{z}\right)' = \left(e^{\frac{1}{n}\mathrm{Ln}z}\right)' = \frac{1}{n}z^{\frac{1}{n}-1}$$

事实上

$$z^{\frac{1}{n}} = e^{\frac{1}{n}\mathrm{Ln}z} = e^{\frac{1}{n}(\ln|z|+i\arg z+2k\pi i)} = e^{\frac{1}{n}\ln|z|} \cdot e^{i\frac{\arg z+2k\pi}{n}} =$$

$$|z|^{\frac{1}{n}}\left[\cos\frac{\arg z+2k\pi}{n} + i\sin\frac{\arg z+2k\pi}{n}\right] = \sqrt[n]{z} \quad (z \neq 0)$$

其中 $k = 0, 1, 2, \cdots, n-1$.

而乘幂 $a^{\frac{1}{n}} = e^{\frac{1}{n}\mathrm{Ln}a} = \sqrt[n]{a}$,有 n 个值,叫做 a 的 n 次根.

(4) 当 $b = \dfrac{p}{q}$(p, q 为互质整数,$q > 0$)时,幂函数 $z^b = e^{b\mathrm{Ln}z}$($z \neq 0$)有 q 个值.

事实上,此时有

$$z^b = e^{b\mathrm{Ln}z} = e^{\frac{p}{q}(\ln|z|+i\arg z+2k\pi i)} = e^{\frac{p}{q}\ln|z|+i\frac{p}{q}(\arg z+2k\pi)} =$$

$$e^{\frac{p}{q}\ln|z|}\left[\cos\frac{p}{q}(\arg z+2k\pi) + i\sin\frac{p}{q}(\arg z+2k\pi)\right] \quad (z \neq 0)$$

当 $k = 0, 1, 2, \cdots, q-1$ 时,得到 $z^b = e^{b\mathrm{Ln}z}$($z \neq 0$)的 q 个值.

而乘幂:

$$a^b = e^{b\mathrm{Ln}a} = e^{\frac{p}{q}\ln|a|}\left[\cos\frac{p}{q}(\arg a+2k\pi) + i\sin\frac{p}{q}(\arg a+2k\pi)\right] \quad (a \neq 0)$$

(其中 $k = 0, 1, 2, \cdots, q-1$)有 q 个值.

(5) 对于一般的复数 b,幂函数 $z^b = e^{b\mathrm{Ln}z} = e^{b(\ln|z|+i\arg z+2k\pi i)}$($z \neq 0$)是无穷多值函数,各分支在除去原点和负实轴的复平面内处处解析(这是因为对数函数 $\mathrm{Ln}z$ 的各分支在除去原点和负实轴的复平面内处处解析),且有导数公式:

$$\left(z^b\right)' = \left(e^{b\mathrm{Ln}z}\right)' = bz^{b-1}$$

而乘幂 $a^b = e^{b\mathrm{Ln}a} = e^{b(\ln|a|+i\arg a+2k\pi i)}$($a \neq 0$)有无穷多个值.

可见,复数乘幂与实数乘幂之间既有相似之处,又有本质区别;复变幂函数与实变幂函数之间也同样既有相似之处,又有本质区别.

例如

$$2^{\sqrt{3}} = e^{\sqrt{3}\mathrm{Ln}2} = e^{\sqrt{3}(\ln 2+2k\pi i)} = e^{\sqrt{3}\ln 2}\left[\cos 2\sqrt{3}k\pi + i\sin 2\sqrt{3}k\pi\right], \quad k \in \mathbf{Z}$$

$$i^i = e^{i\mathrm{Ln}i} = e^{i\left(\frac{\pi}{2}i+2k\pi i\right)} = e^{-\frac{\pi}{2}-2k\pi}, \quad k \in \mathbf{Z}$$

可见,$2^{\sqrt{3}}$ 是复数;i^i 是正实数,其主值是 $e^{-\frac{\pi}{2}}$.

4. 三角函数

将由欧拉公式表示的余弦函数和正弦函数

$$\cos y = \frac{e^{iy}+e^{-iy}}{2}, \quad \sin y = \frac{e^{iy}-e^{-iy}}{2i} \quad (y \in \mathbf{R})$$

推广到复变函数的情形,得到复变余弦函数和正弦函数的定义,进而得到其他复变三角函数的定义.

定义 2.7（复变三角函数）

余弦函数:$\cos z = \dfrac{e^{iz}+e^{-iz}}{2}$;

正弦函数:$\sin z = \dfrac{e^{iz}-e^{-iz}}{2i}$;

正切、余切函数:$\tan z = \dfrac{\sin z}{\cos z}$, $\cot z = \dfrac{\cos z}{\sin z}$;

正割、余割函数:$\sec z = \dfrac{1}{\cos z}$, $\csc z = \dfrac{1}{\sin z}$.

(1) 复变正、余弦函数都是以 2π 为周期的周期函数,复变正切、余切函数都是以 π 为周期的周期函数,即

$$\cos(z+2k\pi) = \cos z, \quad \sin(z+2k\pi) = \sin z$$

$$\tan (z + k\pi) = \tan z, \quad \cot (z + k\pi) = \cot z$$

(2) 复变余弦函数是偶函数,正弦、正切函数是奇函数,即

$$\cos (-z) = \cos z, \quad \sin (-z) = -\sin z, \quad \tan (-z) = -\tan z$$

(3) 复变正、余弦函数都是复平面内处处解析的函数,且有导数公式:

$$(\cos z)' = -\sin z, \quad (\sin z)' = \cos z$$

复变正切函数、正割函数都是在 $z \neq k\pi + \dfrac{\pi}{2}(k \in \mathbf{Z})$ 的复平面内处处解析的函数,且有导数公式:

$$(\tan z)' = \sec^2 z, \quad (\sec z)' = \tan z \sec z$$

复变余切函数、余割函数都是在 $z \neq k\pi (k \in \mathbf{Z})$ 的复平面内处处解析的函数,且有导数公式:

$$(\cot z)' = -\csc^2 z, \quad (\csc z)' = -\cot z \csc z$$

(4) 对于复数 z,也成立以下公式:

$$e^{iz} = \cos z + i\sin z \qquad (欧拉公式)$$
$$\sin^2 z + \cos^2 z = 1$$
$$\cos (z_1 + z_2) = \cos z_1 \cos z_2 - \sin z_1 \sin z_2$$
$$\sin (z_1 + z_2) = \sin z_1 \cos z_2 + \cos z_1 \sin z_2$$
$$\cos iy = \frac{e^y + e^{-y}}{2} = \cosh y, \quad \sin iy = \frac{e^{-y} - e^y}{2i} = i\sinh y$$
$$\cos (x + iy) = \cos x \cos iy - \sin x \sin iy = \cos x \cosh y - i\sin x \sinh y$$
$$\sin (x + iy) = \sin x \cos iy + \cos x \sin iy = \sin x \cosh y + i\cos x \sinh y$$

(5) 在复数范围内,$|\sin z| \leqslant 1$,$|\cos z| \leqslant 1$ 不再成立.

(因为当 $y \to \infty$ 时,$|\sin iy| \to +\infty$,$|\cos iy| \to +\infty$,这正是复变三角函数与实变三角函数的本质差异).

5. 双曲函数

将实变双曲函数推广得到复变双曲函数(与 $\sin z$,$\cos z$ 密切相关).

定义 2.8 (复变双曲函数)

双曲余弦函数:$\cosh z = \dfrac{e^z + e^{-z}}{2}$;

双曲正弦函数:$\sinh z = \dfrac{e^z - e^{-z}}{2}$;

双曲正切函数:$\tanh z = \dfrac{\sinh z}{\cosh z} = \dfrac{e^z - e^{-z}}{e^z + e^{-z}}$.

(1) $\cosh z$,$\sinh z$ 都是以 $2\pi i$ 为周期的周期函数,即

$$\cosh (z + 2k\pi i) = \cosh z, \quad \sinh (z + 2k\pi i) = \sinh z$$

(2) $\cosh z$ 是偶函数,$\sinh z$,$\tanh z$ 都是奇函数,即

$$\cosh (-z) = \cosh z, \quad \sinh (-z) = -\sinh z, \quad \tanh (-z) = -\tanh z$$

(3) $\cosh z$,$\sinh z$ 都是复平面内处处解析的函数,且有导数公式:

$$(\cosh z)' = \sinh z, \quad (\sinh z)' = \cosh z$$

$\tanh z$ 是在 $z \neq \left(k\pi + \dfrac{\pi}{2}\right) i(k \in \mathbf{Z})$ 的复平面内处处解析的函数,且有导数公式:

$$(\tanh z)' = 1 - \tanh^2 z$$

(4)
$$\cosh iy = \cos y, \quad \sinh iy = i\sin y$$
$$\cosh (x + iy) = \cosh x \cos y + i\sinh x \sin y$$
$$\sinh (x + iy) = \sinh x \cos y + i\cosh x \sin y$$

6. 反三角函数与反双曲函数

定义 2.8 (反三角函数与反双曲函数)

反余弦函数:$\arccos z = -\mathrm{i}\mathrm{Ln}(z + \sqrt{z^2 - 1})$;

反正弦函数:$\arcsin z = -\mathrm{i}\mathrm{Ln}(\mathrm{i}z + \sqrt{1 - z^2})$.

反正切函数:$\arctan z = -\dfrac{\mathrm{i}}{2}\mathrm{Ln}\dfrac{1 + \mathrm{i}z}{1 - \mathrm{i}z}$.

反双曲余弦函数:$\mathrm{arccosh}z = \mathrm{Ln}(z + \sqrt{z^2 - 1})$;

反双曲正弦函数:$\mathrm{arcsinh}z = \mathrm{Ln}(z + \sqrt{z^2 + 1})$;

反双曲正切函数:$\mathrm{arctanh}z = \dfrac{1}{2}\mathrm{Ln}\dfrac{1 + z}{1 - z}$.

[注] 复变反三角函数与反双曲函数都是多值函数.和实变反三角函数与反双曲函数又有着本质区别.

*(四) 平面场的复势

因为平面向量可以用复数来表示,所以平面向量场都可以用复变函数表示;利用解析函数的方法解决平面向量场的有关问题是解析函数的一个重要应用.

1.用复变函数表示平面(定常)向量场 —— 复变函数的物理意义

平面定常向量场是指:在所有平行于某一平面 S 的平面内的分布完全相同、且场中的向量都与时间无关的向量场,即向量场中的向量都平行于已知平面 S,且在垂直于 S 的任何一条直线上的所有点处的向量都是相等的(见图 2-2(a)).

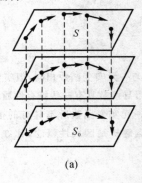 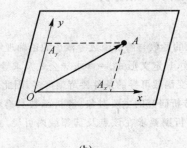

(a)   (b)

图 2-2

[分析] 平面定常向量场完全可以用一个位于与平面 S 平行的平面 S_0 内的场来表示.

一方面,在平面 S_0 内,直角坐标系 xOy 下的定常向量场(即场中每一点 (x,y) 处的向量)$\boldsymbol{A} = \boldsymbol{A}(x,y) = A_x(x,y)\boldsymbol{i} + A_y(x,y)\boldsymbol{j}$(见图 2-2(b)) 可以用复变函数表示为

$$A = A(z) = A_x(x,y) + \mathrm{i}A_y(x,y)$$

另一方面,一个复变函数 $w = f(z) = u_x(x,y) + \mathrm{i}v_y(x,y)$ 也对应一个平面定常向量场,有

$$\boldsymbol{A} = \boldsymbol{A}(x,y) = u_x(x,y)\boldsymbol{i} + v_y(x,y)\boldsymbol{j}$$

可见,平面定常向量场与复变函数一一对应.物理上,一个复变函数就是一个平面定常向量场.因此,可以利用复变函数的方法来研究平面定常向量场的有关问题.

2.用解析函数(平面流速场的复势)表示平面流速场

根据引例分析,单连通区域 B 内的无源无旋的定常理想流速场 $\boldsymbol{v} = v_x(x,y)\boldsymbol{i} + v_y(x,y)\boldsymbol{j}$(其中 $v_x(x,y)$,$v_y(x,y)$ 都有连续偏导数) 可以用其解析复势函数 $w = f(z) = \varphi(x,y) + \mathrm{i}\psi(x,y)$ 表示为复变函数,即

$$v = v_x(x,y) + \mathrm{i}v_y(x,y) = \frac{\partial\varphi}{\partial x} + \mathrm{i}\frac{\partial\varphi}{\partial y} = \frac{\partial\varphi}{\partial x} - \mathrm{i}\frac{\partial\psi}{\partial x} = \overline{f'(z)}$$

其中,$\dfrac{\partial\varphi}{\partial x} = v_x = \dfrac{\partial\psi}{\partial y},\dfrac{\partial\varphi}{\partial y} = v_y = -\dfrac{\partial\psi}{\partial x}$.等值线 $\psi(x,y) = c_1$ 称为流线,而函数 $\psi(x,y)$ 称为流函数;而等值线 $\varphi(x,y) = c_2$ 为等势线(或等位线),$\varphi(x,y)$ 称为其势函数(或位函数).

[注]　(1)该流速场的流动图像是通过流线和等势线图来描绘的,在流速不为零的点处,流线 $\psi(x,y)=c_1$ 和等势线 $\varphi(x,y)=c_2$ 构成正交曲线族.

(2)平面场的复势(解析函数)概念的引进,使我们很方便地统一研究场论中流函数和势函数,克服了以往在场论中孤立研究流函数和势函数的缺点.

3.用解析函数(平静电场的复势)表示静电场

条件:设有平面静电场 $E=E_x(x,y)i+E_y(x,y)j$ (其中 $v_x(x,y),v_y(x,y)$ 都有连续偏导数),场内没有带电物体,即是无源无旋场.

问题:寻找一个解析函数,用来表示上述平面静电场.

分析:类似于平面流速场,平面静电场的流动图像是通过相互正交的电力线族 $u(x,y)=c_1$ 和等势线(或等位线)族 $v(x,y)=c_2$ 来描绘的.

力函数 $u(x,y)$ 满足: $du(x,y)=-E_y dx+E_x dy$.

势函数(即电势或电位) $v(x,y)$ 满足: $dv(x,y)=-E_x dx-E_y dy$.

即
$$u_x=-E_y=v_y,\quad u_y=E_x=-v_x$$

解析的复势函数(简称复势或复电位)为 $w=f(z)=u(x,y)+iv(x,y)$.静电场则可表示为
$$E=-v_x-iu_x=-i\overline{f'(z)}$$

2.2.2　重点、难点解析

1.重点

(1)对复变函数的导数与解析函数等概念的正确理解.

复变函数的导数,其定义形式、一些求导公式及求导法则与一元实变函数相同,但实质上,却转化为二重极限问题.这表明复变函数可导的条件要苛刻得多,因此复变可导函数具有一些特有性质.

解析函数是复分析研究的主要对象.解析函数具有许多一元实变函数所不具有的很好的性质.这是因为:函数在一点处解析则要求在该点及其邻域内可导,在一点解析是区域性概念,比在一点可导的要求高得多.

而函数在区域内解析与其在区域内可导等价.

(2)对复变函数可导性与解析性判别方法和求导公式的掌握.

方法1:定义法 —— 利用导数和解析的定义判别.

方法2:充要条件法 —— 利用函数可导和解析的充要条件判别.

方法3:充分条件法 —— $u(x,y)$ 和 $v(x,y)$ 在点 (x,y) 处(或区域 D 内)偏导数连续,且满足 C - R 方程 $\Rightarrow f(z)=u(x,y)+iv(x,y)$ 在点 $z=x+iy(z\in D)$ 处可导(或区域 D 内解析).

2.难点

(1)对复变初等函数的定义与性质的异同点的理解和掌握.

复变指数函数的特有性质:周期性(周期为 $2\pi i$),是实变指数函数所不具备的特性.

复变对数函数的特有性质:多值性,在除去原点和负实轴的复平面内处处解析.负数可求对数, $\text{Ln}z^n\neq n\text{Ln}z$, $\text{Ln}\sqrt[n]{z}\neq\dfrac{1}{n}\text{Ln}z$,等等,都是与一元实变对数函数的本质区别.

复变幂函数的特有性质:除整幂函数 $w=z^n$ 外,一般幂函数 $w=z^b=e^{b\text{Ln}z}$ 都是多值函数.且 $b=\dfrac{p}{q}(p,q$ 为互质整数, $q>0)$ 为有理数时,有 q 个分支;对一般复数 b ,有无穷多个分支,各分支在除去原点和负实轴的复平面内处处解析.

复变三角函数的特有性质: $\sin x,\cos x$ 不再具有有界性,即不再成立 $|\sin x|\leqslant1,|\cos x|\leqslant1$.

复变双曲函数的特有性质:双曲正弦、双曲余弦都具有周期性(周期为 $2\pi i$),反三角函数和反双曲函数都

是多值函数,等等.

(2)对解析函数在平面场问题——平面场的复势中的应用思想方法的理解和掌握.因为平面向量可以用复数来表示,所以平面流速场和平面静电场都可以用复变函数表示;并且单连通区域内的平面无源无旋场的流动图像是通过相互正交的流线(或电位线)族与等势线(或电力线)族的图形描绘的.

2.3 典型例题解析

例 2.1 试证明函数 $f(z) = \text{Re}(z)$ 在整个复平面不可导.

分析 根据复变函数导数的定义,只须证明在任意 z_0 处函数不可导即可.

证明 任取复平面上的一点 z_0,考察下式:

$$\frac{f(z) - f(z_0)}{z - z_0} = \frac{\text{Re}(z) - \text{Re}(z_0)}{z - z_0} = \frac{\text{Re}(z - z_0)}{z - z_0}$$

让 z 沿着水平轴趋近于 z_0,上式极限为 1;让 z 沿着竖直轴趋近于 z_0,上式极限为 0.故当 $z \to z_0$ 时,$\frac{f(z) - f(z_0)}{z - z_0}$ 的极限不存在,亦即 $f(z)$ 在 z_0 不可导.最后由 z_0 的任意性,$f(z)$ 在整个复平面不可导.

【评注】 说明函数在某点不可导时,只需借助两种趋近方式说明极限不同即可.

例 2.2 求函数 $f(z) = \frac{2z - 1}{z^2 + 1}$ 的解析性区域及该区域上的导函数.

分析 除去 $z^2 + 1 = 0$ 的点,即为 $f(z)$ 的可导点,从而可获得解析性区域;按求导法则可获得其导函数.

解 不妨记 $P(z) = 2z - 1, Q(z) = z^2 + 1$,则根据商的求导法则,当 $Q(z) \neq 0$ 时,$f(z) = \frac{P(z)}{Q(z)}$ 解析.

显然在 $z = \pm i$ 处满足 $z^2 + 1 = 0$,除这些点外,$f(z)$ 处处可导、解析,其导函数为

$$f'(z) = \left(\frac{2z - 1}{z^2 + 1}\right)' = \frac{(2z - 1)'(z^2 + 1) - (2z - 1)(z^2 + 1)'}{(z^2 + 1)^2} =$$

$$\frac{2(z^2 + 1) - (2z - 1) \cdot 2z}{(z^2 + 1)^2} = \frac{-2z^2 + 2z + 2}{(z^2 + 1)^2}$$

【评注】 说明解析性时,通常可利用闭区域上可导与解析等价这一性质.

例 2.3 讨论函数 $f(z) = z^2 + |z|^2$ 的可导性和解析性.

分析 将 $f(z)$ 表示成 (x, y) 的函数后,直接借助 C-R 方程说明即可.

解 不妨设 $z = x + iy$,有 $f(z) = 2x^2 + 2xyi$,则有

$$u = 2x^2, \quad v = 2xy$$

从而

$$\frac{\partial u}{\partial x} = 4x, \quad \frac{\partial u}{\partial y} = 0, \quad \frac{\partial v}{\partial x} = 2y, \quad \frac{\partial v}{\partial y} = 2x$$

当且仅当 $x = 0, y = 0$ 时,$f(z)$ 在 $(0,0)$ 处可导,而在其他地方均不可导,因此在整个复平面处处不解析.

【评注】 当复变函数易获得实部和虚部时,由 C-R 方程便于说明其可导性与解析性.

例 2.4 设 $f(z) = a\ln(x^2 + y^2) + i\arctan\frac{y}{x}$ 在 $x > 0$ 时解析,试确定 a 的值.

分析 根据 C-R 条件可获得 a 的值.

解 显然 $u = a\ln(x^2 + y^2), v = \arctan\frac{y}{x}$,且有

$$\frac{\partial u}{\partial x} = \frac{2ax}{x^2 + y^2}, \quad \frac{\partial u}{\partial y} = \frac{2ay}{x^2 + y^2}$$

$$\frac{\partial v}{\partial x} = \frac{1}{\left[1 + \left(\frac{y}{x}\right)^2\right]}\left(-\frac{y}{x^2}\right), \quad \frac{\partial v}{\partial x} = \frac{1}{\left[1 + \left(\frac{y}{x}\right)^2\right]}\frac{1}{x}$$

当满足 C-R 条件时,则有

$$\frac{2ax^2}{x^2+y^2}=\frac{x}{x^2+y^2}, \quad \frac{2ay^2}{x^2+y^2}=\frac{y}{x^2+y^2}$$

故 $a=\dfrac{1}{2}$.

【评注】 考虑到 a 满足某条件时复变函数解析,则该复变函数解析时,则能获得 a 满足的条件.

例 2.5 设 $f(z)=u(x,y)+iv(x,y)$ 在区域 D 内解析,且 $u^2=v$. 试证 $f(z)$ 在 D 内必为常数.

分析 只需说明 $\mathrm{Re}\,[f(z)]$ 和 $\mathrm{Im}\,[f(z)]$ 均为实数即可.

证明 考虑到 $f(z)$ 在区域 D 内解析,由 C-R 方程有:$u_x=v_y,u_y=-v_x$,对 $u^2=v$ 两边分别关于 x,y 求偏导,得

$$\begin{cases}2uu_x=v_x\\2uu_y=v_y\end{cases}\Rightarrow\begin{cases}2uu_x=-u_y\\2uu_y=u_x\end{cases}$$

由此 $(1+4u^2)u_x=0$,得 $u_x=0$.

同理有 $u_y=0$. 从而 u,v 为常数,故 $f(z)$ 在 D 内必为常数.

【评注】 这里只需考察在 D 内任一点处复函数的实部和虚部均为常数,亦即实部和虚部的导数为零.

例 2.6 设 $f(z)$ 在区域 D 内解析,试证 $\left(\dfrac{\partial^2}{\partial x^2}+\dfrac{\partial^2}{\partial y^2}\right)|f(z)|^2=4|f'(z)|^2$.

分析 根据 $f(z)$ 的解析性和求导法则,证明两边相等即可.

证明 不妨设 $f(z)=u+iv$,则 $|f(z)|^2=u^2+v^2$.

$$f'(z)=\frac{\partial u}{\partial x}-\mathrm{i}\frac{\partial u}{\partial y}, \quad |f'(z)|^2=\left(\frac{\partial u}{\partial x}\right)^2+\left(\frac{\partial u}{\partial y}\right)^2$$

$$\left(\frac{\partial^2}{\partial x^2}+\frac{\partial^2}{\partial y^2}\right)|f(z)|^2=\frac{\partial^2}{\partial x^2}(u^2+v^2)+\frac{\partial^2}{\partial y^2}(u^2+v^2)=$$
$$2\left[\left(\frac{\partial u}{\partial x}\right)^2+u\frac{\partial^2 u}{\partial x^2}+\left(\frac{\partial v}{\partial x}\right)^2+v\frac{\partial^2 v}{\partial x^2}+\left(\frac{\partial u}{\partial y}\right)^2+u\frac{\partial^2 u}{\partial y^2}+\left(\frac{\partial v}{\partial y}\right)^2+v\frac{\partial^2 v}{\partial y^2}\right]$$

考虑到 $f(z)$ 解析,则实部 u 及虚部 v 均为调和函数(见第 3 章),有

$$\frac{\partial^2 u}{\partial x^2}+\frac{\partial^2 u}{\partial y^2}=0,\frac{\partial^2 v}{\partial x^2}+\frac{\partial^2 v}{\partial y^2}=0$$

故得

$$\left(\frac{\partial^2}{\partial x^2}+\frac{\partial^2}{\partial y^2}\right)|f(z)|^2=4|f'(z)|^2$$

【评注】 这类证明题实际上为计算题,分别正确计算出待证结论中的各项,代入即可.

例 2.7 设 $f(z)=u+iv$ 为一解析函数,且在 $z_0=x_0+iy_0$ 处 $f'(z_0)\neq0$,试证曲线 $u(x,y)=u(x_0,y_0)$ 与 $v(x,y)=v(x_0,y_0)$ 在交点 (x_0,y_0) 处正交.

分析 只需说明两曲线在指定点处的斜率互为负倒数即可,曲线斜率可由二元函数的偏导数表示,而解析性又与偏导数能够建立起联系.

证明 考察导函数 $f'(z_0)=v_y(x_0,y_0)-iu_y(x_0,y_0)\neq0$,则 $u_y(x_0,y_0),v_y(x_0,y_0)$ 不全为零.

(1) 若 $u_y(x_0,y_0),v_y(x_0,y_0)$ 均不为零,由隐函数求导法则,在交点 (x_0,y_0) 处的斜率分别为

$$k_1=-\frac{u_x(x_0,y_0)}{u_y(x_0,y_0)}, \quad k_2=-\frac{v_x(x_0,y_0)}{v_y(x_0,y_0)}$$

由 C-R 方程,有

$$u_x(x_0,y_0)=v_y(x_0,y_0), \quad u_y(x_0,y_0)=-v_x(x_0,y_0)$$

从而有 $k_1k_2=-1$,即正交.

(2) 若 $u_y(x_0,y_0),v_y(x_0,y_0)$ 中有一个为零,则另一个必不为 0,显然是成立的.

【评注】 正交虽为几何性质,但可通过曲线方程的代数性质描述;另一方面,涉及二元函数的偏导时,尤其是解析函数时满足的 C-R 条件可用于部分题目的求解.

2.4 习题精解

1.利用导数定义推导.

2) $\left(\dfrac{1}{z}\right)' = -\dfrac{1}{z^2}$.

分析 利用复函数的导数定义进行推导,与实函数的讨论方法仅在于函数形式上的区别.

证明 令 $f(z) = \dfrac{1}{z}$, $f'(z) = \lim\limits_{\Delta z \to 0} \dfrac{\frac{1}{z+\Delta z} - \frac{1}{z}}{\Delta z} = \lim\limits_{\Delta z \to 0} \dfrac{\frac{-\Delta z}{z^2 + \Delta z \cdot z}}{\Delta z} = \lim\limits_{\Delta z \to 0} \dfrac{-1}{z^2 + \Delta z \cdot z} = -\dfrac{1}{z^2}$

2.下列函数何处可导?何处解析?

2) $f(z) = 2x^3 + 3y^3 i$;

4) $f(z) = \sin x \cosh y + i \cos x \sinh y$

分析 主要结合可导和解析的关系以及 C-R 方程进行分析.

解 2) 令 $u = 2x^3$, $v = 3y^3$,则

$$\frac{\partial u}{\partial x} = 6x^2, \quad \frac{\partial u}{\partial y} = 0, \quad \frac{\partial v}{\partial x} = 0, \quad \frac{\partial v}{\partial y} = 9y^2$$

若 $\dfrac{\partial u}{\partial x} = \dfrac{\partial v}{\partial y}$, $\dfrac{\partial u}{\partial y} = -\dfrac{\partial v}{\partial x}$,有 $6x^2 = 9y^2$,

即 $\sqrt{2}x \pm \sqrt{3}y = 0$ 上可导,但在复平面上处处不解析.

4) 显然,

$$u = \sin x \cosh y, v = \cos x \sinh y$$

$$\frac{\partial u}{\partial x} = \cos x \cosh y, \quad \frac{\partial u}{\partial y} = \sin x \sinh y, \quad \frac{\partial v}{\partial x} = -\sin x \sinh y, \quad \frac{\partial v}{\partial y} = \cos x \cosh y$$

由 $\dfrac{\partial u}{\partial x} = \dfrac{\partial v}{\partial y}$, $\dfrac{\partial u}{\partial y} = -\dfrac{\partial v}{\partial x}$ 可知, $f(z)$ 在复平面上处处可导,处处解析.

3.指出下列函数 $f(z)$ 的解析性区域,并求出其导数.

2) $z^3 + 2iz$;

4) $\dfrac{az+b}{cz+d}$ (c,d 中至少有一个不为 0).

分析 根据区域内部可导和解析相同,获得其可导区域也即获得了解析区域.

解 2) $f'(z) = 3z^2 + 2i$, $f(z)$ 在复平面内处处解析.

4)

$$f'(z) = \frac{a(cz+d) - (az+b)c}{(cz+d)^2} = \frac{ad - bc}{(cz+d)^2}$$

① 若 $c = 0$,则处处解析;

② 若 $c \neq 0$, $cz + d = 0$, $z = -\dfrac{d}{c}$,则除 $z = -\dfrac{-d}{c}$ 点外, $f(z)$ 在复平面上处处解析.

4.求下列函数的奇点.

2) $\dfrac{z-2}{(z+1)^2(z^2+1)}$.

分析 所谓奇点,即函数的不解析点.

解 由 $(z+1)^2(z^2+1) = 0$,得 $z = \pm i$, $z = -1$.奇点为 $\pm i$, -1.

6.判断下列命题的真假.若真,请给以证明;若假,请举例说明.

4) 如果 z_0 是 $f(z)$ 和 $g(z)$ 的一个奇点,那么 z_0 也是 $f(z) + g(z)$ 和 $f(z)/g(z)$ 的奇点;

5) 如果 $u(x,y)$ 和 $v(x,y)$ 可导(指偏导数存在),那么 $f(z) = u + iv$ 亦可导;

6) 设 $f(z) = u + iv$ 在区域 D 内是解析的,如果 u 是实常数,那么 $f(z)$ 在整个 D 内是常数;如果 v 是实常数,那么 $f(z)$ 在 D 内也是常数.

三导

解 4) 命题为假.

例如,$f(z) = \dfrac{1}{z-1}$,$g(z) = \dfrac{-1}{z-1}$,$z_0 = 1$ 为 $f(z)$ 和 $g(z)$ 的一奇点,但不是 $f(z) + g(z) = 0$ 和 $f(z)/g(z) = -1$ 的奇点.

5) 命题为假.

例如,$u(x,y) = x^2$,$v(x,y) = xy$,则 $u(x,y)$,$v(x,y)$ 均可导,但 $\dfrac{\partial u}{\partial x} = 2x \neq \dfrac{\partial v}{\partial y} = x$,于是 $f(z)$ 不可导.

6) 命题为真.

已知 $f(z)$ 在 D 内解析,对于任意 $z \in D$,有

$$f'(z) = \frac{\partial u}{\partial x} + \mathrm{i}\frac{\partial v}{\partial x} = \frac{\partial v}{\partial y} - \mathrm{i}\frac{\partial u}{\partial y}$$

且满足 C–R 方程:

$$\frac{\partial u}{\partial x} = \frac{\partial v}{\partial y},\frac{\partial u}{\partial y} = -\frac{\partial v}{\partial x}$$

由 u 为常数知,$\dfrac{\partial u}{\partial x} = 0$,$\dfrac{\partial u}{\partial y} = 0$,从而 $\dfrac{\partial v}{\partial x} = 0$,$\dfrac{\partial v}{\partial y} = 0$,则 v 为常数.

故 $f(z) = u + \mathrm{i}v$ 为常数.

10.证明:如果函数 $f(z) = u + \mathrm{i}v$ 在区域 D 内解析,并满足下列条件之一,那么 $f(z)$ 是常数.

2)$\overline{F(z)}$ 在 D 内解析;

3)$|f(z)|$ 在 D 内是一个常数;

4)$\arg f(z)$ 在 D 内是一个常数;

5)$au + bv = c$,其中 a,b 与 c 为不全为零的实常数.

分析 利用解析的充要条件和函数为常数的条件来差别.

证明 2) 由于 $f(z)$ 解析,则

$$\frac{\partial u}{\partial x} = \frac{\partial v}{\partial y}, \quad \frac{\partial u}{\partial y} = -\frac{\partial v}{\partial x}$$

又 $\overline{f(z)} = u - \mathrm{i}v$ 解析,则

$$\frac{\partial u}{\partial x} = -\frac{\partial v}{\partial y}, \quad \frac{\partial u}{\partial y} = \frac{\partial v}{\partial x}$$

所以

$$\frac{\partial u}{\partial x} = \frac{\partial v}{\partial y} \equiv 0, \quad \frac{\partial u}{\partial y} = -\frac{\partial v}{\partial x} \equiv 0$$

即 $u(x,y)$ 和 $u(x,y)$ 均恒为常数.

故 $f(z)$ 也是常数.

3) 若 $|f(z)| = 0$,则 $f(z) = 0$ 是常数;若 $|f(z)| \equiv C \neq 0$,则 $f(z) \neq 0$.于是 $f(z) \cdot \overline{f(z)} = C^2$.即 $\overline{f(z)} = \dfrac{C^2}{f(z)}$ 也解析,于是由 2) 知 $f(z) \equiv C$.

4) 设 $\arg f(z) = \theta \equiv C$,则

$$\frac{v}{u} = \tan\theta = \tan C = C' \Rightarrow v = uC'$$

上式分别对 x 及 y 求偏导,再由 C–R 方程得

$$\frac{\partial u}{\partial x} = \frac{\partial v}{\partial y} = C'\frac{\partial u}{\partial y}, \quad \frac{\partial u}{\partial y} = -\frac{\partial v}{\partial x} = -C'\frac{\partial u}{\partial x}$$

即有

$$\begin{cases} \dfrac{\partial u}{\partial x} - C'\dfrac{\partial u}{\partial y} = 0 \\ C'\dfrac{\partial u}{\partial x} + \dfrac{\partial u}{\partial y} = 0 \end{cases}$$

考察其系数矩阵:

$$\begin{vmatrix} 1 & -C' \\ C' & 1 \end{vmatrix} = 1 + C'^2 \neq 0$$

由克莱姆法则知

$$\frac{\partial u}{\partial x} = \frac{\partial u}{\partial y} = 0$$

由 C - R 方程得

$$\frac{\partial v}{\partial x} = \frac{\partial u}{\partial y} = 0$$

于是有 $u \equiv C_1, v \equiv C_2$,即 $f(z) = C_1 + \mathrm{i}C_2$ 为常数.

5) 若 $a \neq 0$,由 $au + bv = c$,得 $u = \dfrac{c - bv}{a}$,有

$$\frac{\partial u}{\partial x} = -\frac{b}{a}\frac{\partial v}{\partial x}, \qquad \frac{\partial u}{\partial y} = -\frac{b}{a}\frac{\partial v}{\partial y}$$

由于 $f(z)$ 在 D 内解析. 故有 C - R 方程 $\dfrac{\partial u}{\partial x} = \dfrac{\partial v}{\partial y}, \dfrac{\partial u}{\partial y} = -\dfrac{\partial v}{\partial x}$,整理可得

$$\frac{\partial v}{\partial y} = -\left(\frac{b}{a}\right)^2 \frac{\partial v}{\partial y}$$

即 $\left[\left(\dfrac{b}{a}\right)^2 + 1\right]\dfrac{\partial v}{\partial y} = 0 \Rightarrow \dfrac{\partial v}{\partial y} = 0 \Rightarrow \dfrac{\partial u}{\partial x} = \dfrac{\partial u}{\partial y} = \dfrac{\partial v}{\partial y} = \dfrac{\partial v}{\partial x} = 0 \Rightarrow u \equiv C_1, v \equiv C_2 \Rightarrow f(z) = C_1 + \mathrm{i}C_2$

11. 下列关系是否正确?

2) $\overline{\cos z} = \cos \bar{z}$;　　　　　　3) $\overline{\sin z} = \sin \bar{z}$.

[分析] 借助于三角公式 $\sin(x + y)(\cos x + y)$ 进行证明.

解 2) 由 $\cos z = \cos(x + \mathrm{i}y) = \cos x \cosh y - \mathrm{i}\sin x \sinh y$ 知

$$\overline{\cos z} = \cos x \cosh y + \mathrm{i}\sin x \sinh y$$

而 $\cos \bar{z} = \cos(x - \mathrm{i}y) = \cos x \cosh y + \mathrm{i}\sin x \sinh y$,显然 $\overline{\cos z} = \cos \bar{z}$ 成立.

3) 由 $\sin z = \sin(x + \mathrm{i}y) = \sin x \cosh y - \mathrm{i}\cos x \sinh y$ 知

$$\overline{\sin z} = \sin x \cosh y + \mathrm{i}\cos x \sinh y$$

而 $\sin \bar{z} = \sin(x - \mathrm{i}y) = \sin x \cosh y - \mathrm{i}\cos x \sinh y$,显然 $\overline{\sin z} = \sin \bar{z}$ 成立.

12. 找出下列方程的全部解.

3) $1 + e^z = 0$;　　　　　　4) $\sin z + \cos z = 0$.

分析 再按照复指数函数的定义求解方程.

解 3) 由原方程得 $e^z = -1$,故

$$z = (2n + 1)\pi \mathrm{i} \quad (n = 0, \pm 1, \pm 2, \cdots)$$

4) 由原方程得

$$\frac{1}{2\mathrm{i}}(e^{\mathrm{i}z} - e^{-\mathrm{i}z}) + \frac{1}{2}(e^{\mathrm{i}z} + e^{-\mathrm{i}z}) = 0$$

即

$$e^{2\mathrm{i}z} = -\mathrm{i}$$

故

$$z = n\pi - \frac{\pi}{4}(n = 0, \pm 1, \pm 2, \cdots)$$

13. 证明:

2) $\sin^2 z + \cos^2 z = 1$;

4) $\tan 2z = \dfrac{2\tan z}{1 - \tan^2 z}$;

6) $|\cos z|^2 = \cos^2 x + \sinh^2 y$,　　$|\sin z|^2 = \sin^2 x + \sinh^2 y$.

证明 2) 左边 $= \left(\dfrac{e^{\mathrm{i}z} - e^{-\mathrm{i}z}}{2\mathrm{i}}\right)^2 + \left(\dfrac{e^{\mathrm{i}z} + e^{-\mathrm{i}z}}{2}\right)^2 = 1 = $ 右边

4) 右边 $= \dfrac{2\sin z/\cos z}{1 - \sin^2 z/\cos^2 z} = \dfrac{2\sin z \cdot \cos z}{\cos^2 z - \sin^2 z} = \dfrac{2\left(\frac{e^{iz} - e^{-iz}}{2i}\right)\left(\frac{e^{iz} + e^{-iz}}{2}\right)}{\left(\frac{e^{iz} + e^{-iz}}{2}\right)^2 - \left(\frac{e^{iz} - e^{-iz}}{2i}\right)^2} = \dfrac{\frac{e^{2iz} - e^{-2iz}}{2i}}{\frac{e^{2iz} + e^{-2iz}}{2}} =$

$$\frac{\sin 2z}{\cos 2z} = \tan 2z = 左边$$

6) $|\cos z|^2 = |\cos x \cosh y - i\sin x \sinh y|^2 = (\cos x \cosh y)^2 + (\sin x \sinh y)^2 =$

$\cos^2 x \cosh^2 y + \sin^2 x \sinh^2 y = \cos^2 x(1 + \sinh^2 y) + (1 - \cos^2 x)\sinh^2 y =$

$\cos^2 x + \sinh^2 y$

同理可证：

$$|\sin z|^2 = \sin^2 x + \sinh^2 y$$

14. 说明：

1) 当 $y \to \infty$ 时，$|\sin(x + iy)|$ 和 $|\cos(x + iy)|$ 趋于无穷大；

2) 当 t 为复数时，$|\sin t| \leqslant 1$ 和 $|\cos t| \leqslant 1$ 不成立.

证明　1) $\cos(x + iy) = \cos x \cosh y - i\sin x \sinh y$

$|\cos(x + iy)| = \sqrt{\cos^2 x \cosh^2 y + i \sin^2 x \sinh^2 y} = \sqrt{(1 - \sin^2 x)(1 + \sinh^2 y) + \sin^2 x \sinh^2 y} =$

$\sqrt{\cos^2 x + \sinh^2 y} \geqslant |\sinh y|$

$\sinh y$ 为奇函数，只须证 $y > 0$ 时，$\sinh y > y$，则有 $|\sinh y| > |y|$，从而得

$$|\cos(x + iy)| > |y|$$

即得当 $y \to \infty$ 时，$|\cos(x + iy)| \to \infty$.

现证：$y > 0$ 时，$\sinh y > y$.

令
$$f(y) = \sinh y - y,\ f'(y) = \cosh y - 1 > 0$$

因此，当 $y > 0$ 时，$f(y)$ 为单调上升的.

而
$$f(0) = \sinh 0 - 0 = 0$$

故
$$f(y) > f(0) = 0$$

2) 当 t 为复数时，$|\sin t| \leqslant 1$ 和 $|\cos t| \leqslant 1$ 不成立，以 $\cos z$ 为例，有

$$\cos z|_{z=i} = \frac{e^{i \cdot i} + e^{-i \cdot i}}{2} = \frac{e^{-1} + e}{2} = 1.547\,1$$

故
$$|\cos z|_{z=i} > 1$$

15. 求 $\mathrm{Ln}(-i)$，$\mathrm{Ln}(-3 + 4i)$ 和它们的主值.

分析　根据对数函数的定义，需要正确计算模长和主值.

解　$\mathrm{Ln}(-i) = \ln|-i| + i\arg(-i) + i(2k\pi) =$

$$0 - \frac{\pi}{2}i + 2k\pi i = \left(2k - \frac{1}{2}\right)\pi i \quad (k = 0, \pm 1, \pm 2, \cdots)$$

故主值为 $-\dfrac{\pi}{2}i$.

$$\mathrm{Ln}(-3 + 4i) = \ln|-3 + 4i| + i\mathrm{Arg}(-3 + 4i) =$$

$$\ln 5 + i\left(\pi - \arctan \frac{4}{3}\right) + 2k\pi i =$$

$$\ln 5 - i\arctan \frac{4}{3} + (2k + 1)\pi i \quad (k = 0, \pm 1, \pm 2, \cdots)$$

故主值为 $\ln 5 - i\arctan \dfrac{4}{3} + \pi i$.

16. 证明对数性质：$\mathrm{Ln}\dfrac{z_1}{z_2} = \mathrm{Ln} z_1 - \mathrm{Ln} z_2$.

证明　$\mathrm{Ln}\left(\dfrac{z_1}{z_2}\right) = \ln\left|\dfrac{z_1}{z_2}\right| + i\mathrm{Arg}\left(\dfrac{z_1}{z_2}\right) = \ln|z_1| - \ln|z_2| + i\mathrm{Arg} z_1 - i\mathrm{Arg} z_2 =$

$$\text{Ln}z_1 - \text{Ln}z_2 \quad (k \in \mathbf{Z})$$

17. 说明下列等式是否正确.

2)$\text{Ln}\sqrt{z} = \dfrac{1}{2}\text{Ln}z$.

解 不正确. 因为

$$\frac{1}{2}\text{Ln}z = \frac{1}{2}\left[\ln r + \mathrm{i}(\theta + 2k\pi)\right] = \frac{1}{2}\ln r + \mathrm{i}\left(\frac{\theta}{2} + k\pi\right) \quad (k = 0, \pm 1, \pm 2, \cdots)$$

$\sqrt{z} = \sqrt{r}\,\mathrm{e}^{\frac{\theta + 2l\pi}{2}\mathrm{i}}(l = 0, 1)$, 即 $\sqrt{z}$ 的两个值为 $\sqrt{r}\,\mathrm{e}^{\mathrm{i}\frac{\theta}{2}}$ 与 $-\sqrt{r}\,\mathrm{e}^{\mathrm{i}\frac{\theta}{2}}$.

第一组为

$$\text{Ln}\left(\sqrt{r}\,\mathrm{e}^{\mathrm{i}\frac{\theta}{2}}\right) = \ln\sqrt{r} + \mathrm{i}\left(\frac{\theta}{2} + 2k_1\pi\right) = \frac{1}{2}\ln r + \mathrm{i}\left(\frac{\theta}{2} + 2k_1\pi\right) \quad (k_1 = 0, \pm 1, \pm 2, \cdots)$$

第二组为

$$\text{Ln}\left(\sqrt{r}\,\mathrm{e}^{\mathrm{i}\frac{\theta}{2}}\right) = \text{Ln}\left(\sqrt{r}\,\mathrm{e}^{\mathrm{i}\frac{\theta + 2\pi}{2}}\right) = \ln\sqrt{r} + \mathrm{i}\left(\frac{\theta}{2} + \pi + 2k_1\pi\right) =$$

$$\frac{1}{2}\ln r + \mathrm{i}\left[\frac{\theta}{2} + (2k_2 + 1)\pi\right] \quad (k_2 = 0, \pm 1, \pm 2, \cdots)$$

虽然当 $k = 2k_1(k_1 = 0, \pm 1, \pm 2, \cdots)$ 时, $\dfrac{1}{2}\text{Ln}z$ 与第一组无穷值函数相同; 当 $k = 2k_2 + 1(k_2 = 0, \pm 1, \pm 2, \cdots)$ 时, $\dfrac{1}{2}\text{Ln}z$ 与第二组无穷值函数相同, 但 $\text{Ln}\sqrt{z}$ 与 $\dfrac{1}{2}\text{Ln}z$ 是两个不同的无穷值函数.

18. 求 $\mathrm{e}^{\frac{1+\mathrm{i}\pi}{4}}$ 和 $(1 + \mathrm{i})^{\mathrm{i}}$ 的值.

分析 利用指数函数和对数函数的定义及性质.

解 $\mathrm{e}^{\frac{1+\mathrm{i}\pi}{4}} = \mathrm{e}^{\frac{1}{4} + \frac{\pi}{4}\mathrm{i}} = \mathrm{e}^{\frac{1}{4}}\left(\cos\dfrac{\pi}{4} + \mathrm{i}\sin\dfrac{\pi}{4}\right) = \mathrm{e}^{\frac{1}{4}}\left(\dfrac{\sqrt{2}}{2} + \mathrm{i}\dfrac{\sqrt{2}}{2}\right) = \dfrac{\sqrt{2}}{2}\mathrm{e}^{\frac{1}{4}}(1 + \mathrm{i})$

$(1 + \mathrm{i})^{\mathrm{i}} = \mathrm{e}^{\mathrm{i}\text{Ln}(1+\mathrm{i})} = \mathrm{e}^{\left[\ln|1+\mathrm{i}| + \mathrm{i}\arg(1+\mathrm{i}) + 2k\pi\mathrm{i}\right]} = \mathrm{e}^{\mathrm{i}\ln\sqrt{2} - \frac{\pi}{4} - 2k\pi} =$

$$\mathrm{e}^{-\left(\frac{\pi}{4} + 2k\pi\right)}\mathrm{e}^{\mathrm{i}\ln\sqrt{2}} = \mathrm{e}^{-\left(\frac{\pi}{4} + 2k\pi\right)}\left(\cos\frac{\ln 2}{2} + \mathrm{i}\sin\frac{\ln 2}{2}\right) \quad (k = 0, \pm 1, \pm 2, \cdots)$$

19. 证明: $(z^a)' = az^{a-1}$, 其中 a 为实数.

证明 $(z^a)' = (\mathrm{e}^{a\text{Ln}z})' = \mathrm{e}^{a\text{Ln}z}\dfrac{\mathrm{d}}{\mathrm{d}z}(a\text{Ln}z) = z^a a \dfrac{1}{z} = az^{a-1}$

20. 证明:

2)$\sinh^2 z + \cosh^2 z = \cosh^2 z$;

3)$\sinh(z_1 + z_2) = \sinh z_1 + \cosh z_2 + \cosh z_1 + \sinh z_2$,

$\cosh(z_1 + z_2) = \cosh z_1 + \cosh z_2 + \sinh z_1 + \sinh z_2$.

分析 双曲(正弦、余弦)复函数的证明, 需要转化成指数函数进行.

证明 2)$\sinh^2 z + \cosh^2 z = \left(\dfrac{\mathrm{e}^z - \mathrm{e}^{-z}}{2}\right)^2 + \left(\dfrac{\mathrm{e}^z + \mathrm{e}^{-z}}{2}\right)^2 = \dfrac{\mathrm{e}^{2z} + \mathrm{e}^{-2z} - 2}{4} + \dfrac{\mathrm{e}^{2z} + \mathrm{e}^{-2z} + 2}{4} =$

$$\frac{\mathrm{e}^{2z} + \mathrm{e}^{-2z}}{2} = \cosh 2z$$

3)$\sinh z_1 \cosh z_2 + \cosh z_1 \sinh z_2 = \dfrac{\mathrm{e}^{z_1} - \mathrm{e}^{-z_1}}{2} \cdot \dfrac{\mathrm{e}^{z_2} + \mathrm{e}^{-z_2}}{2} + \dfrac{\mathrm{e}^{z_1} + \mathrm{e}^{-z_1}}{2} \cdot \dfrac{\mathrm{e}^{z_2} - \mathrm{e}^{-z_2}}{2} =$

$$\frac{2\mathrm{e}^{z_1}\mathrm{e}^{z_2} - 2\mathrm{e}^{-(z_1+z_2)}}{4} = \frac{\mathrm{e}^{z_1+z_2} - \mathrm{e}^{-(z_1+z_2)}}{2} = \sinh(z_1 + z_2)$$

同理可证

$$\cosh(z_1 + z_2) = \cosh z_1 + \cosh z_2 + \sinh z_1 + \sinh z_2$$

21. 解下列方程.

2)$\cosh z = 0$.

三导

分析 双曲(正弦、余弦)函数的方程,可将其化为指数形式或三角形式进行求解.

解 $\cosh z = \cos (iz) = 0 \Rightarrow \cos (iz) = \cos [i(x+iy)] = \cos (-y+ix) =$

$$\cos (-y)\cosh x - i\sin (-y)\sinh x =$$

$$\cos y\cosh x + i\sin y\sinh x = 0 \Rightarrow \begin{cases} \cosh x\cos y = 0 \\ \sin y\sinh x = 0 \end{cases}$$

考虑到 $\cosh x \neq 0$,有

$$\cos y = 0 \Rightarrow y = k\pi + \frac{\pi}{2}, \quad k = 0, \pm 1, \cdots$$

代入得: $\sin (k\pi + \frac{\pi}{2})\sinh x = 0 \Rightarrow (\pm 1)\sinh x = 0 \Rightarrow \sinh x = 0 \Rightarrow x = 0 \Rightarrow$

$$z = x + iy = 0 + i\left(\frac{\pi}{2} + k\pi\right) = i\frac{\pi + 2k\pi}{2} = \frac{2k+1}{2}\pi i \quad (k = 0, \pm 1, \pm 2, \cdots)$$

23. 证明 $\sinh z$ 的反函数 $\operatorname{arcsinh} z = \operatorname{Ln}(z + \sqrt{z^2 + 1})$.

证明 不妨设 $z = \sinh w$,则 $w = \operatorname{arcsinh} z$.

又 $$z = \sinh w = \frac{1}{2}(e^w - e^{-w})$$

于是 $e^{2w} - 2ze^w - 1 = 0$,视其为一元二次方程,可得:

$$e^w = z + \sqrt{z^2 + 1}$$

由指数函数的定义和运算,得

$$w = \operatorname{Ln}(z + \sqrt{z^2 + 1})$$

即

$$\operatorname{arcsinh} z = \operatorname{Ln}(z + \sqrt{z^2 + 1})$$

第3章 复变函数的积分

3.1 内容导教

(1)采用"类比、联想教学法",将一元实函数的定积分的概念、存在条件和性质推广到复变函数的积分.复变函数的积分同样是复分析的最重要的组成部分,是研究复变函数性质十分重要的方法和解决实际问题的有力工具.

(2)基于复变函数的积分与二元实变函数的曲线积分的积分路径的相似性(平面曲线),以及一个复变函数与两个二元实变函数的对应关系,将复变函数积分的计算划归为两个二元实变函数的曲线积分计算来实现.

(3)关于解析函数的积分,对教材内容优化组合,划归为以下三大部分。

1)单连通区域上的解析函数的积分(§3.2,§3.4).在§3.2中,柯西-古萨基本定理给出了单连通区域 B 上的复变函数沿 B 内任一(分段)光滑曲线弧段 C 的积分与路经无关(或沿 B 内任一(分段)光滑闭曲线上的积分为零)的条件——被积函数在 B 内解析;而§3.4的原函数与不定积分则给出了单连通区域 B 上的解析函数沿 B 内任一曲线弧段 L 的积分性质(积分与路径无关,只与起、终点有关)和积分公式(相当于牛顿-莱布尼兹公式).教学中可以把这两节放在一起讲.

2)多连通区域上的解析函数的积分(§3.3).闭路变形原理和复合闭路定理给出了多连通区域 D 上的解析函数沿 D 内任一闭曲线上的积分公式.

3)(单或多)连通区域上有一个奇点 z_0 的复变函数的积分(§3.5,§3.6).§3.5中的柯西积分公式和§3.6中的高阶导数公式,其共同特点是:被积函数可表示为一个区域内的解析函数与 $(z-z_0)^{n+1}$ $(n=0,1,2,\cdots)$ 之比,积分曲线为区域内包围 z_0 的简单闭曲线.

(4) 教学中要强调:

1) 高阶导数公式的重要意义在于:不仅提供了通过解析函数的高阶导数来求一类积分的方法,还表明了"解析函数的导数仍是解析函数",这是实变可导函数所不具备的.

2) 善于综合应用柯西-古萨(简称C-G)基本定理、闭路变形原理、复合闭路定理、柯西积分公式和高阶导数公式求解具体的积分问题.

(5)解析函数与调和函数的关系及其在解决拉普拉斯方程边值问题中的重要作用.

3.2 内容导学

3.2.1 内容要点精讲

一、教学基本要求

(1)理解复变函数积分的定义、性质.

(2)掌握复变函数积分存在的条件和计算法(参数法和线积分法).

(3)熟悉一个重要积分公式:

$$\oint_{|z-z_0|=r} \frac{\mathrm{d}z}{(z-z_0)^{n+1}} = \begin{cases} 2\pi \mathrm{i}, & n=0 \\ 0, & n\neq 0 \end{cases}$$

（4）理解并掌握 C-G 基本定理及其在求解沿闭曲线积分问题的应用方法 —— 单连通区域上的解析函数沿简单闭曲线的积分为零.

（5）了解变上限函数、原函数、不定积分的概念及其相互关系.

（6）熟悉并熟练运用解析函数在曲线弧段上的积分公式.

（7）熟悉解析函数的柯西积分公式与高阶导数公式，掌握应用公式计算解析函数相关积分的计算方法.

（8）了解解析函数与调和函数的关系，掌握由一个调和函数求一个解析函数的基本方法 —— 偏积分法、不定积分法及曲线积分法.

二、主要内容精讲

（一）一般复变函数的积分

复变函数的积分是一元实变函数的积分概念在复分析中的推广，是复分析积分学的最基本概念.

1. 复变函数的积分定义

定义 3.1 （复变函数的积分） 设函数 $w=f(z)$ 在区域 D 内有定义，C 为 D 内的一条光滑有向曲线，其起点为 A，终点为 B（见图 3-1）.

（1）用分点 $A=z_0, z_1, z_2, \cdots, z_{k-1}, z_k, \cdots, z_n=B$ 把曲线 C 任意分成 n 个弧段 $\overset{\frown}{z_{k-1}z_k}(k=1,2,\cdots,n)$.

（2）$\forall \zeta_k \in$ 弧段 $\overset{\frown}{z_{k-1}z_k}(k=1,2,\cdots,n)$，作乘积和式，有

$$\sum_{k=1}^{n} f(\zeta_k)\Delta z_k \quad (\Delta z_k = z_k - z_{k-1})$$

则定义函数 $f(z)$ 沿曲线 C 的积分为

$$\int_C f(z)\mathrm{d}z \overset{\Delta}{=} \lim_{\substack{n\to\infty \\ (\delta\to 0)}} \sum_{k=1}^{n} f(\zeta_k)\Delta z_k \quad \delta = \max_{1\leqslant k\leqslant n}\{\Delta s_k\} = \max_{1\leqslant k\leqslant n}$$

〈弧段 $\overset{\frown}{z_{k-1}z_k}$ 的长度〉

其中 $f(z)$ 称为被积函数，$f(z)\mathrm{d}z$ 称为被积表达式，曲线 C 称为积分路径或积分弧段（无论对曲线 C 的分法如何及 ζ_k 的取法如何，上述极限都唯一存在）.

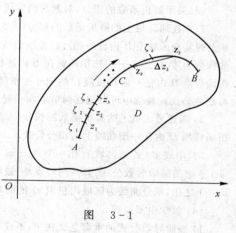

图 3-1

[注] （1）$f(z)$ 沿闭曲线 C 的积分记为 $\oint_C f(z)\mathrm{d}z$.

（2）$f(z)$ 沿实轴 x 上闭区间 $[a,b]$ 的积分记为 $\int_a^b u(x)\mathrm{d}x$，即一元实变函数的积分. 可见，一元实变函数的定积分是复变函数沿有向曲线积分的特殊情形，复变函数沿有向曲线积分是一元实变函数定积分概念的推广.

2. 复变函数积分的基本性质（与一元实变函数定积分的性质类似）

（1）有向性：$\int_C f(z)\mathrm{d}z = -\int_{C^-} f(z)\mathrm{d}z$（其中 C^- 为 C 的负方向）.

（2）线性性：$\int_C [k_1 f(z)+k_2 g(z)]\mathrm{d}z = k_1\int_C f(z)\mathrm{d}z + k_2\int_C g(z)\mathrm{d}z$.

（3）对积分路径的可加性：

$$\int_C f(z)\mathrm{d}z = \sum_{k=1}^{n}\int_{C_k} f(z)\mathrm{d}z$$

其中曲线 C 是由光滑曲线弧段 $C_1, C_2, \cdots, C_n$ 连接而成.

（4）有界性：如果在 C 上，$|f(z)|\leqslant M$，而 L 表示曲线 C 的长度，其中 M 及 L 都是有限的正数，那么有

$$\left| \int_C f(z)\mathrm{d}z \right| \leqslant \int_C |f(z)|\,\mathrm{d}s \leqslant ML$$

事实上,由于

$$\left| \sum_{k=1}^n f(\zeta_k)\Delta z_k \right| \leqslant \sum_{k=1}^n |f(\zeta_k)\Delta z_k| \leqslant \sum_{k=1}^n |f(\zeta_k)|\,\Delta s_k \leqslant ML$$

两边取极限,得

$$\left| \int_C f(z)\mathrm{d}z \right| \leqslant \int_C |f(z)|\,\mathrm{d}s \leqslant ML$$

3. 复变函数积分存在的条件及其计算法

定理 3.1 （积分存在条件与计算法）

(1) 如果 $f(z)$ 在有向光滑曲线 C 上连续,则积分 $\int_C f(z)\mathrm{d}z$ 一定存在.

(2) 如果 $f(z) = u(x,y) + iv(x,y)$,则有曲线积分法:

$$\int_C f(z)\mathrm{d}z = \int_C u\mathrm{d}x - v\mathrm{d}y + i\int_C v\mathrm{d}x + u\mathrm{d}y$$

即 $\int_C f(z)\mathrm{d}z$ 可以通过两个二元实函数的第二类曲线积分来计算.

(3) 如果有向光滑曲线 C 的方程为参数式:

$$C: z = z(t) = x(t) + iy(t), \quad \alpha \leqslant t \leqslant \beta$$

其正向为参数增加的方向,起点对应于参数,终点对应于参数 β,则有换元积分法:

$$\int_C f(z)\mathrm{d}z = \int_\alpha^\beta f[z(t)]z'(t)\mathrm{d}t \quad (t: \alpha \to \beta, z'(t) \neq 0)$$

证明　由于

$$\sum_{k=1}^n f(\zeta_k)\Delta z_k = \sum_{k=1}^n [u(\xi_k,\eta_k) + iv(\xi_k,\eta_k)](\Delta x_k + i\Delta y_k) =$$

$$\sum_{k=1}^n [u(\xi_k,\eta_k)\Delta x_k - v(\xi_k,\eta_k)\Delta y_k] + i\sum_{k=1}^n [v(\xi_k,\eta_k)\Delta x_k + u(\xi_k,\eta_k)\Delta y_k]$$

当 $u(x,y), v(x,y)$ 在光滑曲线 C 上连续时,它们的第二类曲线积分存在,所以当 $f(z)$ 在光滑曲线 C 上连续时,积分 $\int_C f(z)\mathrm{d}z$ 也存在.

对上式两端取极限,则得其曲线积分计算公式

$$\int_C f(z)\mathrm{d}z = \int_C u\mathrm{d}x - v\mathrm{d}y + i\int_C v\mathrm{d}x + u\mathrm{d}y$$

如果令 $C: z = z(t) = x(t) + iy(t), t: \alpha \to \beta$,则由第二类曲线积分计算法,有

$$\int_C f(z)\mathrm{d}z = \int_\alpha^\beta \{u[x(t),y(t)]x'(t) - v[x(t),y(t)]y'(t)\}\mathrm{d}t +$$

$$i\int_\alpha^\beta \{v[x(t),y(t)]x'(t) + u[x(t),y(t)]y'(t)\}\mathrm{d}t =$$

$$\int_\alpha^\beta \{u[x(t),y(t)] + iv[x(t),y(t)]\}\{x'(t) + iy'(t)\}\mathrm{d}t = \int_\alpha^\beta f[z(t)]z'(t)\mathrm{d}t$$

例如,沿下列路线计算积分 $\int_0^{3+i} z^2\mathrm{d}z$.

(1) 自原点至 $3+i$ 的直线段;

(2) 自原点沿实轴至 3,再重直向上至 $3+i$.

事实上:

(1) $C: z = (3+i)t, t: 0 \to 1$,

$$\int_0^{3+i} z^2\mathrm{d}z = \int_0^1 (3+i)^2 t^2 (3+i)\mathrm{d}t = \frac{1}{3}(3+i)^3$$

$(2) C = C_1 + C_2, \quad C_1 : z = 3t, t : 0 \to 1, \quad C_2 : z = 3 + it, t : 0 \to 1,$

$$\int_0^{3+i} z^2 \mathrm{d}z = \int_0^3 z^2 \mathrm{d}z + \int_3^{3+i} z^2 \mathrm{d}z = \int_0^1 3^2 t^2 \times 3\mathrm{d}t + \int_0^1 (3+it)^2 \times i\mathrm{d}t = \frac{1}{3}(3+i)^3$$

计算结果表明,上述积分与积分路径无关.

[注] 上述例子亦可采用曲线积分法来计算.

4.重要积分公式:

$$\oint_{|z-z_0|=r} \frac{\mathrm{d}z}{z - z_0} = 2\pi i, \quad \oint_{|z-z_0|=r} \frac{\mathrm{d}z}{(z - z_0)^{n+1}} = 0 \quad (n \neq 0)$$

其中,$C : |z - z_0| = r$ 为逆时针方向(即正向,见图3-2).

事实上,正向圆周 C 的参数方程为 $z = z_0 + re^{i\theta}, \theta : 0 \to 2\pi$,则积分

$$\oint_{|z-z_0|=r} \frac{\mathrm{d}z}{(z - z_0)^{n+1}} = \int_0^{2\pi} \frac{ire^{i\theta}}{r^{n+1}e^{i(n+1)\theta}} \mathrm{d}\theta = \frac{i}{r^n} \int_0^{2\pi} e^{-in\theta} \mathrm{d}\theta$$

当 $n = 0$ 时,有 $\oint_{|z-z_0|=r} \frac{\mathrm{d}z}{z - z_0} = i\int_0^{2\pi} \mathrm{d}\theta = 2\pi i$

当 $n \neq 0$ 时,有

$$\oint_{|z-z_0|=r} \frac{\mathrm{d}z}{(z - z_0)^{n+1}} = \frac{i}{r^n} \int_0^{2\pi} (\cos n\theta - i\sin n\theta) \mathrm{d}\theta = 0$$

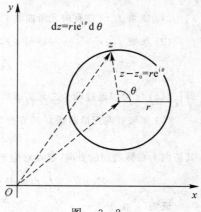

图 3-2

5.复变函数积分与路径无关的条件

一个复变函数的积分可以由二元实函数的两个第二类曲线积分来表示.因此,可以由曲线积分与路径无关(或沿闭曲线积分为零)的条件推出复变函数积分与路径无关(或沿闭曲线积分为零)的条件.

分析 一般地,$\int_C f(z)\mathrm{d}z = \int_C u\mathrm{d}x - v\mathrm{d}y + i\int_C v\mathrm{d}x + u\mathrm{d}y$.

假设正向光滑(或分段光滑)曲线 C 包含于一个单连通区域 B 内,且在 B 内 $u(x,y), v(x,y)$ 具有连续偏导数,则

$\int_C u\mathrm{d}x - v\mathrm{d}y, \int_C v\mathrm{d}x + u\mathrm{d}y$ 都与路径无关 $\Leftrightarrow \oint_C u\mathrm{d}x - v\mathrm{d}y = \oint_C v\mathrm{d}x + u\mathrm{d}y = 0 \Leftrightarrow$

$$-v_x = u_y, u_x = v_y \text{ 在 } B \text{ 内处处成立} \qquad (\text{Green 公式})$$

因此,若在 B 内,$f(z) = u(x,y) + iv(x,y)$ 处处解析,且 $f'(z)$ 连续,则在 B 内,$-v_x = u_y, u_x = v_y$ 处处成立,且 $u(x,y), v(x,y)$ 具有连续偏导数,因而积分

$$\int_C f(z)\mathrm{d}z = \int_C u\mathrm{d}x - v\mathrm{d}y + i\int_C v\mathrm{d}x + u\mathrm{d}y$$

与路径无关,或

$$\oint_C f(z)\mathrm{d}z = 0$$

重要结论:在单连通区域 B 内,积分 $\int_C f(z)\mathrm{d}z$ 与路径无关,或 $\oint_C f(z)\mathrm{d}z = 0$ 的充分必要条件是:$f(z) = u(x,y) + iv(x,y)$ 处处解析,且 $f'(z)$ 连续.

(二)单连域上解析函数的积分

1.C-G基本定理(也称为柯西积分定理)

定理3.2 (C-G基本定理) 单连通区域 B 内处处解析的函数 $f(z)$ 沿 B 内光滑(或分段光滑)曲线 C 的积分与路径无关,或沿 B 内的任意光滑闭曲线 C(见图3-3)的积分为零,即 $\oint_C f(z)\mathrm{d}z = 0$.

[注]　(1) C-G 基本定理给出了复变函数的积分与路径无关(或闭曲线上的积分为零)的简单有效的判别方法;给出了单连通区域内的解析函数沿闭曲线的积分计算方法.定理的条件是充分而不必要的,因而定理中并没有要求 $f'(z)$ 在 B 内连续.

(2) 如果函数 $f(z)$ 在闭曲线 C 上连续,在 C 的内部解析,则同样有
$$\oint_C f(z)\mathrm{d}z = 0.$$

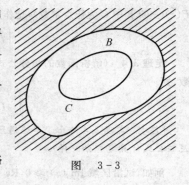

图　3-3

2. 积分上限函数及其解析性

根据 C-G 基本定理,单连通区域 B 内的解析函数 $f(z)$ 的积分与路径无关,只与积分路经 C 的起点 z_0 和终点 z_1 有关(见图 3-4),即
$$\int_{C_1} f(z)\mathrm{d}z = \int_{C_2} f(z)\mathrm{d}z = \int_{z_0}^{z_1} f(z)\mathrm{d}z$$

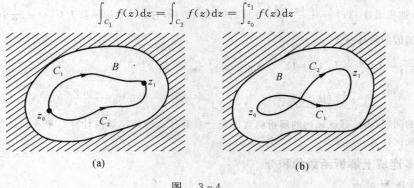

(a)　　　　　　　　　(b)

图　3-4

那么,当固定起点 z_0,而终点为 z 在 B 内变动时(见图 3-5),积分 $\displaystyle\int_C f(z)\mathrm{d}z = \int_{z_0}^{z} f(\zeta)\mathrm{d}\zeta$ 在 B 内确定了一个单值函数:
$$F(z) = \int_{z_0}^{z} f(\zeta)\mathrm{d}\zeta$$

称之为积分上限的函数,它具有类似于一元实变函数的积分上限函数的一些特性.

定理 3.3　(积分上限函数的解析性)　如果 $f(z)$ 在单连通区域 B 内处处解析,则积分上限的函数 $F(z) = \displaystyle\int_{z_0}^{z} f(\zeta)\mathrm{d}\zeta$ 也在 B 内处处解析,且
$$F'(z) = \frac{\mathrm{d}}{\mathrm{d}z}\int_{z_0}^{z} f(\zeta)\mathrm{d}\zeta = f(z)$$

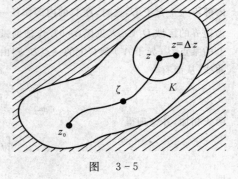

图　3-5

3. 原函数与不定积分的概念、解析函数的积分公式

定义 3.2　(原函数)　在区域 B 内,如果 $\varphi(z)$ 解析,且 $\varphi'(z) = f(z)$,则称 $\varphi(z)$ 为 $f(z)$ 在区域 B 内的一个原函数.

[注]　(1) 定理 3.3 表明:单连通区域内,解析函数 $f(z)$ 的积分上限函数 $F(z) = \displaystyle\int_{z_0}^{z} f(\zeta)\mathrm{d}\zeta$ 是 $f(z)$ 的一个原函数;因而揭示了单连区域内的解析函数 $f(z)$ 的原函数的存在性,并且其原函数有无穷多个,其中任意两个原函数相差一个常数.

(2) 如果在单连通区域 B 内,解析函数 $f(z)$ 的一个原函数为 $F(z)$,则其任一个原函数可以表示为 $F(z)+C$(C 为任意常数).

定义 3.3　(不定积分)　单连通区域 B 内的解析函数 $f(z)$ 的不定积分定义为其原函数的一般形式

三导

$F(z)+C$（其中 C 为任意常数），记作

$$\int f(z)\mathrm{d}z = F(z)+C \quad （C \text{ 为任意常数}）$$

定理 3.4 （解析函数的积分公式） 如果 $f(z)$ 在单连通区域 B 内处处解析，$G(z)$ 为 $f(z)$ 的一个原函数，则

$$\int_{z_0}^{z_1} f(z)\mathrm{d}z = G(z_1)-G(z_0) \quad （z_0,z_1 \in B）$$

［注］ 定理 3.4 给出了单连通区域内的解析函数沿积分曲线弧段的积分计算方法（类似于用牛顿-莱布尼兹公式计算定积分一样）.

例如，试沿区域 $\mathrm{Im}\,(z) \geqslant 0$，$\mathrm{Re}\,(z) \geqslant 0$ 内的圆弧 $|z|=1$，计算积分 $\int_1^{\mathrm{i}} \dfrac{\ln\,(z+1)}{z+1}\mathrm{d}z$ 的值.

事实上，被积函数 $f(z) = \dfrac{\ln\,(z+1)}{z+1}$ 在所设区域内解析，它的一个原函数为 $G(z) = \dfrac{1}{2}\ln^2(z+1)$，因此，由上述解析函数的积分公式，有

$$\int_1^{\mathrm{i}} \frac{\ln\,(z+1)}{z+1}\mathrm{d}z = \frac{1}{2}\ln^2(z+1)\Big|_1^{\mathrm{i}} = \frac{1}{2}[\ln^2(1+\mathrm{i})-\ln^2 2] =$$

$$\frac{1}{2}\left[\left(\ln\sqrt{2}+\frac{\pi}{4}\mathrm{i}\right)^2 - \ln^2 2\right] = -\frac{\pi^2}{32} - \frac{3}{8}\ln^2 2 + \frac{\pi\ln 2}{8}\mathrm{i}$$

进一步的问题：多连通区域内的解析函数的积分具有什么特性？如何计算？单连通区域内的非解析函数的积分又如何计算？

（三）多连域上解析函数的积分

1. 闭路变形原理

定理 3.5 （闭路变形原理） 区域（单连通或多连通）D 内的解析函数 $f(z)$ 沿该区域内的闭曲线的积分，不因闭曲线在该区域内作连续变形而改变它的值，只要在变形过程中曲线不经过 $f(z)$ 的奇点.

证明 当区域 D 为单连通区域时，其内的闭曲线 C 的内部完全含于 D，由 C-G 基本定理知，无论闭曲线 C 在 D 内作怎样的连续变形，都有 $\oint_C f(z)\mathrm{d}z = 0$.

当区域 D 为多连通区域时，若 D 内闭曲线 C 的内部完全含于 D，则有 $\oint_C f(t)\mathrm{d}z = 0$，若 D 内的闭曲线 C 的内部不完全含于 D，这时，在 C 的内部作任一条简单闭曲线 C_1（C 及 C_1 正向均为逆时针方向），那么以 C 及 C_1 为边界的区域 $D_1 \subset D$（见图 3-6）.作辅助弧段 $\overline{AA'}$ 和 $\overline{BB'}$，依次连接 C 上的某点 A 到 C_1 上的一点 A'，以及 C_1 上的某点 B'（异于 A'）到 C 上的一点 B.则由 $AEBB'E'A'A$ 及 $AA'F'B'BFA$ 形成两条完全含于 D 内的简单闭曲线，从而有

$$\oint_{AEBB'E'A'A} f(z)\mathrm{d}z = 0, \qquad \oint_{AA'F'B'BFA} f(z)\mathrm{d}z = 0$$

两式相加，并整理得

$$\oint_C f(z)\mathrm{d}z + \oint_{C_1^-} f(z)\mathrm{d}z = 0$$

即

$$\oint_C f(z)\mathrm{d}z = \oint_{C_1} f(z)\mathrm{d}z$$

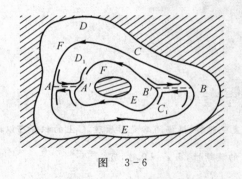

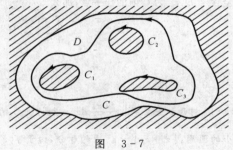

图 3-6　　　　　　　　　　　　　图 3-7

2. 复合闭路定理——C-G 基本定理的推广

定理 3.6　（复合闭路定理）　设 C 为多连通区域 D 内的一条简单闭曲线（正向为逆时针方向）,C_1,C_2,
$\cdots,C_n$ 是在 C 的内部的两两互不相交、互不包含的简单闭曲线（它们的正向为逆时针方向）,并且以 C,C_1,C_2,
$\cdots,C_n$ 为边界的区域全含于 D（见图 3-7）. 如果函数 $f(z)$ 在 D 内解析,那么

$$(1)\oint_C f(z)\mathrm{d}z = \sum_{k=1}^{n}\oint_{C_k} f(z)\mathrm{d}z;$$

$$(2)\oint_{C+C_1^-+\cdots+C_n^-} f(z)\mathrm{d}z = 0.$$

例如,计算 $\oint_C \dfrac{2z-1}{z^2-z}\mathrm{d}z$,其中 C 为包含圆周 $|z|=1$ 在内的任何简单正向闭曲线.

事实上,应用复合闭路定理解题的关键在于:

1) 确定出被积函数在积分曲线内部的所有奇点;

2) 在积分曲线内部分别绕各奇点作一条简单闭曲线,使之两两不相交.

这里,被积函数 $\dfrac{2z-1}{z^2-z}$ 在 C 的内部有两个奇点,为此,需要在 C 的内部作两条互不相交、互不包含的正向

小圆周 $C_1:|z|=\varepsilon_1^2$ 和 $C_2:|z-1|=\varepsilon_2^2$（见图 3-8）.则由复合闭路定理,得

$$\oint_C \frac{2z-1}{z^2-z}\mathrm{d}z = \oint_{C_1} \frac{2z-1}{z^2-z}\mathrm{d}z + \oint_{C_2} \frac{2z-1}{z^2-z}\mathrm{d}z = \oint_{C_1} \frac{1}{z-1}\mathrm{d}z + \oint_{C_1} \frac{1}{z}\mathrm{d}z + \oint_{C_2} \frac{1}{z-1}\mathrm{d}z + \oint_{C_2} \frac{1}{z}\mathrm{d}z =$$

$$0 + 2\pi\mathrm{i} + 2\pi\mathrm{i} + 0 = 4\pi\mathrm{i}$$

[注]　借助于复合闭路定理和重要公式:

$$\oint_{|z-z_0|=r^2} \frac{\mathrm{d}z}{(z-z_0)^{n+1}} = \begin{cases} 2\pi\mathrm{i}, & n=0 \\ 0, & n\neq 0 \end{cases}$$

有些比较复杂的函数沿任意闭曲线的积分可以化为比较简单的函数沿
着圆周的积分来计算——计算多连通区域上解析函数或单连通区域上有奇
点的函数积分的常用方法.

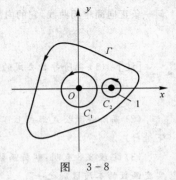

问题:如何计算单连通区域 B 内任一闭曲线上的 C 上的积分 $\oint_C \dfrac{f(z)}{z-z_0}\mathrm{d}z$

和 $\oint_C \dfrac{f(z)\mathrm{d}z}{(z-z_0)^{n+1}}(n\neq 0)$（其中 $f(z)$ 在 B 内解析）? 下面的柯西积分公式和高

阶导数公式给出了答案.

图 3-8

（四）（单或多）连通区域上有一个奇点的复变函数的积分

　　1. 柯西积分公式

定理 3.7　（柯西积分公式）　如果 $f(z)$ 在区域 D 内处处解析,C 为 D 内的任何一条正向简单闭曲线,它

的内部完全含于 D, z_0 为 C 内的任一点,那么

$$\oint_C \frac{f(z)}{z-z_0}dz = 2\pi i f(z_0)$$

或

$$f(z_0) = \frac{1}{2\pi i}\oint_C \frac{f(z)}{z-z_0}dz$$

[注] (1) 柯西积分公式 $\oint_C \frac{f(z)}{z-z_0}dz = 2\pi i f(z_0)$ 的直观理解:根据闭路变形原理,C 上的积分可以缩小到半径非常小的圆周:$|z-z_0| = \varepsilon^2$ 上的积分,由于 $f(z)$ 的连续性,当 $\varepsilon \to 0$ 时,有

$$f(z) \to f(z_0), \quad \oint \frac{f(z)}{z-z_0}dz \to \oint \frac{f(z_0)}{z-z_0}dz = 2\pi i f(z_0)$$

(2) 柯西积分公式的条件可以改成:$f(z)$ 在 C 及 C 的内部解析,z_0 属于 C 的内部;柯西积分公式提供了计算某些复变函数沿闭路积分的一种方法,与复合闭路定理相结合,可以简化计算很多积分.

(3) 柯西积分公式重要性在于:它给出了解析函数的一个积分表达式,并表明:函数 $f(z)$ 在 C 的内部某点 z_0 处的值 $f(z_0)$ 可以用它在边界 C 上的值 $f(z)$ 来表示,即

$$f(z_0) = \frac{1}{2\pi i}\oint_C \frac{f(z)}{z-z_0}dz$$

(4) 特别地,当 C 为圆周 $z = z_0 + re^{i\theta}$ 时,有

$$f(z_0) = \frac{1}{2\pi}\int_0^{2\pi} f(z_0 + re^{i\theta})d\theta$$

例如,计算积分 $\oint_{|z|=4} \frac{1}{(z-i)(z+3)}dz$.

事实上,在积分曲线 $|z| = 4$ 内,被积函数分母有两个零点 $z_1 = i, z_2 = -3$,因此不能直接应用柯西积分公式,应先应用复合闭路定理分解积分,再应用柯西积分公式在各小闭曲线内分别计算积分,即

$$\oint_{|z|=4} \frac{1}{(z-i)(z+3)}dz = \oint_{|z-i|=1} \frac{1}{(z-i)(z+3)}dz + \oint_{|z+3|=1} \frac{1}{(z-i)(z+3)}dz =$$

$$2\pi i \frac{1}{z+3}\Big|_{z=i} + 2\pi i \frac{1}{z-i}\Big|_{z=3} = 2\pi\left(\frac{1}{i+3} + \frac{1}{3-i}\right) = \frac{6}{5}\pi i$$

2. 解析函数的高阶导数公式

定理 3.8 (解析函数的高阶导数公式) 如果 $f(z)$ 在区域 D 内处处解析,$z_0 \in D, C$ 为 D 内围绕 z_0 的任何一条正向简单闭曲线,它的内部完全含于 D,那么 $f(z)$ 的各阶导数仍为解析函数,且它的 n 阶导数为

$$f^{(n)}(z_0) = \frac{n!}{2\pi i}\oint_C \frac{f(z)}{(z-z_0)^{n+1}}dz \quad (n = 1, 2, \cdots)$$

[注] (1) 高阶导数公式的重要作用,不在于通过积分来求导,而在于通过求导数 $f^{(n)}(z_0)$ 来求积分:

$$\oint_C \frac{f(z)}{(z-z_0)^{n+1}}dz = \frac{2\pi i}{n!}f^{(n)}(z_0)$$

(2) 高阶导数公式形式上可以看作是由柯西积分公式两边对 z_0 求 n 阶导数(其中等式右边求导在积分号下进行).

(3) 定理 3.8 表明:解析函数的导数仍是解析函数,因而它的任意阶导数都是解析函数.这也复变函数与实变函数的本质区别之一.

例如,求积分 $\oint_C \frac{\cos \pi z}{(z-1)^5}dz$ 的值,其中 C 为正向圆周:$|z| = r > 1$.

事实上,直接应用 $n = 4$ 的高阶导数公式,得

$$\oint_C \frac{\cos \pi z}{(z-1)^5}dz = \frac{2\pi i}{4!}(\cos \pi z)^{(4)}\Big|_{z=1} = -\frac{\pi^5 i}{12}$$

为了进一步了解解析函数的性质和构造,下面需要引进调和函数的相关概念.

(五)解析函数与调和函数的关系

1.调和函数与共轭调和函数的概念

定义 3.4 (调和函数)　如果二元函数 $\varphi(x,y)$ 在区域 D 内具有二阶连续偏导数,且满足二维拉普拉斯(Laplace)方程:

$$\frac{\partial^2 \varphi}{\partial x^2} + \frac{\partial^2 \varphi}{\partial y^2} = 0$$

则称 $\varphi(x,y)$ 为区域 D 内的调和函数.

定义 3.5 (共轭调和函数)　设 $u(x,y)$ 是区域 D 内的调和函数,则称使得 $f(z) = u(x,y) + \mathrm{i}v(x,y)$ 在区域 D 内解析的调和函数 $v(x,y)$ 称为 $u(x,y)$ 的共轭调和函数.

2.解析函数与调和函数的关系

设 $f(z) = u(x,y) + \mathrm{i}v(x,y)$ 是区域 D 内的任一解析函数,则由 C-R 方程得

$$\frac{\partial u}{\partial x} = \frac{\partial v}{\partial y}, \quad \frac{\partial u}{\partial y} = -\frac{\partial v}{\partial x}, \quad \frac{\partial^2 u}{\partial x^2} = \frac{\partial^2 v}{\partial y \partial x}, \quad \frac{\partial^2 u}{\partial y^2} = -\frac{\partial^2 v}{\partial x \partial y}.$$

且 $f'(z) = u_x + \mathrm{i}v_x = -\mathrm{i}u_y + v_y$ 及其更高阶导数都在 D 内解析,因而 $u(x,y)$,$v(x,y)$ 具有任意阶的连续偏导数,所以 $\dfrac{\partial^2 v}{\partial y \partial x} = \dfrac{\partial^2 v}{\partial x \partial y}$.

从而

$$\frac{\partial^2 u}{\partial x^2} + \frac{\partial^2 u}{\partial y^2} = 0$$

同理,有

$$\frac{\partial^2 v}{\partial x^2} + \frac{\partial^2 v}{\partial y^2} = 0$$

定理 3.9 (解析函数与调和函数的关系)　任何在区域 D 内解析的函数 $f(z) = u(x,y) + \mathrm{i}v(x,y)$,它的实部 $u(x,y)$ 和虚部 $v(x,y)$ 都是 D 内的调和函数.

[注] (1) 在区域 D 内,给定一个解析函数 $f(z) = u(x,y) + \mathrm{i}v(x,y)$,可以得到两个调和函数 $u(x,y)$ 和 $v(x,y)$,并且虚部 $v(x,y)$ 是实部 $u(x,y)$ 的共轭调和函数.

(2) 反过来,在区域 D 内,给定一个调和函数,可以得到一个解析函数,并且其虚部是实部的共轭调和函数.

(3) 可以借助于解析函数理论解决调和函数的问题.

3.由调和函数构造解析函数的方法

(1) 偏积分法.

基本步骤:

第一步:给定调和函数 $u(x,y)$ 或 $v(x,y)$,根据 $u + \mathrm{i}v$ 的解析性,由 C-R 方程,确定另一个调和函数;

第二步:写出解析函数 $f(z) = u(x,y) + \mathrm{i}v(x,y)$.

(2) 不定积分法.

基本步骤:

第一步:给定调和函数 $u(x,y)$ 或 $v(x,y)$,根据 $f(z) = u(x,y) + \mathrm{i}v(x,y)$ 的解析性和其导数函数 $f'(z) = u_x + \mathrm{i}v_x = u_x - \mathrm{i}u_y = v_y + \mathrm{i}v_x$ 的解析性,可得

$$f'(z) = u_x - \mathrm{i}u_y = U(z) \quad \text{或} \quad f'(z) = v_y + \mathrm{i}v_x = V(z)$$

第二步:取不定积分,得解析函数 $f(z) = \displaystyle\int U(z)\mathrm{d}z$ 或 $f(z) = \displaystyle\int V(z)\mathrm{d}z$.

例如,证明 $u(x,y) = y^3 - 3x^2 y$ 是调和函数,并求其共轭调和函数 $v(x,y)$ 以及由它们构成的解析函数.

事实上,有

$$\frac{\partial u}{\partial x} = -6xy, \quad \frac{\partial u}{\partial y} = 3y^2 - 3x^2, \quad \frac{\partial^2 u}{\partial x^2} = -6y, \quad \frac{\partial^2 u}{\partial y^2} = 6y$$

故 $u(x,y)$ 是调和函数.

下面用两种方法求其共轭调和函数 $v(x,y)$.

方法 1 （偏积分法） 设 $u+\mathrm{i}v$ 解析,则由 C‑R 方程：

$$\frac{\partial v}{\partial y} = \frac{\partial u}{\partial x} = -6xy$$

得

$$v = \int -6xy\,\mathrm{d}y = -3xy^2 + g(x)$$

再由 C‑R 方程：$\dfrac{\partial v}{\partial x} = -\dfrac{\partial u}{\partial y}$ 得

$$-3y^2 + g'(x) = -3y^2 + 3x^2$$

即

$$g'(x) = 3x^2, \quad g(x) = \int 3x^2\,\mathrm{d}x = x^3 + C, \quad v(x,y) = -3xy^2 + x^3 + C$$

从而得到解析函数：

$$w = f(z) = y^3 - 3x^2y + \mathrm{i}(x^3 - 3xy^2 + C) = \mathrm{i}(z^3 + C)$$

方法 2 （不定积分法） $\dfrac{\partial u}{\partial x} = -6xy, \quad \dfrac{\partial u}{\partial y} = 3y^2 - 3x^2$

$$f'(z) = u_x - \mathrm{i}u_y = -6xy - \mathrm{i}(3y^2 - 3x^2) = 3\mathrm{i}(x^2 + 2xy\mathrm{i} - y^2) = 3\mathrm{i}z^2$$

$$f(z) = \int 3\mathrm{i}z^2\,\mathrm{d}z = \mathrm{i}z^3 + C_1 = \mathrm{i}(z^3 + C)$$

3.2.2 重点、难点解析

1.重点

(1) 对复变函数的积分概念与计算法的深刻理解与掌握.

复变函数的积分定义：

$$\int_C f(z)\,\mathrm{d}z \overset{\Delta}{=\!=\!=} \lim_{\substack{n\to\infty \\ (\delta\to 0)}} \sum_{k=1}^{n} f(\zeta_k)\Delta z_k$$

复变函数的积分计算：

$$\int_C f(z)\,\mathrm{d}z = \int_C u\,\mathrm{d}x - v\,\mathrm{d}y + \mathrm{i}\int_C v\,\mathrm{d}x + u\,\mathrm{d}y$$

$$\int_C f(z)\,\mathrm{d}z = \int_\alpha^\beta f[z(t)]z'(t)\,\mathrm{d}t \quad (t:\alpha \to \beta)$$

(2) 记住并理解 3 个基本定理和 3 个积分公式及其适用性.

C‑G 基本定理 单连通区域 B 内处处解析的函数 $f(z)$ 沿 B 内光滑（或分段光滑）,曲线 C 的积分与路径无关（或 $\oint_C f(z)\,\mathrm{d}z = 0$）.

1)C‑G 基本定理给出了复变函数的积分与路径无关（或闭曲线上的积分为零）的简单有效的判别方法.

2) 如果函数 $f(z)$ 在闭曲线 C 上连续,在 C 的内部解析,则有 $\oint_C f(z)\,\mathrm{d}z = 0$.

闭路变形原理 区域（单连通或多连通）D 内的解析函数 $f(z)$ 沿该区域内的闭曲线的积分,不因闭曲线在该区域内作连续变形而改变它的值,只要在变形过程中曲线不经过 $f(z)$ 的奇点.

复合闭路定理 多连通区域 D 内处处解析的函数 $f(z)$ 沿 D 内光滑（或分段光滑）闭曲线的积分为

$$\oint_\Gamma f(z)\,\mathrm{d}z = 0 \quad \text{或} \quad \oint_C f(z)\,\mathrm{d}z = \sum_{k=1}^{n} \oint_{C_k} f(z)\,\mathrm{d}z$$

其中, $\Gamma = C + C_1^- + C_2^- + \cdots + C_n^-$, 而 C 为多连通区域 D 内的一条简单闭曲线(正向为逆时针方向), $C_1, C_2, \cdots,$ C_n 是在 C 的内部两两互不相交、互不包含的简单闭曲线(它们的正向也为逆时针方向), 并且以 $C, C_1, C_2, \cdots,$ C_n 为边界的区域全含于 D.

1) 复合闭路定理是 C-G 基本定理在多连域区域内的推广.

2) 借助于复合闭路定理和重要公式 $\oint_{|z-z_0|=r^2} \dfrac{dz}{z-z_0} = 2\pi i$, 有些比较复杂的函数沿任意闭曲线的积分可

以化为比较简单的函数沿着圆周的积分来计算.

解析函数的积分公式

$$\int_C f(z)dz = \int_{z_0}^{z_1} f(z)dz = F(z_1) - F(z_0), \quad F'(z) = f(z)$$

其中, z_0, z_1 分别对应曲线弧段 C 的起点与终点.

柯西积分公式
$$f(z_0) = \frac{1}{2\pi i}\oint_C \frac{f(z)}{z-z_0}dz$$

其中, $f(z)$ 在正向简单闭曲线 C 及 C 的内部解析, z_0 在 C 的内部.

柯西积分公式的重要性在于: ① 给出了计算积分 $\oint_C \dfrac{f(z)}{z-z_0}dz$(其中 $f(z)$ 在 C 及 C 的内部解析) 的方法;
② 表明了"一个解析函数在区域内部的值可以用它在边界上的值通过积分来表示"这样一个重要思想, 因此是研究解析函数的重要工具.

高阶导数公式　解析函数的导数仍是解析函数, 且
$$f^{(n)}(z_0) = \frac{n!}{2\pi i}\oint_C \frac{f(z)}{(z-z_0)^{n+1}}dz$$

其中, $f(z)$ 在正向简单闭曲线 C 及 C 内部解析, z_0 在 C 的内部.

高阶导数公式的重要性在于: ① 给出了计算积分 $\oint_C \dfrac{f(z)}{(z-z_0)^{n+1}}dz$(其中 $f(z)$ 在 C 及 C 的内部解析) 的方法; ② 给出了"解析函数的导数仍是解析函数, 因而它的任意阶导数都是解析函数, 并且它在区域内部的任意阶导数值也可以用它在边界上的值通过积分来表示"的重要结论, 这是解析函数与实变函数的本质区别.

(3) 熟练掌握并灵活运用一般复变函数积分的 3 种计算法:

1) 曲线积分法. 如果 $f(z) = u(x,y) + iv(x,y)$, 则有

$$\int_C f(z)dz = \int_C udx - vdy + i\int_C vdx + udy \tag{3.1}$$

即 $\int_C f(z)dz$ 可以通过两个二元实函数的第二类曲线积分来计算.

2) 换元积分法. 如果有向光滑曲线 C 的方程为参数式:

$$C: z = z(t) = x(t) + iy(t), \quad \alpha \leqslant t \leqslant \beta$$

则有

$$\int_C f(z)dz = \int_\alpha^\beta f[z(t)]z'(t)dt \tag{3.2}$$

3) 重要公式法:

$$\oint_{|z-z_0|=r} \frac{dz}{(z-z_0)^{n+1}} = \begin{cases} 2\pi i, & n = 0 \\ 0, & n \neq 0 \end{cases} \tag{3.3}$$

其中, $C: |z-z_0| = r$ 为逆时针方向(即正向).

(4) 熟练掌握单连通区域内解析函数的两种积分方法: 设 $f(z)$ 在 C 及 C 的内部解析, 则

1) 应用 C-G 基本定理, 即

$$\oint_C f(z)dz = 0$$

2) 应用 N‐L 公式的复数形式,即

$$\int_C f(z)dz = \int_{z_0}^{z_1} f(z)dz = F(z_1) - F(z_0)$$

其中,$F'(z) = f(z)$.

(5) 熟练掌握多连通区域内解析函数相关的 3 种积分方法.

1) 应用复合闭路定理,即

$$\oint_C f(z)dz = \sum_{k=1}^{n} \oint_{C_k} f(z)dz$$

2) 应用柯西积分公,即

$$\oint_C \frac{f(z)}{z-z_0}dz = 2\pi i f(z_0)$$

其中,$f(z)$ 在 C 及 C 的内部解析,z_0 在 C 的内部.

3) 应用高阶导数公式,即

$$\oint_C \frac{f(z)}{(z-z_0)^{n+1}}dz = \frac{2\pi i}{n!} f^{(n)}(z_0)$$

其中,$f(z)$ 在 C 及 C 的内部解析,z_0 在 C 的内部.

(6) 掌握由调和函数构造解析函数的 3 种方法.

1) 偏积分法.基本步骤:

第一步:给定一个调和函数,由 $u+iv$ 的解析性,利用 C‐R 方程,确定另一个调和函数;

第二步:写出解析函数 $f(z) = u(x,y) + iv(x,y)$.

2) 不定积分法.基本步骤:

第一步:给定调和函数 $u(x,y)$ 或 $v(x,y)$,求解析函数 $f(z) = u(x,y) + iv(x,y)$ 的导函数

$$f'(z) = u_x - iu_y = U(z) \quad \text{或} \quad f'(z) = v_y + iv_x = V(z)$$

第二步:取不定积分,得解析函数 $f(z) = \int U(z)dz$ 或 $f(z) = \int V(z)dz$.

3) 线积分法.基本步骤:

第一步:不妨设给定调和函数 $u(x,y)$,由于 $u_{xx} + u_{yy} = 0$,即 $(u_x)_x = -(u_y)_y$,则存在 $v(x,y)$,使得

$$dv = -u_y dx + u_x dx, \quad v = \int_{(x_0,y_0)}^{(x,y)} -u_y dx + u_x dy$$

第二步:写出解析函数 $f(z) = u(x,y) + iv(x,y)$.

2.难点

(1) 复变初等函数积分的计算 —— 重要定理与公式的综合应用.

由于被积函数的形式多样性和复杂性,计算复变初等函数的积分时,常常需要根据函数的解析性,将被积函数作适当变形,再联合使用积分性质和上述定理、公式进行计算.

(2) 解析函数与调和函数的关系的深刻理解.

一方面,由于一个解析函数 $f(z) = u(x,y) + iv(x,y)$ 的各阶导数都是解析函数,因而 $u(x,y),v(x,y)$ 的任意阶偏导数都存在而且连续,并都是调和函数.

另一方面,解析函数的实部和虚部都是调和函数,可以借助于解析函数理论解决调和函数的问题.而调和函数与拉普拉斯方程的边值问题密切相关,因此解析函数的理论和方法为解决拉普拉斯方程的边值问题提供了简便有效的方法.

3.3　典型例题解析

例 3.1　设 C 是不经过 a 及 $-a$ 的正向简单闭曲线,a 是非零的任意复数,求 $\oint_C \frac{z}{z^2-a^2}dz$.

分析 需要讨论积分曲线 C 与两点 $z_1 = a, z_2 = -a$ 的位置关系.

解 (1) 当两点 $z_1 = a, z_2 = -a$ 都在曲线 C 之外部时,被积函数在 C 及 C 的内部解析,由 C-G 基本定理,得

$$\oint_C \frac{z}{z^2 - a^2} dz = 0$$

(2) 当点 $z_1 = a$ 在曲线 C 的内部,而 $z_2 = -a$ 在曲线 C 之外部时,由柯西积分公式,得

$$\oint_C \frac{z}{z^2 - a^2} dz = \oint_C \frac{\frac{z}{z+a}}{z-a} dz = 2\pi i \left. \frac{z}{z+a} \right|_{z=a} = \pi i$$

同理,当点 $z_2 = -a$ 在曲线 C 的内部,而 $z_1 = a$ 在曲线 C 之外部时,由柯西积分公式,得

$$\oint_C \frac{z}{z^2 - a^2} dz = \oint_C \frac{\frac{z}{z-a}}{z+a} dz = 2\pi i \left. \frac{z}{z-a} \right|_{z=-a} = -\pi i$$

(3) 当两点 $z_1 = a, z_2 = -a$ 都在曲线 C 的内部时,在 C 的内部作两条互不相交的小闭曲线 $C_1: |z-a| = \varepsilon_1, C_2: |z+a| = \varepsilon_2$,则由复合闭路定理有

$$\oint_C \frac{z}{z^2 - a^2} dz = \oint_{C_1} \frac{z}{z^2 - a^2} dz + \oint_{C_2} \frac{z}{z^2 - a^2} dz$$

再由柯西积分公式,得

$$\oint_{C_1} \frac{z}{z^2 - a^2} dz = 2\pi i \left. \frac{z}{z+a} \right|_{z=a} = \pi i$$

$$\oint_{C_2} \frac{z}{z^2 - a^2} dz = 2\pi i \left. \frac{z}{z-a} \right|_{z=-a} = -\pi i$$

故

$$\oint_C \frac{z}{z^2 - a^2} dz = \oint_{C_1} \frac{z}{z^2 - a^2} dz + \oint_{C_2} \frac{z}{z^2 - a^2} dz = \pi i - \pi i = 0$$

【评注】 根据积分闭曲线 C 与两定点的位置关系不同,灵活考察了复合闭路定理与柯西积分公式的综合应用方法.

例 3.2 试证 $\lim\limits_{r \to 0} \int_{|z|=r} \frac{z^3}{1+z^2} dz = 0$.

分析 关于极限等式的证明方法较多,这里采用夹逼准则证明.

证明 考虑到研究当 $r \to 0$ 时的极限,因此不妨设 $r < 1$,由复函数积分的性质有

$$0 \leqslant \left| \int_{|z|=r} \frac{z^3}{1+z^2} dz \right| \leqslant \int_{|z|=r} \left| \frac{z^3}{1+z^2} \right| |dz| \leqslant \frac{2\pi r^3}{1-r^2}$$

根据夹逼准则知,$\lim\limits_{r \to 0} \int_{|z|=r} \frac{z^3}{1+z^2} dz = 0$.

【评注】 证明过程中不能让极限符号穿过积分符号,但可以通过被积函数的放缩或扩大来估计定积分,从而利用夹逼准则.但当 $\lim\limits_{r \to 0} f(r)$ 中的 $f(r)$ 较为复杂时,尽量避免采用极限定义证明.

例 3.3 计算积分 $\int_C \cos z dz$,其中 C 是圆周 $|z-1| = 1$ 的下半圆周,方向从 0 到 2.

分析 结合函数的解析性,计算积分.

解 显然,$\cos z$ 在整个复平面上解析.由柯西定理,该积分与路径无关,可选择实轴由 0 到 2 的方向进行积分,即

$$\int_C \cos z dz = \int_0^2 \cos x dx = [\sin x]_0^2 = \sin 2 - \sin 0 = \sin 2$$

【评注】 尽管积分与路径无关,可以选择任意路径积分,但通常选择参数表示较为简单的路径(曲线)进行,例如 x 轴、y 轴或其他直线路径.

例 3.4 计算 $\int_C \ln(1-z)\mathrm{d}z$，其中 C 是从 $-\mathrm{i}$ 到 i 的直线段.

分析 根据函数的解析性选择合适的积分计算方法，并结合相关重要定理.

解 考察函数 $f(z)=\ln(1-z)$，显然除去正实轴上 $x\geqslant 1$ 的一段外，在其余的复平面 D 内是单值解析函数.

又由 D 的单连通性，积分与路径无关，据解析函数的积分计算公式，采用分部积分法，得

$$\int_C \ln(1-z)\mathrm{d}z = \int_{-\mathrm{i}}^{\mathrm{i}} \ln(1-z)\mathrm{d}z = z\ln(1-z)\,\big|_{-\mathrm{i}}^{\mathrm{i}} - \int_{-\mathrm{i}}^{\mathrm{i}} \frac{z}{z-1}\mathrm{d}z = z\ln(1-z)\,\big|_{-\mathrm{i}}^{\mathrm{i}} - \int_{-\mathrm{i}}^{\mathrm{i}} \frac{z-\mathrm{i}+1}{z-1}\mathrm{d}z =$$
$$\mathrm{i}\ln(1-\mathrm{i}) - (-\mathrm{i})\ln(1+\mathrm{i}) - z\,\big|_{-\mathrm{i}}^{\mathrm{i}} - \ln(z-1)\,\big|_{-\mathrm{i}}^{\mathrm{i}} =$$
$$\mathrm{i}\ln(1-\mathrm{i}) + \mathrm{i}\ln(1+\mathrm{i}) - 2\mathrm{i} - \ln(-1+\mathrm{i}) + \ln(-1-\mathrm{i}) =$$
$$-\frac{\pi}{2} + \left(\ln 2 - 2 - \frac{3\pi}{2}\right)\mathrm{i}$$

【评注】 在单连通区域内，解析函数的积分法与定积分的积分法（N-L公式，换元法和分部积分法）完全相同，本题采用的分部积分法.

例 3.5 计算积分 $\oint_{|z|=3} \frac{\mathrm{e}^z}{z(z^2-1)}\mathrm{d}z$.

分析 显然在圆域内有 3 个奇点 $z=-1,0,1$，可将被积函数分成若干部分，借助柯西积分公式计算.

解 显然有

$$\frac{\mathrm{e}^z}{z(z^2-1)} = \frac{-\mathrm{e}^z}{z} + \frac{1}{2}\frac{\mathrm{e}^z}{z-1} + \frac{1}{2}\frac{\mathrm{e}^z}{z+1}$$

$$\oint_{|z|=3} \frac{\mathrm{e}^z}{z(z^2-1)}\mathrm{d}z = \oint_{|z|=3} \frac{-\mathrm{e}^z}{z}\mathrm{d}z + \frac{1}{2}\oint_{|z|=3} \frac{\mathrm{e}^z}{z-1}\mathrm{d}z + \frac{1}{2}\oint_{|z|=3} \frac{\mathrm{e}^z}{z+1}\mathrm{d}z =$$
$$-2\pi\mathrm{i}\mathrm{e}^0 + \frac{1}{2}\times 2\pi\mathrm{i}\mathrm{e}^1 + \frac{1}{2}\times 2\pi\mathrm{i}\mathrm{e}^{-1} = \pi\mathrm{i}\left(\mathrm{e} + \frac{1}{\mathrm{e}} - 2\right)$$

【评注】 当被积函数是有理分式时，通常需要将其分解为真分式的形式，然后根据积分路径分析是否存在奇点，并选用合适的积分方法或积分公式.

例 3.6 设 C 表示圆周 $(x^2+y^2=3)$，$f(z)=\oint_C \frac{3\zeta^2+7\zeta+1}{\zeta-z}\mathrm{d}\zeta$，求 $f'(1+\mathrm{i})$.

分析 根据柯西积分公式求出 $f(z)$，再求解导函数.

解 不妨设 $\varphi(\zeta)=3\zeta^2+7\zeta+1$，则它在 z 平面上解析，由柯西积分公式，在 $|z|<\sqrt{3}$ 内，有

$$f(z)=\oint_C \frac{\varphi(\zeta)}{\zeta-z}\mathrm{d}\zeta = 2\pi\mathrm{i}\varphi(z) = 2\pi\mathrm{i}(3z^2+7z+1)$$
$$f'(z)=2\pi\mathrm{i}(6z+7)$$

而点 $1+\mathrm{i}\in |z|<\sqrt{3}$，故

$$f'(1+\mathrm{i}) = 2\pi\mathrm{i}[6(1+\mathrm{i})+7] = 2\pi(-6+13\mathrm{i})$$

【评注】 $f'(1+\mathrm{i})$ 表示导函数在 $1+\mathrm{i}$ 的取值，而不是 $f(1+\mathrm{i})$ 的导数，否则将获得错误结果 0.

例 3.7 试证 $u=x^2-y^2$，$v=\frac{y}{x^2+y^2}$ 是调和函数，但 $u+\mathrm{i}v$ 不是解析函数.

分析 直接根据调和函数的定义和解析函数判定中的 C-R 方程.

证明 (1) 先证 u,v 是调和函数.

考察 $u=x^2-y^2$，显然有

$$\frac{\partial u}{\partial x}=2x, \quad \frac{\partial^2 u}{\partial x^2}=2, \quad \frac{\partial u}{\partial y}=-2y, \quad \frac{\partial^2 u}{\partial y^2}=-2$$

由 $\frac{\partial^2 u}{\partial x^2}+\frac{\partial^2 u}{\partial y^2}=2+(-2)=0$ 知，$u=x^2-y^2$ 是调和函数.

同理可知，$v=\frac{y}{x^2+y^2}$ 是调和函数.

(2) 再证 $u+\mathrm{i}v$ 不是解析函数.

考察
$$f(z)=u+\mathrm{i}v=(x^2-y^2)+\mathrm{i}\left(\frac{y}{x^2+y^2}\right)$$

由
$$\frac{\partial u}{\partial x}=2x,\quad \frac{\partial v}{\partial y}=\frac{x^2-y^2}{(x^2+y^2)^2},\quad \frac{\partial u}{\partial y}=-2y,\quad \frac{\partial v}{\partial x}=-\frac{2xy}{(x^2+y^2)^2}$$

显然不满足 C-R 方程,从而 $f(z)=u+\mathrm{i}v$ 不是解析函数.

【评注】　区分调和函数和解析函数的概念,前者是研究二阶导数,后者是研究偏导数.

例 3.8　求以 $v(x,y)=-\dfrac{1}{2}x^2+\dfrac{1}{2}y^2$ 为虚部的解析函数 $f(z)$,使 $f(0)=0$.

分析　根据 C-R 方程和不定积分法直接求解.

解　不妨设 $f(z)=u+\mathrm{i}v$,则函数 $f(z)$ 的导数 $f'(z)$ 为
$$f'(z)=u_x+\mathrm{i}v_x=v_y+\mathrm{i}v_x=y-\mathrm{i}x=-\mathrm{i}(x+\mathrm{i}y)=-\mathrm{i}z$$

又由
$$f(z)=\int f'(z)\mathrm{d}z==\int -\mathrm{i}z\mathrm{d}z=-\frac{\mathrm{i}z^2}{2}+C$$

考虑到 $f(0)=0$,代入得 $C=0$,从而有 $f(z)=-\dfrac{\mathrm{i}z^2}{2}$.

【评注】　区分调和函数和解析函数的概念,前者是研究二阶导数,后者是研究偏导数.

例 3.9　利用 $\displaystyle\oint_C\frac{\mathrm{d}z}{z+2}$ 的值$(C:|z|=1)$,证明:$\displaystyle\int_0^{2\pi}\frac{1+2\cos\theta}{5+4\cos\theta}\mathrm{d}\theta=0$.

分析　由复合闭路定理与参数方程下复变函数积分公式的关系来证明.

证明　考虑到 $f(z)=\dfrac{1}{z+2}$ 在 C 及 C 内解析,由柯西定理,得
$$\oint_C\frac{\mathrm{d}z}{z+2}=0$$

又在 C 上有 $z=\mathrm{e}^{\mathrm{i}\theta}(-\pi\leqslant\theta\leqslant\pi)$,$\mathrm{d}z=\mathrm{i}\mathrm{e}^{\mathrm{i}\theta}\mathrm{d}\theta$,则
$$\oint_C\frac{\mathrm{d}z}{z+2}=\int_{-\pi}^{\pi}\frac{\mathrm{i}\mathrm{e}^{\mathrm{i}\theta}}{\mathrm{e}^{\mathrm{i}\theta}+2}\mathrm{d}\theta=\int_{-\pi}^{\pi}\frac{-\sin\theta+\mathrm{i}\cos\theta}{(\cos\theta+2)+\mathrm{i}\sin\theta}\mathrm{d}\theta=$$
$$\int_{-\pi}^{\pi}\frac{(-\sin\theta+\mathrm{i}\cos\theta)[(\cos\theta+2)-\mathrm{i}\sin\theta]}{(\cos\theta+2)^2+\sin^2\theta}\mathrm{d}\theta=\int_{-\pi}^{\pi}\frac{-2\sin\theta}{5+4\cos\theta}\mathrm{d}\theta+\mathrm{i}\int_{-\pi}^{\pi}\frac{1+2\cos\theta}{5+4\cos\theta}\mathrm{d}\theta$$

比较上式的实部和虚部,得
$$\int_0^{2\pi}\frac{1+2\cos\theta}{5+4\cos\theta}\mathrm{d}\theta=0$$

【评注】　综合考察解析函数的积分与参数方程下复变函数的积分公式.

例 3.10　设函数 $f(z)$ 在复平面处处解析,且 $|f(z)|<M,a,b$ 为任不同两个不同的复数,C 为 $|z|=R(R>|a|,R>|b|)$.证明:$\displaystyle\oint_C\frac{f(z)}{(z-a)(z-b)}\mathrm{d}z=0$,并推出 $f(a)=f(b)$.

分析　由 $|f(z)|<M$ 确定积分的界值,利用闭路变形原理和夹逼准则证明积分值为零.再利用柯西积分公式计算积分,得到 $f(a)=f(b)$.

证明　$\displaystyle I\leqslant\oint_C\frac{|f(z)|}{|z-a||z-b|}|\mathrm{d}z|\leqslant\oint_C\frac{|f(z)|\mathrm{d}z}{(|z|-|a|)(|z|-|b|)}|\mathrm{d}z|<$
$$\frac{M\cdot 2\pi R}{(R-|a|)(R-|b|)}=\frac{2\pi M}{R\left(1-\dfrac{|a|}{R}\right)\left(1-\dfrac{|b|}{R}\right)}$$

当 $R\to\infty$ 时,上式右端 $\to 0$,故有 $I=0$.

又有
$$I=\oint_C\frac{f(z)}{(z-a)(z-b)}\mathrm{d}z=\frac{1}{a-b}\oint_C\frac{f(z)}{(z-a)(z-b)}\mathrm{d}z=\frac{1}{a-b}\oint_C\frac{f(z)}{z-a}\mathrm{d}z-\frac{1}{a-b}\oint_C\frac{f(z)}{z-b}\mathrm{d}z=$$

$$\frac{2\pi i}{a-b}[f(a)-f(b)]$$

因此，$\dfrac{2\pi i}{a-b}[f(a)-f(b)]=0$，从而得 $f(a)=f(b)$.

【评注】 正确利用闭路变形原理与求极限、求积分的方法，是证明一些问题的有效方法.

3.4 习题精解

1.沿下列路线计算积分 $\displaystyle\int_0^{3+i}z^2\,\mathrm{d}z$.

2）自原点至 $3+i$ 的直线段；

3）自原点沿虚轴至 i，再由 i 沿水平方向向右至 $3+i$.

分析 可将积分路线方程表示成复数形式或采用积分定理选择其他积分路线进行求解.

解 2）自原点沿实轴至 3 这一段路线 c_1 的参数方程为 $z=3t,0\leqslant t\leqslant 1$，由 3 沿直向上至 $3+i$ 这一段路线 c_2 的参数方程为 $z=3+ti,0\leqslant t\leqslant 1$. 由公式有

$$\int_0^{3+i}z^2\,\mathrm{d}z=\int_{c_1}z^2\,\mathrm{d}z+\int_{c_2}z^2\,\mathrm{d}z=\int_0^1(3t)^2\,(3t)'\,\mathrm{d}t+\int_0^1(3+ti)^2\,(3+ti)'\,\mathrm{d}t=$$

$$27\int_0^1 t^2\,\mathrm{d}t+i\int_0^1(9+6ti-t^2)\mathrm{d}t=\frac{27}{3}+9i-3-\frac{1}{3}i=6+\frac{26}{3}i$$

3）自原点沿虚轴至 i 这一段路线 c_1 的参数方程为 $z=ti,0\leqslant t\leqslant 1$，由 $i0$ 沿水平方向向右至 $3+i$ 这一段路线 c_2 的参数方程为 $z=t+i,0\leqslant t\leqslant 3$. 由公式有

$$\int_0^{3+i}z^2\,\mathrm{d}z=\int_{c_1}z^2\,\mathrm{d}z+\int_{c_2}z^2\,\mathrm{d}z=\int_0^1(ti)^2\,(ti)'\,\mathrm{d}t+\int_0^3(t+i)^2\,(t+i)'\,\mathrm{d}t=$$

$$-i\int_0^1 t^2\,\mathrm{d}t+\int_0^3(t^2+2it-1)\mathrm{d}t=-\frac{i}{3}+\frac{27}{3}+9i-3=6+\frac{26}{3}i$$

2.沿 $y=x^2$ 算出积分 $\displaystyle\int_0^{1+i}(x^2+iy)\mathrm{d}z$ 的值.

分析 将积分路线表示成参数形式，并计算 $\mathrm{d}z$ 即可获得积分结果.

解 由 $y=x^2$ 的参数方程为 $\begin{cases}x=t\\y=t^2\end{cases},0\leqslant t\leqslant 1$，或 $z=t+it^2,0\leqslant t\leqslant 1$，这样 $\mathrm{d}z=(1+2it)\mathrm{d}t$. 由公式有

$$\int_0^{1+i}(x^2+iy)\mathrm{d}z=\int_0^1(t^2+it^2)(1+2it)\mathrm{d}t=(1+i)\left(\int_0^1 t^2\,\mathrm{d}t+2i\int_0^1 t^3\,\mathrm{d}t\right)=-\frac{1}{6}+\frac{5}{6}i$$

3.设 $f(z)$ 在单连通域 B 内处处解析，C 为 B 内任何一条正向简单闭曲线，问：

$$\oint_C \mathrm{Re}\,[f(z)]\mathrm{d}z=0,\quad \oint_C \mathrm{Im}\,[f(z)]\mathrm{d}z=0$$

是否成立？如果成立，给出证明；如果不成立，举例说明.

解 不一定成立.例如：

取 $f(z)=z,C:|z|=1$，此时

$$\mathrm{Re}\,[f(z)]=x,\mathrm{Im}\,[f(z)]=y,\quad C:z=\mathrm{e}^{it}(0\leqslant t\leqslant 2\pi)$$

或

$$\begin{cases}x=\cos t\\y=\sin t\end{cases}(0\leqslant t\leqslant 2\pi),\mathrm{d}z=i\mathrm{e}^{it}\mathrm{d}t$$

由公式有

$$\oint_C \mathrm{Re}\,[f(z)]\mathrm{d}z=\int_0^{2\pi}\cos t\cdot i\mathrm{e}^{it}\,\mathrm{d}t=i\int_0^{2\pi}\cos t(\cos t+i\sin t)\mathrm{d}t=i\int_0^{2\pi}\cos^2 t\mathrm{d}t-\int_0^{2\pi}\cos t\sin t\mathrm{d}t=\pi i\neq 0$$

$$\oint_C \text{Im}\left[f(z)\right]dz = \int_0^{2\pi} \sin t \cdot \mathrm{i}e^{\mathrm{i}t}dt = \mathrm{i}\int_0^{2\pi}\sin t\cos t\,dt - \int_0^{2\pi}\sin^2 t\,dt = -\pi\mathrm{i} \neq 0$$

4.利用在单位圆周上 $\bar z = \dfrac{1}{z}$ 的性质及柯西积分公式说明 $\oint_C \bar z\,dz = 2\pi\mathrm{i}$,其中 C 为正向单位圆周 $|z| = 1$.

分析　注意到单位圆上的点满足 $z\bar z = 1$,并对照柯西积分公式选择合适的 $\varphi(z)$ 即可.

证明　显然在单位圆周 $|z| = 1$ 上 $z\bar z = 1$,则

$$\oint_C \bar z\,dz = \oint_C \frac{z\bar z}{z}dz = \oint_C \frac{1}{z}dz$$

而在柯西积分公式 $\oint_C \dfrac{\varphi(z)}{z-z_0}dz = 2\pi\mathrm{i}\varphi(z_0)$ 中取 $z_0 = 0,\varphi(z) = 1,C:|z| = 1$,易知 $\oint_C \dfrac{1}{z}dz = 2\pi\mathrm{i}$. 故

$$\oint_C \bar z\,dz = 2\pi\mathrm{i}$$

5.计算积分 $\oint_C \dfrac{\bar z}{|z|}dz$ 的值,其中 C 为正向圆周：$|z| = 4$.

分析　直接利用柯西积分公式.

解　由柯西积分公式及积分性质,则

$$\oint_C \frac{\bar z}{|z|}dz = \oint_C \frac{\bar z}{4}dz = \frac{1}{4}\oint_C \frac{z\bar z}{z}dz = 4\oint_C \frac{1}{z}dz = 8\pi\mathrm{i}$$

6.试用观察法得出下列积分的值,并说明观察时所依据的是什么,C 是正向单位圆周 $|z| = 1$.

4)$\oint_C \dfrac{dz}{z-\frac{1}{2}}$;　　5)$\oint_C z\mathrm{e}^z\,dz$;　　6)$\oint_C \dfrac{dz}{\left(z-\frac{\mathrm{i}}{2}\right)(z+2)}$.

分析　闭曲线积分可根据被积函数的解析性和已知条件,选择 C–G 定理或柯西积分公式进行求解.

解　4)直接由柯西积分公式即知,原式 $= 2\pi\mathrm{i}$.

5)被积函数 $z\mathrm{e}^z$ 在复平面上处处解析,利用 C–G 定理即知积分值为零.

6)由柯西积分公式有

$$\oint_C \frac{dz}{\left(z-\frac{\mathrm{i}}{2}\right)(z+2)} = \oint_C \frac{\frac{1}{z+2}}{z-\frac{\mathrm{i}}{2}}dz = 2\pi\mathrm{i}\left.\frac{1}{z+2}\right|_{z=\frac{\mathrm{i}}{2}} = \frac{4\pi\mathrm{i}}{4+\mathrm{i}}$$

7.沿指定曲线的正向计算下列各积分.

5)$\oint_C \dfrac{dz}{(z^2-1)(z^3-1)},C:|z| = r < 1$;

6)$\oint_C z^3\cos z\,dz,C$ 为包围 $z = 0$ 的闭曲线;

7)$\oint_C \dfrac{dz}{(z^2+1)(z^2+4)},C:|z| = \dfrac{3}{2}$;

8)$\oint_C \dfrac{\sin z}{z}dz,C:|z| = 1$;

9)$\oint_C \dfrac{\sin z}{\left(z-\frac{\pi}{2}\right)^2}dz,C:|z| = 2$;

10)$\oint_C \dfrac{\mathrm{e}^z}{z^5}dz,C:|z| = 1$.

分析　闭曲线积分可根据被积函数的解析性和已知条件,选择 C–G 定理或柯西积分公式进行求解.

解　5)考虑到被积函数 $\dfrac{1}{(z^2-1)(z^3-1)}$ 在 $|z| = r(<1)$ 上及内部解析或奇点在 $|z| = r(<1)$ 之外,

由 C–G 定理得

$$\oint_C \frac{\mathrm{d}z}{(z^2-1)(z^3-1)} = 0$$

6) 考虑到被积函数 $z^3\cos z$ 在复平面上处处解析,由 C - G 定理得

$$\oint_C z^3 \cos z \mathrm{d}z = 0$$

7) 由柯西积分公式得

$$\oint_C \frac{\mathrm{d}z}{(z^2+1)(z^2+4)} = \frac{1}{2\mathrm{i}}\left[\oint_C \frac{\frac{1}{z^2+4}}{z-\mathrm{i}}\mathrm{d}z - \oint_C \frac{\frac{1}{z^2+4}}{z+\mathrm{i}}\mathrm{d}z\right] = \frac{1}{2\mathrm{i}}\left(2\pi\mathrm{i}\frac{1}{z^2+4}\Big|_{z=\mathrm{i}} - 2\pi\mathrm{i}\frac{1}{z^2+4}\Big|_{z=-\mathrm{i}}\right) = 0$$

8) 由柯西积分公式得

$$\oint_C \frac{\sin z}{z}\mathrm{d}z = 2\pi\mathrm{i} \cdot \sin z \big|_{z=0} = 0$$

9) 由高阶导数的柯西积分公式得

$$\oint_C \frac{\sin z}{\left(z-\frac{\pi}{2}\right)^2}\mathrm{d}z = 2\pi\mathrm{i} \cdot (\sin z)' \big|_{z=\frac{\pi}{2}} = 0$$

10) 由高阶导数的柯西积分公式得

$$\oint_C \frac{\mathrm{e}^z}{z^5}\mathrm{d}z = 2\pi\mathrm{i}\frac{1}{4!}(\mathrm{e}^z)^{(4)}\big|_{z=0} = \frac{\pi\mathrm{i}}{12}$$

8.计算下列各题.

4) $\int_0^1 z\sin z\mathrm{d}z$;　　　　5) $\int_0^{\mathrm{i}}(z-\mathrm{i})\mathrm{e}^{-z}\mathrm{d}z$;　　　　6) $\int_1^{\mathrm{i}}\frac{1+\tan z}{\cos^2 z}\mathrm{d}z$　（沿 1 到 i 的直线段）.

分析　复变函数的定积分采用与实积分相同的方法进行.

解　4) $\int_0^1 z\sin z\mathrm{d}z = -\int_0^1 z(\cos z)'\mathrm{d}z = -[z\cos z]\big|_0^1 + \int_0^1 \cos z\mathrm{d}z = -\cos 1 + \sin z\big|_0^1 = \sin 1 - \cos 1$

5) $\int_0^{\mathrm{i}}(z-\mathrm{i})\mathrm{e}^{-z}\mathrm{d}z = -\int_0^{\mathrm{i}}(z-\mathrm{i})(\mathrm{e}^{-z})'\mathrm{d}z = -[(z-\mathrm{i})\mathrm{e}^{-z}]\big|_0^{\mathrm{i}} + \int_0^{\mathrm{i}}\mathrm{e}^{-z}\mathrm{d}z = -\mathrm{i} + (-\mathrm{e}^{-z})\big|_0^{\mathrm{i}} =$

$$-\mathrm{i} - \mathrm{e}^{-\mathrm{i}} + 1 = 1 - \cos 1 + \mathrm{i}(\sin 1 - 1)$$

6) $\int_1^{\mathrm{i}}\frac{1+\tan z}{\cos^2 z}\mathrm{d}z = \int_1^{\mathrm{i}}(1+\tan z)(\tan z)'\mathrm{d}z = \left[\tan z + \frac{1}{2}(\tan z)^2\right]_1^{\mathrm{i}} =$

$$\tan \mathrm{i} + \frac{1}{2}(\tan\mathrm{i})^2 - \tan 1 - \frac{1}{2}(\tan 1)^2 =$$

$$\mathrm{i}\tanh 1 - \frac{1}{2}(\tanh 1)^2 - \tan 1 - \frac{1}{2}(\tan 1)^2$$

其中,$\tan\mathrm{i} = \mathrm{i}\tanh 1$.

9.计算下列积分.

3) $\oint_{C=C_1+C_2}\frac{\cos z}{z^3}\mathrm{d}z$,其中 $C_1:|z| = 2$ 为正向,$C_2:|z| = 3$ 为负向;

4) $\oint_C \frac{\mathrm{d}z}{z-\mathrm{i}}$,其中 C 为以 $\pm\frac{1}{2}$,$\pm\frac{6}{5}\mathrm{i}$ 为顶点的正向菱形;

5) $\oint_C \frac{\mathrm{e}^z}{(z-\alpha)^3}\mathrm{d}z$,其中 α 为 $|\alpha|\neq 1$ 的任意复数,$C:|z| = 1$ 为正向.

分析　计算积分可根据被积函数的条件、积分路线,选择合适的方法,闭曲线积分可选用柯西积分公式、C - G 定理和高阶导数的柯西积分公式,计算过程中还可应用积分性质以简化积分运算.

解　3) $C_1:|z| = 2$ 为正向,$C_2:|z| = 3$ 为负向,有

$$\oint_{C=C_1+C_2}\frac{\cos z}{z^3}\mathrm{d}z = \oint_{C_1}\frac{\cos z}{z^3}\mathrm{d}z - \oint_{C_2^-}\frac{\cos z}{z^3}\mathrm{d}z$$

由高阶导数的柯西积分公式得

$$原积分 = 2\pi i \frac{1}{2!}(\cos z)''\big|_{z=0} - 2\pi i \frac{1}{2!}(\cos z)''\big|_{z=0} = 0$$

4) C 为以 $\pm\frac{1}{2}$，$\pm\frac{6}{5}i$ 为顶点的正向菱形，$z = i$ 在 C 内部，$\varphi(z) \equiv 1$ 在复平面上处处解析，由柯西积分公式 $\oint_C \frac{\varphi(z)}{z-i}dz = 2\pi i \varphi(i) = 2\pi i$，得

$$\oint_C \frac{1}{z-i}dz = 2\pi i$$

5) α 为 $|\alpha| \neq 1$ 的任意复数，$C: |z| = 1$ 为正向.

当 $|\alpha| > 1$ 时，被积函数的奇点 α 在 C 外，由 C-G 定理得积分值为零. 而当 $|\alpha| < 1$ 时奇点 α 在 C 内，由高阶导数的柯西积分公式得

$$\oint_C \frac{e^z}{(z-\alpha)^3}dz = 2\pi i \frac{1}{2!}(e^z)''\big|_{z=\alpha} = \pi i e^{\alpha}$$

10. 证明：当 C 为任何不通过原点的简单闭曲线时，$\oint_C \frac{1}{z^2}dz = 0$.

分析 由于 $z = 0$ 是被积函数的奇点，因此对不通过原点的简单闭曲线 C 应分别考察 $z = 0$ 在曲线内部还是外部的情况.

证明 1) 当 $z = 0$ 在 C 外时，由 C-G 定理得：$\oint_C \frac{1}{z^2}dz = 0$.

2) 当 $z = 0$ 在 C 内时，在高阶导数的柯西积分公式

$$\oint_C \frac{\varphi(z)}{(z-z_0)^{n+1}}dz = \frac{2\pi i}{n!}\varphi^{(n)}(z_0)$$

中取 $\varphi(z) \equiv 1, n = 1, z_0 = 0$，得

$$\oint_C \frac{1}{z^2}dz = 2\pi i \times (1)' = 0$$

12. 设区域 D 为右半平面，z 为 D 内圆周 $|z| = 1$ 的任意一点，用在 D 内的任意一条曲线 C 连接原点与 z，证明：

$$\mathrm{Re}\left[\int_0^z \frac{1}{1+\xi^2}d\xi\right] = \frac{\pi}{4}$$

证明 记 $C = C_1 + C_2$，其中 C_1 为从原点沿实轴到 1 的路线，参数方程为 $z = x(0 \leqslant x \leqslant 1)$，$C_2$ 为从 1 沿圆周 $|z| = 1$ 到 z 的路线. 由函数 $\frac{1}{1+\xi^2}$ 在 D 内解析，有

$$\int_0^z \frac{1}{1+\xi^2}d\xi = \int_{C_1}\frac{1}{1+\xi^2}d\xi + \int_{C_2}\frac{1}{1+\xi^2}d\xi = \int_0^1 \frac{1}{1+\xi^2}d\xi + \int_{C_2}\frac{1}{1+\xi^2}d\xi = \frac{\pi}{4} + \int_{C_2}\frac{1}{1+\xi^2}d\xi$$

现证 $\mathrm{Re}\left[\int_{C_2}\frac{1}{1+\xi^2}d\xi\right] = 0$：

由 $\frac{1}{1+\xi^2} = \frac{1}{2}\left(\frac{1}{1+i\xi^2} + \frac{1}{1-i\xi^2}\right) = \frac{-i}{2}\left(\ln\frac{1+i\xi}{1-i\xi}\right)'$ 及复积分的牛顿-莱布尼兹公式得

$$\int_{C_2}\frac{1}{1+\xi^2}d\xi = \frac{-i}{2}\ln\frac{1+i\xi}{1-i\xi}\bigg|_1^z = \frac{-i}{2}\left(\ln\frac{1+iz}{1-iz} - \ln\frac{1+i}{1-i}\right) =$$

$$\frac{-i}{2}\left[\ln\left|\frac{1+iz}{1-iz}\right| - \ln\left|\frac{1+i}{1-i}\right| + i\left(\arg\frac{1+iz}{1-iz} - \arg\frac{1+i}{1-i}\right)\right]$$

$$\mathrm{Re}\left[\int_{C_2}\frac{1}{1+\xi^2}d\xi\right] = \frac{1}{2}\left(\arg\frac{1+iz}{1-iz} - \arg\frac{1+i}{1-i}\right)$$

令 $z = e^{i\theta}$，则由 $z \in D$ 可知 $-\frac{\pi}{2} < \theta < \frac{\pi}{2}$. 于是有

$$\frac{1+iz}{1-iz} = \frac{1+ie^{i\theta}}{1-ie^{i\theta}} = \frac{\cos\theta}{1+\sin\theta}i, \quad \frac{\cos\theta}{1+\sin\theta} > 0, \quad \arg\frac{1+iz}{1-iz} = \frac{\pi}{2}$$

$$\frac{1+i}{1-i} = \frac{(1+i)^2}{2} = i, \quad \arg\frac{1+i}{1-i} = \frac{\pi}{2}$$

故

$$Re\left[\int_{C_2}\frac{1}{1+\xi^2}d\xi\right] = \frac{1}{2}\left(\frac{\pi}{2} - \frac{\pi}{2}\right) = 0$$

14. 设 C 为不经过 α 与 $-\alpha$ 的正向简单闭曲线，α 为不等于零的任何复数，试就 α 与 $-\alpha$ 跟 C 的各种不同位置，计算积分 $\oint_C \frac{z}{z^2-\alpha^2}dz$ 的值.

分析　考虑到 α 与 $-\alpha$ 是被积函数 $\frac{z}{z^2-\alpha^2}$ 的奇点，因此对不经过这两点的简单闭曲线，应分别考察其相对位置的几种可能情况.

解　考虑到 $\oint_C\frac{z}{z^2-\alpha^2}dz = \frac{1}{2}\oint_C\frac{1}{z-\alpha}dz + \frac{1}{2}\oint_C\frac{1}{z+\alpha}dz$，可用柯西积分公式及 C-G 定理作下述讨论:

1) 当 C 不包含 α 与 $-\alpha$ 时，$\oint_C\frac{z}{z^2-\alpha^2}dz = 0$;

2) 当 C 包含 α 与 $-\alpha$ 时，$\oint_C\frac{z}{z^2-\alpha^2}dz = \frac{1}{2}\times 2\pi i + \frac{1}{2}\times 2\pi i = 2\pi i$;

3) 当 C 包含 α 而不包含 $-\alpha$ 时，$\oint_C\frac{z}{z^2-\alpha^2}dz = \frac{1}{2}\times 2\pi i + 0i = \pi i$;

4) 当 C 包含 $-\alpha$ 而不包含 α 时，$\oint_C\frac{z}{z^2-\alpha^2}dz = 0 + \frac{1}{2}\times 2\pi i = \pi i$.

15. 设 C_1 与 C_2 为两条互不包含，也不相交的正向简单闭曲线，证明:

$$\frac{1}{2\pi i}\left[\oint_{C_1}\frac{z^2}{z-z_0}dz + \oint_{C_2}\frac{\sin z}{z-z_0}dz\right] = \begin{cases} z_0^2, & \text{当 } z_0 \text{ 在 } C_1 \text{ 内时} \\ \sin z_0, & \text{当 } z_0 \text{ 在 } C_2 \text{ 内时} \end{cases}$$

分析　针对 z_0 与两条简单闭曲线的可能位置关系，借助积分公式进行求解.

证明　1) 当 z_0 在 C_1 内时，z_0 在 C_2 外，由柯西积分公式及 C-G 定理得

$$\frac{1}{2\pi i}\left[\oint_{C_1}\frac{z^2}{z-z_0}dz + \oint_{C_2}\frac{\sin z}{z-z_0}dz\right] = \frac{1}{2\pi i}\left[2\pi i\cdot z^2\mid_{z=z_0} + 0\right] = z_0^2$$

2) 当 z_0 在 C_2 内时，z_0 在 C_1 外，同样由柯西积分公式及 C-G 定理得

$$\frac{1}{2\pi i}\left[\oint_{C_1}\frac{z^2}{z-z_0}dz + \oint_{C_2}\frac{\sin z}{z-z_0}dz\right] = \frac{1}{2\pi i}\left[0 + 2\pi i\cdot \sin z\mid_{z=z_0}\right] = \sin z_0$$

16. 设函数 $f(z)$ 在 $0 < |z| < 1$ 内解析，且沿任何圆周 $C: |z| = r, 0 < r < 1$ 的积分等于零，问 $f(z)$ 是否必须在 $z = 0$ 处解析? 试举例说明之.

解　不一定. 例如 $f(z) = \frac{1}{z^2}$ 沿任何圆周 $C: |z| = r, 0 < r < 1$ 的积分等于零(由高阶导数的柯西积分公式或复积分计算公式易知)，但 $f(z)$ 在 $z = 0$ 处不解析.

17. 设 $f(z)$ 与 $g(z)$ 在区域 D 内处处解析，C 为 D 内的任意一条简单闭曲线，它的内部全含于 D. 如果 $f(z) = g(z)$ 在 C 上所有的点处成立，试证在 C 内所有的点处 $f(z) = g(z)$ 也成立.

证明　对于任意 $z_0 \in C$，由柯西积分公式得

$$[f(z) - g(z)]\mid_{z=z_0} = \frac{1}{2\pi i}\oint_C\frac{f(z)-g(z)}{z-z_0}dz$$

由 $f(z) - g(z)$ 在 D 内解析且在 C 上 $f(z) - g(z) \equiv 0$，得

$$f(z_0) - g(z_0) = \frac{1}{2\pi i}\oint_C\frac{0}{z-z_0}dz = 0 \Rightarrow f(z_0) = g(z_0)$$

再由 z_0 的任意性，即知在 C 内所有点处 $f(z) = g(z)$.

19.设 $f(z)$ 在单连通区域 B 内处处解析,且不为零,C 为 B 内任何一条闭曲线.问积分 $\oint_C \frac{f'(z)}{f(z)} dz$ 是否等于零? 为什么?

解 积分 $\oint_C \frac{f'(z)}{f(z)} dz = 0$,因为 $f(z)$ 在 B 内解析且 $f(z) \neq 0$,所以 $f'(z)$ 与 $\frac{1}{f(z)}$ 在 B 内解析,进而 $\frac{f(z)}{f(z)}$ 在 B 内解析,由 C-G 定理即知其积分值等于零.

21.设 $f(z)$ 在区域 D 内解析,C 为 D 内的任意一条正向简单闭曲线,它的内部全含于 D,证明:对在 D 内但不在 C 上的任意一点 z_0,等式 $\oint_C \frac{f'(z)}{z - z_0} dz = \oint_C \frac{f(z)}{(z - z_0)^2} dz$ 成立.

证明 考虑到 $f(z)$ 及 $f'(z)$ 在 C 上及 D 内都解析,由柯西积分公式及 C-G 定理得

$$\oint_C \frac{f'(z)}{z - z_0} dz = \begin{cases} 2\pi i f'(z_0), & \text{当 } z_0 \text{ 在 } C \text{ 内} \\ 0, & \text{当 } z_0 \text{ 不在 } C \text{ 内} \end{cases}$$

由高阶导数的柯西积分公式及 C-G 定理得

$$\oint_C \frac{f(z)}{(z - z_0)^2} dz = \begin{cases} 2\pi i f'(z_0), & \text{当 } z_0 \text{ 在 } C \text{ 内} \\ 0, & \text{当 } z_0 \text{ 不在 } C \text{ 内} \end{cases}$$

从而有

$$\oint_C \frac{f'(z)}{z - z_0} dz = \oint_C \frac{f(z)}{(z - z_0)^2} dz$$

22.如果 $\varphi(x,y)$ 和 $\psi(x,y)$ 都具有二阶连续偏导数,且适合拉普拉斯方程,而 $s = \varphi_y - \psi_x, t = \varphi_x + \psi_y$,那么 $s + it$ 是 $x + iy$ 的解析函数.

分析 只需证明 $s + it$ 满足 C-R 方程即可.

证明 由

$$\frac{\partial t}{\partial x} = \varphi_{xx} + \psi_{yx}, \qquad \frac{\partial t}{\partial y} = \varphi_{xy} + \psi_{yy}$$

及假设: $\qquad \varphi_{xx} + \varphi_{yy} = 0, \quad \psi_{xx} + \psi_{yy} = 0, \quad \varphi_{yx} = \varphi_{xy}, \quad \psi_{xy} = \psi_{yx}$

可知 s, t 可微(有连续的一阶偏导数)且满足

$$\frac{\partial s}{\partial x} = \frac{\partial t}{\partial y}, \qquad \frac{\partial s}{\partial y} = -\frac{\partial t}{\partial x} \qquad \text{(C-R 方程)}$$

故 $s + it$ 是 $x + iy$ 的解析函数.

26.证明:一对共轭调和函数的乘积仍为调和函数.

分析 只需设出共轭调和函数,并对乘积验证拉普拉斯方程即可.

证明 设 u, v 是一对共轭调和函数(不妨设 v 是 u 的共轭调和函数),则

$$u_{xx} + u_{yy} = 0, \quad v_{xx} + v_{yy} = 0, \quad u_x = v_y, u_y = -v_x$$

于是

$$(uv)_x = u_x v + u v_x, \qquad (uv)_y = u_y v + u v_y$$

$$(uv)_{xx} = u_{xx} v + 2 u_x v_x + u v_{xx}, \qquad (uv)_{yy} = u_{yy} v + 2 u_y v_y + u v_{yy}$$

$$(uv)_{xx} + (uv)_{yy} = v(u_{xx} + u_{yy}) + 2(u_x v_x + u_y v_y) + u(v_{xx} + v_{yy}) = 0$$

从而乘积 uv 仍为调和函数.

27.如果 $f(z) = u + iv$ 是一解析函数,试证:

$$\frac{\partial^2 |f(z)|^2}{\partial x^2} + \frac{\partial^2 |f(z)|^2}{\partial y^2} = 4(u_x^2 + v_x^2) = 4 |f'(z)|^2$$

分析 对等式左端进行整理计算,使之等于右边即可.

证明 由 $|f(z)|^2 = u^2 + v^2$ 及解析函数 $f(z) = u + iv$ 的虚部 v 是 u 的共轭调和函数,即

$$u_{xx} + u_{yy} = 0, \quad v_{xx} + v_{yy} = 0, \quad u_x = v_y, \quad u_y = -v_x, \quad f'(z) = u_x + iv_x$$

$$\frac{\partial^2 |f(z)|^2}{\partial x^2} + \frac{\partial^2 |f(z)|^2}{\partial y^2} = 2u u_{xx} + 2(u_x)^2 + 2v v_{xx} + 2(v_x)^2 + 2u u_{yy} + 2(u_y)^2 + 2v v_{yy} + 2(v_y)^2 =$$

$$2u(u_{xx} + u_{yy}) + 2[(u_x)^2 + (v_x)^2 + (u_y)^2 + (v_y)^2] + 2v(v_{xx} + v_{yy}) =$$

$$2[(u_x)^2 + (v_x)^2 + (-v_x)^2 + (u_x)^2] = 4[(u_x)^2 + (v_x)^2] = 4 |f'(z)|^2$$

29.求具有下列形式的所有调和函数 u.

2)$u = f\left(\dfrac{y}{x}\right)$.

解 令 $t = \dfrac{y}{x}$,可知

$$u_x = f'(t)\dfrac{-y}{x^2}, \quad u_{xx} = f''(t)\dfrac{y^2}{x^4} + f'(t)\dfrac{2y}{x^3}$$

$$u_y = f'(t)\dfrac{1}{x}, \quad u_{yy} = f''(t)\dfrac{1}{x^2}$$

由 u 是调和函数,满足拉普拉斯方程,整理得

$$f''(t)(1+t^2) + f'(t)\cdot 2t = 0$$

于是

$$\dfrac{\mathrm{d}f'(t)}{f'(t)} = -\dfrac{2t}{1+t^2}\mathrm{d}t \Rightarrow f'(t) = \dfrac{C_1}{1+t^2}$$

进而 $f(t) = C_1\arctan\dfrac{y}{x} + C_2$,故形如 $u = f\left(\dfrac{y}{x}\right)$ 的调和函数为 $u = C_1\arctan\dfrac{y}{x} + C_2$,其中 C_1, C_2 为任意实常数.

30.由下列各已知调和函数求解析函数 $f(z) = u + \mathrm{i}v$.

3)$u = 2(x-1)y, \quad f(2) = -\mathrm{i}$;

4)$v = \arctan\dfrac{y}{x}, \quad x > 0$

分析 一般采用偏积分方法或不定积分法.

解 3)由 C-R 方程得

$$\dfrac{\partial v}{\partial x} = -\dfrac{\partial u}{\partial y} = -2(x-1) \tag{3.4}$$

$$\dfrac{\partial v}{\partial y} = -\dfrac{\partial u}{\partial x} = 2y \tag{3.5}$$

由式(3.4)得

$$v = -\int 2(x-1)\mathrm{d}x + g(y) = -(x-1)^2 + g(y)$$

代入式(3.5)得

$$g'(y) = 2y \Rightarrow g(y) = y^2 + C$$

从而有

$$v(x,y) = -(x-1)^2 + y^2 + C$$

$$f(z) = u + \mathrm{i}v = 2(x-1)y + \mathrm{i}[-(x-1)^2 + y^2 + C] = -\mathrm{i}(z-1)^2 + \mathrm{i}C$$

又

$$f(2) = -\mathrm{i} \Rightarrow -\mathrm{i} + \mathrm{i}C = -\mathrm{i} \Rightarrow C = 0$$

即

$$f(z) = -\mathrm{i}(z-1)^2$$

4)由 C-R 方程得

$$\dfrac{\partial u}{\partial x} = \dfrac{\partial v}{\partial y} = \dfrac{x}{x^2+y^2} \tag{3.6}$$

$$\dfrac{\partial u}{\partial y} = -\dfrac{\partial v}{\partial x} = \dfrac{y}{x^2+y^2} \tag{3.7}$$

由式(3.6)得

$$u = \int \dfrac{x}{x^2+y^2}\mathrm{d}x + g(y) = \dfrac{1}{2}\ln(x^2+y^2) + g(y)$$

由式(3.7)得

$$\dfrac{y}{x^2+y^2} + g'(y) = \dfrac{y}{x^2+y^2}, \quad g'(y) = 0 \Rightarrow g(y) = C(实常数)$$

故
$$u(x,y) = \frac{1}{2}\ln(x^2 + y^2) + C$$

即
$$f(z) = u + iv = \frac{1}{2}\ln(x^2 + y^2) + C + i\arctan\frac{y}{x} = \ln z + C$$

31. 设 $v = e^{px}\sin y$，求 p 的值使 v 为调和函数，并求出解析函数 $f(z) = u + iv$.

分析　由 v 满足拉普拉斯方程可获得 p 的值，再利用偏积分法或不定积分法求解析函数 $f(z)$.

证明　显然
$$\frac{\partial v}{\partial x} = pe^{px}\sin y, \quad \frac{\partial v}{\partial y} = e^{px}\cos y$$

$$\frac{\partial^2 v}{\partial x^2} = p^2 e^{px}\sin y, \quad \frac{\partial^2 v}{\partial y^2} = -e^{px}\sin y$$

由 $v_{xx} + v_{yy} = (p^2 - 1)e^{px}\sin y = 0$，得 $p = \pm 1$.

由 C - R 方程得

$$\frac{\partial u}{\partial x} = \frac{\partial v}{\partial y} = e^{px}\cos y \tag{3.8}$$

$$\frac{\partial u}{\partial y} = -\frac{\partial v}{\partial x} = -pe^{px}\sin y \tag{3.9}$$

由式(3.8) 得

$$u = \int e^{px}\cos y dx + g(y) = \frac{1}{p}e^{px}\cos y + g(y)$$

代入式(3.9) 后，得

$$-\frac{1}{p}e^{px}\sin y + g'(y) = -pe^{px}\sin y = g'(y) = 0, g(y) = C(任意实常数)$$

因此

$$u(x,y) = \frac{1}{p}e^{px}\cos y + C$$

$$f(z) = u + iv = \frac{1}{p}e^{px}\cos y + C + ie^{px}\sin y = \begin{cases} e^z + C, & 当 p = 1 时 \\ -e^{-z} + C, & 当 p = -1 时 \end{cases}$$

第4章 级 数

4.1 内容导教

类似于实函数理论,级数也是复变函数理论的重要组成部分.

(1)应用"类比教学法",把实变函数理论中有关级数的概念和定理推广至复变函数理论中,引出复数列、复数项级数和复变函数项级数(包括泰勒级数)的概念和定理.

(2)应用"倒代换法",由正幂级数引出负幂级数,从而引进复变函数理论所特有的洛朗级数,并基于"求正幂级数收敛范围"的方法确定洛朗级数的收敛范围.

4.2 内容导学

4.2.1 内容要点精讲

一、教学基本要求

(1)了解复数列的极限、复数项级数、复变函数项级数等概念.

(2)掌握复数列收敛、复数项级数收敛的条件和判别方法.

(3)理解复变幂级数的定义和阿贝尔收敛定理.

(4)掌握复变幂级数的收敛半径和收敛域的求法;了解幂级数的运算和性质.

(5)理解复变泰勒级数的概念和泰勒展开定理,掌握复变函数展开成泰勒级数的条件和基本方法.

(6)理解洛朗级数的概念和洛朗展开定理,掌握复变函数展开成洛朗级数的条件和基本方法.

二、主要内容精讲

级数也是复变函数理论的重要组成部分,复数列、复数项级数和复变函数项级数(包括泰勒级数)的概念和定理都是实数范围内的相应内容的直接推广.但是,由正、负整次幂项所组成的洛朗级数却是复变函数理论所特有的.

(一)复数列与复数项级数

1.复数列的极限

定义 4.1 (复数列的极限) 设 $\{\alpha_n = a_n + ib_n\}(n=1,2,\cdots)$ 为一复数列,$\alpha = a + ib$ 为一确定复数,则
$$\lim_{n\to\infty}\alpha_n = \alpha \overset{\triangle}{\Leftrightarrow} \text{对于任意 } \varepsilon > 0, \text{存在 } N = N(\varepsilon) > 0, \text{使当 } n > N \text{ 时},有 \mid \alpha_n - \alpha \mid < \varepsilon.$$

定理 4.1 (复数列收敛的充要条件) 设 $\{\alpha_n = a_n + ib_n\}(n=1,2,\cdots)$ 为一复数列,$\alpha = a + ib$ 为一确定复数,则 $\lim_{n\to\infty}\alpha_n = \alpha \Leftrightarrow \lim_{n\to\infty}a_n = a, \lim_{n\to\infty}b_n = b.$

证明 $\lim_{n\to\infty}\alpha_n = \alpha \Leftrightarrow$ 对于任意 $\varepsilon > 0$,存在 $N = N(\varepsilon) > 0$,使当 $n > N$ 时,有 $\mid \alpha_n - \alpha \mid < \varepsilon.$

即
$$\mid (a_n + ib_n) - (a + ib) \mid = \mid (a_n - a) + i(b_n - b) \mid < \varepsilon$$

从而有
$$\mid a_n - a \mid < \varepsilon, \quad \mid b_n - b \mid < \varepsilon$$

即
$$\lim_{n \to \infty} a_n = a, \quad \lim_{n \to \infty} b_n = b$$

反过来,$\lim_{n \to \infty} a_n = a, \lim_{n \to \infty} b_n = b \Rightarrow$ 对于任意 $\varepsilon > 0$,存在 $N = N(\varepsilon)$,当 $n > N$ 时,同时有

$$|a_n - a| < \varepsilon/2, \quad |b_n - b| < \varepsilon/2$$

从而有
$$|\alpha_n - \alpha| = |(a_n + \mathrm{i}b_n) - (a + \mathrm{i}b)| = |(a_n - a) + \mathrm{i}(b_n - b)| \leqslant |a_n - a| + |b_n - b| < \varepsilon$$

即
$$\lim_{n \to \infty} \alpha_n = \alpha$$

[注] 一个复数列的极限问题等价于两个实数列的极限问题.

2. 复数项级数及其收敛性的概念

定义 4.2 (复数项级数及其敛散性) 设 $\{\alpha_n = a_n + \mathrm{i}b_n\}(n = 1, 2, \cdots)$ 为一复数列,$s = \sigma + \mathrm{i}\tau$ 为一确定复数,则定义复数项无穷级数(简称级数):

$$\sum_{n=1}^{\infty} \alpha_n = \alpha_1 + \alpha_2 + \cdots + \alpha_n + \cdots$$

级数的部分和:

$$s_n = \sum_{k=1}^{n} \alpha_k = \alpha_1 + \alpha_2 + \cdots + \alpha_n$$

级数 $\sum_{n=1}^{\infty} \alpha_n$ 收敛于 $s \overset{\Delta}{\Longleftrightarrow}$ 部分和数列 $\{s_n\}$ 收敛于 s,即 $\sum_{n=1}^{\infty} \alpha_n = s \overset{\Delta}{\Longleftrightarrow} \lim_{n \to \infty} s_n = s.$

级数 $\sum_{n=1}^{\infty} \alpha_n$ 发散 $\overset{\Delta}{\Longleftrightarrow}$ 部分和数列 $\{s_n\}$ 发散.

定理 4.2 (复数项级数收敛的充要条件) 设 $\{\alpha_n = a_n + \mathrm{i}b_n\}(n = 1, 2, \cdots)$ 为一复数列,$s = \sigma + \mathrm{i}\tau$ 为一确定复数,则

$$\sum_{n=1}^{\infty} \alpha_n = s \iff \sum_{n=1}^{\infty} a_n = \sigma, \quad \sum_{n=1}^{\infty} b_n = \tau$$

证明 $s_n = (a_1 + a_2 + \cdots + a_n) + \mathrm{i}(b_1 + b_2 + \cdots + b_n) = \sigma_n + \mathrm{i}\tau_n, \quad s = \sigma + \mathrm{i}\tau$

$$\sum_{n=1}^{\infty} \alpha_n = s \iff \lim_{n \to \infty} s_n = s \iff \lim_{n \to \infty} \sigma_n = \sigma, \quad \lim_{n \to \infty} \tau_n = \tau \iff \sum_{n=1}^{\infty} a_n = \sigma, \quad \sum_{n=1}^{\infty} b_n = \tau$$

[注] 一个复数项级数的审敛问题等价于两个实数项级数的审敛问题.

推论 (复数项级数收敛的必要条件) 级数 $\sum_{n=1}^{\infty} \alpha_n$ 收敛 $\Rightarrow \lim_{n \to \infty} \alpha_n = 0.$

证明 级数 $\sum_{n=1}^{\infty} \alpha_n$ 收敛 $\Rightarrow \sum_{n=1}^{\infty} a_n, \sum_{n=1}^{\infty} b_n$ 都收敛 $\Rightarrow \lim_{n \to \infty} a_n = 0, \lim_{n \to \infty} b_n = 0 \Rightarrow \lim_{n \to \infty} \alpha_n = 0$

3. 复数项级数的绝对收敛与条件收敛

定义 4.3 (复数项级数的绝对收敛与条件收敛) 如果级数 $\sum_{n=1}^{\infty} |\alpha_n|$ 收敛,则称级数 $\sum_{n=1}^{\infty} \alpha_n$ 绝对收敛;如果级数 $\sum_{n=1}^{\infty} |\alpha_n|$ 发散,而级数 $\sum_{n=1}^{\infty} \alpha_n$ 收敛,则称级数 $\sum_{n=1}^{\infty} \alpha_n$ 条件收敛.

定理 4.3 (复数项级数绝对收敛的充要条件) 设 $\{\alpha_n = a_n + \mathrm{i}b_n\}(n = 1, 2, \cdots)$ 为一复数列,则级数 $\sum_{n=1}^{\infty} |\alpha_n|$ 收敛的充要条件是:级数 $\sum_{n=1}^{\infty} |a_n|$ 和 $\sum_{n=1}^{\infty} |b_n|$ 都收敛.

证明 这是正项级数的收敛关系问题,可以采用正项级数的审敛法.

由于 $|\alpha_n| = \sqrt{a_n^2 + b_n^2}, \quad |a_n| \leqslant \sqrt{a_n^2 + b_n^2} = |\alpha_n|, \quad |b_n| \leqslant \sqrt{a_n^2 + b_n^2} = |\alpha_n|$

如果级数 $\sum_{n=1}^{\infty} |\alpha_n|$ 收敛,则由正项级数的比较审敛法,级数 $\sum_{n=1}^{\infty} |a_n|$ 和 $\sum_{n=1}^{\infty} |b_n|$ 都收敛.

反过来,由于 $|\alpha_n| = \sqrt{a_n^2 + b_n^2} \leqslant |a_n| + |b_n|$,如果级数 $\sum\limits_{n=1}^{\infty} |a_n|$ 和 $\sum\limits_{n=1}^{\infty} |b_n|$ 都收敛,则级数 $\sum\limits_{n=1}^{\infty} (|a_n| + |b_n|)$ 收敛,再由正项级数的比较审敛法,级数 $\sum\limits_{n=1}^{\infty} |\alpha_n|$ 收敛.

定理 4.4 (级数绝对收敛与收敛的关系) 如果级数 $\sum\limits_{n=1}^{\infty} |\alpha_n|$ 收敛,则级数 $\sum\limits_{n=1}^{\infty} \alpha_n$ 一定收敛,且

$$\left| \sum_{n=1}^{\infty} \alpha_n \right| \leqslant \sum_{n=1}^{\infty} |\alpha_n|$$

证明 如果级数 $\sum\limits_{n=1}^{\infty} |\alpha_n|$ 收敛,则级数 $\sum\limits_{n=1}^{\infty} |a_n|$ 和 $\sum\limits_{n=1}^{\infty} |b_n|$ 都收敛,因而级数 $\sum\limits_{n=1}^{\infty} a_n$ 和 $\sum\limits_{n=1}^{\infty} b_n$ 都收敛,因而级数 $\sum\limits_{n=1}^{\infty} \alpha_n$ 收敛.此时

$$\left| \sum_{n=1}^{\infty} \alpha_n \right| = |\lim s_n| = \lim_{n \to \infty} |s_n| \leqslant \lim_{n \to \infty} \sum_{k=1}^{n} |\alpha_n| = \sum_{n=1}^{\infty} |\alpha_n|$$

4. 复数项级数收敛性的判别方法

方法 1:应用正项级数的判别法证明级数绝对收敛,因而原级数收敛.

方法 2:应用级数绝对收敛的充要条件证明级数绝对收敛,因而原级数收敛.

方法 3:应用级数收敛的充要条件证明级数收敛.

(二) 幂级数

1. 函数数项级数

定义 4.4 (函数项级数及其收敛性) 设 $\{f_n(z)\} (n = 1, 2, \cdots)$ 为一定义在区域 D 内的复变函数列,$z_0 \in D$,则定义复变函数项级数:

$$\sum_{n=1}^{\infty} f_n(z) = f_1(z) + f_2(z) + \cdots f_n(z) + \cdots$$

级数 $\sum\limits_{n=1}^{\infty} f_n(z)$ 的部分和函数:

$$s_n(z) = \sum_{k=1}^{n} f_k(z) = f_1(z) + f_2(z) + \cdots + f_n(z)$$

级数 $\sum\limits_{n=1}^{\infty} f_n(z)$ 在 z_0 收敛 $\Leftrightarrow \lim\limits_{n \to \infty} s_n(z_0) = s(z_0)$ 存在(也称 z_0 是级数 $\sum\limits_{n=1}^{\infty} f_n(z)$ 的收敛点).

级数 $\sum\limits_{n=1}^{\infty} f_n(z)$ 在 D 内收敛 $\overset{\triangle}{\Leftrightarrow}$ 对于任意 $z \in D$,$\lim\limits_{n \to \infty} s_n(z) = s(z)$ 存在 $\overset{\triangle}{\Leftrightarrow}$ 级数 $\sum\limits_{n=1}^{\infty} f_n(z)$ 在 D 内处处收敛,且其和函数为

$$s(z) = \lim_{n \to \infty} s_n(z) = f_1(z) + f_2(z) + \cdots + f_n(z) + \cdots, \quad z \in D$$

2. 复变幂级数(通项为幂函数的函数项级数)

复变幂级数的一般式:

$$\sum_{n=1}^{\infty} c_n (z - z_0)^n = c_0 + c_1 (z - z_0) + c_2 (z - z_0)^2 + \cdots + c_n (z - z_0)^n + \cdots$$

复变幂级数的标准式:

$$\sum_{n=1}^{\infty} c_n z^n = c_0 + c_1 z + c_2 z^2 + \cdots + c_n z^n + \cdots$$

复变幂级数的收敛定理(与实变幂级数类似):

定理 4.5 (阿贝尔定理) 如果幂级数 $\sum\limits_{n=1}^{\infty} c_n z^n$ 在 $z = z_0 (\neq 0)$ 收敛,则当 $|z| < |z_0|$ 时,级数必绝对

收敛；如果幂级数 $\sum\limits_{n=1}^{\infty} c_n z^n$ 在 $z = z_0 (\neq 0)$ 发散，则当 $|z| > |z_0|$ 时，级数必发散.

证明　级数 $\sum\limits_{n=1}^{\infty} c_n z_0^n$ 收敛，则 $\lim\limits_{n \to \infty} c_n z_0^n = 0$，从而存在 $M > 0$，使得 $|c_n z_0^n| \leqslant M$.

故当 $|z| < |z_0|$ 时，有

$$0 < \left| \frac{z}{z_0} \right| = q < 1, \quad |c_n z^n| = \left| c_n z_0^n \cdot \frac{z}{z_0} \right|^n \leqslant M q^n$$

由于等比级数 $\sum\limits_{}^{} q^n$ 收敛，故由正项级数的比较审敛法知，级数 $\sum\limits_{n=1}^{\infty} c_n z^n$ 绝对收敛.

反过来，如果幂级数 $\sum\limits_{n=1}^{\infty} c_n z^n$ 在 $z = z_0 (\neq 0)$ 发散，但存在 $z_1 (|z_1| > |z_0|)$，级数 $\sum\limits_{n=1}^{\infty} c_n z_1^n$ 收敛. 那么，级数 $\sum\limits_{n=1}^{\infty} c_n z_0^n$ 绝对收敛，与已知 $\sum\limits_{n=1}^{\infty} c_n z^n$ 在 $z = z_0 (\neq 0)$ 发散矛盾.

[注]　阿贝尔定理表明：幂级数 $\sum\limits_{n=1}^{\infty} c_n z^n$ 的收敛范围分下述 3 种情况：

(1) 对所有正实数都收敛，从而在复平面内处处收敛.

(2) 对所有正实数都发散，从而级数在除 $z = 0$ 外的复平面内处处发散.

(3) 在一个以原点为中心、半径为 $R (R > 0)$ 的圆域内收敛：必然存在唯一的正数 R，使得在圆周 C_R：$|z| = R$ 的内部，级数 $\sum\limits_{n=1}^{\infty} c_n z^n$ 绝对收敛；在圆周 C_R：$|z| = R$ 的外部，级数 $\sum\limits_{n=1}^{\infty} c_n z^n$ 必发散（见图 4-1）.

事实上，若存在正实数 α，级数 $\sum\limits_{n=1}^{\infty} c_n \alpha^n$ 收敛，也存在正实数 β，级数 $\sum\limits_{n=1}^{\infty} c_n \beta^n$ 发散. 那么，在圆周 C_α：$|z| = |\alpha|$ 的内部，级数 $\sum\limits_{n=1}^{\infty} c_n z^n$ 绝对收敛，在圆周 C_β：$|z| = |\beta|$ 的外部，级数 $\sum\limits_{n=1}^{\infty} c_n z^n$ 必发散，因而必有 $\alpha < \beta$. α 可以逐渐增大，β 可以逐渐减小，因此，必然存在唯一的正数 R，使得在圆周 C_R：$|z| = R$ 的内部，级数 $\sum\limits_{n=1}^{\infty} c_n z^n$ 绝对收敛，在圆周 C_R：$|z| = R$ 的外部，级数 $\sum\limits_{n=1}^{\infty} c_n z^n$ 必发散. 而在圆周 C_R：$|z| = R$ 上，级数 $\sum\limits_{n=1}^{\infty} c_n z^n$ 可能在某些点处收敛，某些点处发散.

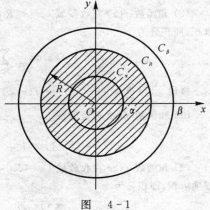

图　4-1

　3. 幂级数的收敛圆与收敛半径

(1) 收敛圆：复平面上幂级数 $\sum\limits_{n=1}^{\infty} c_n z^n$ 的绝对收敛圆域与发散

域的分界圆周 C_R：$|z| = R$ 称为级数的 $\sum\limits_{n=1}^{\infty} c_n z^n$ 收敛圆. 在收敛圆的内部，级数绝对收敛，在收敛圆的外部，级数发散.

(2) 收敛半径：幂级数的收敛圆的半径称为幂级数的收敛半径.

　4. 幂级数的收敛半径和收敛域的求法

(1) 和函数法. 求出和函数，和函数的定义域就是幂级数的收敛圆域，收敛圆域的半径即为收敛半径.

(2) 比值法.

如果 $\lim\limits_{n \to \infty} \left| \dfrac{c_{n+1}}{c_n} \right| = \lambda \neq 0$，则收敛半径为 $R = \dfrac{1}{\lambda}$，收敛域为 $|z| < R$；

如果 $\lambda = 0$，则收敛半径为 $R = +\infty$，收敛域为整个复平面；

如果 $\lambda = +\infty$，则收敛半径为 $R = 0$，级数只在 $z = 0$ 收敛.

(3) 根值法. 如果 $\lim\limits_{n \to \infty} \sqrt[n]{|c_n|} = \mu$，则收敛半径为 $R = \dfrac{1}{\mu}$.

(4) 正向级数比值判别法. 令

$$\lim_{n \to \infty} \left| \frac{c_{n+1} z^{n+1}}{c_n z^n} \right| = \lim \left| \frac{c_{n+1}}{c_n} \right| |z| = 1$$

则可得 $|z| = R$，则收敛半径即为 R，收敛域为 $|z| < R$.

5. 幂级数的运算和性质（类似于实变幂级数）

定理 4.6　（幂级数的有理运算）设 $\sum\limits_{n=1}^{\infty} \alpha_n z^n = f(z), R = r_1, \sum\limits_{n=1}^{\infty} \beta_n z^n = g(z), R = r_2$，则

$$\sum_{n=1}^{\infty} (\alpha_n \pm \beta_n) z^n = \sum_{n=1}^{\infty} \alpha_n z^n \pm \sum_{n=1}^{\infty} \beta_n z^n = f(z) \pm g(z), \quad R = \min(r_1, r_2)$$

$$\sum_{n=1}^{\infty} \left(\sum_{k=1}^{n} \alpha_{n-k} \beta_k \right) z^n = \left(\sum_{n=1}^{\infty} \alpha_n z^n \right) \left(\sum_{n=1}^{\infty} \beta_n z^n \right) = f(z) g(z), \quad R = \min(r_1, r_2)$$

定理 4.7　（幂级数的分析性质）　设 $\sum\limits_{n=1}^{\infty} \alpha_n z^n = f(z), |z| < R$，则

(1) 和函数 $f(z)$ 在收敛域 $|z| < R$ 内处处解析，并且在收敛域内可以逐项求导，即导函数为

$$f'(z) = \sum_{n=1}^{\infty} (\alpha_n z^n)' = \sum_{n=1}^{\infty} n \alpha_n z^{n-1}, \quad |z| < R$$

(2) 和函数 $f(z)$ 在收敛域 $|z| < R$ 内沿任意光滑（或分段光滑）曲线 C 可积，并且在收敛域内可以逐项求积，即积分为

$$\int_C f(z) \mathrm{d}z = \sum_{n=1}^{\infty} \int_C \alpha_n z^n \mathrm{d}z = \sum_{n=1}^{\infty} \frac{\alpha_n}{n+1} z^{n+1}, \quad |z| < R$$

推论　设 $\sum\limits_{n=1}^{\infty} \alpha_n (z - z_0)^n = f(z), |z - z_0| < R$，则

(1) 和函数 $f(z)$ 在收敛域 $|z - z_0| < R$ 内处处解析，并且在收敛域内可以逐项求导，即导函数为

$$f'(z) = \sum_{n=1}^{\infty} [\alpha_n (z - z_0)^n]' = \sum_{n=1}^{\infty} n \alpha_n (z - z_0)^{n-1}, \quad |z - z_0| < R$$

(2) 和函数 $f(z)$ 在收敛域 $|z - z_0| < R$ 内沿任意光滑（或分段光滑）曲线 C 可积，并且在收敛域内可以逐项求积，即积分为

$$\int_C f(c) \mathrm{d}z = \sum_{n=1}^{\infty} \int_C \alpha_n (z - z_0)^n \mathrm{d}z = \sum_{n=1}^{\infty} \frac{\alpha_n}{n+1} (z - z_0)^{n+1}, \quad |z - z_0| < R$$

（三）圆域内的解析函数展开成泰勒级数

问题　既然幂级数的和函数在其收敛圆的内部是解析函数，那么反过来，一个解析函数能否用一个幂级数来表达呢？

分析　设 $f(z)$ 在 D 内解析，则由柯西积分公式可知，对于任意 $z \in D$，$f(z)$ 可由 D 内的任何一个包围 z 的圆周 $K: |\xi - z_0| = r$（见图 4-2）上的积分表示为

$$f(z) = \frac{1}{2\pi i} \oint_K \frac{f(\xi)}{\xi - z} \mathrm{d}\xi = \frac{1}{2\pi i} \oint_K \frac{f(\xi)}{(\xi - z_0) - (z - z_0)} \mathrm{d}\xi = \frac{1}{2\pi i} \oint_K \frac{f(\xi)}{\xi - z_0} \frac{1}{1 - \dfrac{z - z_0}{\xi - z_0}} \mathrm{d}\xi =$$

$$\frac{1}{2\pi i} \oint_K \frac{f(\xi)}{\xi - z_0} \sum_{n=0}^{\infty} \left(\frac{z - z_0}{\xi - z_0} \right)^n \mathrm{d}\xi =$$

$$\sum_{n=0}^{N-1} \left[\frac{1}{2\pi i} \oint_K \frac{f(\xi) \mathrm{d}\xi}{(\xi - z_0)^{n+1}} \right] (z - z_0)^n + \frac{1}{2\pi i} \oint_K \left[\sum_{n=N}^{\infty} \frac{f(\xi)}{(\xi - z_0)^{n+1}} (z - z_0)^n \right] \mathrm{d}\xi =$$

$$\sum_{n=0}^{N-1} \frac{f^{(n)}(z_0)}{n!}(z-z_0)^n + R_N(z)$$

其中

$$R_N(z) = \frac{1}{2\pi i}\oint_K \left[\sum_{n=N}^{\infty} \frac{f(\xi)}{(\xi-z_0)^{n+1}}(z-z_0)^n\right]d\xi$$

由于 $f(z)$ 在 D 内解析,故 $f(z)$ 在 K 上连续并有界,设 $|f(z)| \leqslant M$,则

$$|R_N(z)| \leqslant \frac{1}{2\pi}\oint_K \left[\sum_{n=N}^{\infty} \frac{|f(\xi)|}{|\xi-z_0|}\left|\frac{z-z_0}{\xi-z_0}\right|^n\right]ds \leqslant \frac{1}{2\pi}\sum_{n=N}^{\infty} \frac{M}{r}\left(\frac{|z-z_0|}{r}\right)^n \cdot 2\pi r$$

若令 $\left|\dfrac{z-z_0}{\xi-z_0}\right| = \dfrac{|z-z_0|}{r} = q$,则

$$|R_N(z)| \leqslant \frac{1}{2\pi}\sum_{n=N}^{\infty} \frac{M}{r}q^n \cdot 2\pi r = \frac{Mq^N}{1-q} \to 0 \quad (N \to \infty)$$

从而有

$$f(z) = \sum_{n=0}^{\infty} \frac{f^{(n)}(z_0)}{n!}(z-z_0)^n$$

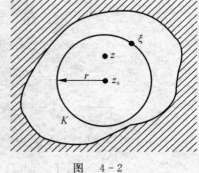

图　4 - 2

1.泰勒级数与泰勒展开定理

定义 4.5　（泰勒级数）　设 $f(z)$ 在 D 内解析,$z_0 \in D$,则称幂级数

$$\sum_{n=0}^{\infty} \frac{f^{(n)}(z_0)}{n!}(z-z_0)^n$$

为 $f(z)$ 在 z_0 的泰勒(Taylor)级数,而称

$$f(z) = \sum_{n=0}^{\infty} \frac{f^{(n)}(z_0)}{n!}(z-z_0)^n$$

为 $f(z)$ 在 z_0 的泰勒展开式.

定理 4.8　（泰勒展开定理——圆域内的解析函数展开成泰勒级数）　设 $f(z)$ 在 D 内解析,$z_0 \in D$,$R = \min\limits_{z \in \partial D}|z-z_0|$,即 R 为 z_0 到 D 的边界 ∂D 上各点的最短距离.那么,当 $|z-z_0| < R$ 时,唯一成立:

$$f(z) = \sum_{n=0}^{\infty} \frac{f^{(n)}(z_0)}{n!}(z-z_0)^n$$

[注]　（1）泰勒展开定理表明:D 内的解析函数 $f(z)$ 展开成幂级数的结果是唯一的,即泰勒级数;并且在 z_0 展开成泰勒级数的范围是一个中心为 z_0、半径为 $R = \min\limits_{z \in \partial D}|z-z_0|$ 的圆域.

（2）如果 $f(z)$ 在 D 内有奇点 $z_k(k=1,2,\cdots,m)$,则 $f(z)$ 在 z_0 展开成泰勒级数的范围是一个中心为 z_0、半径为 $R = \min\limits_{1\leqslant k\leqslant m}|z_k-z_0|$ 的圆域.

（3）在以 z_0 为中心的圆域内的解析函数 $f(z)$,可以在该圆域内展开成关于 $z-z_0$ 的幂级数,即泰勒级数:

$$f(z) = \sum_{n=0}^{\infty} \frac{f^{(n)}(z_0)}{n!}(z-z_0)^n$$

2.解析函数展开成泰勒级数的方法（类似于一元实函数的泰勒展开）

（1）直接法.

第一步:确定收敛半径 R 和收敛圆域 $|z-z_0| < R$.

如果 $f(z)$ 在 D 内处处解析,则 $f(z)$ 在 z_0 展开成泰勒级数的范围是一个中心为 z_0、半径为 $R = \min\limits_{z \in \partial D}|z-z_0|$ 的圆域.

如果 $f(z)$ 在 D 内有奇点 $z_k(k=1,2,\cdots,m)$,则 $f(z)$ 在 z_0 展开成泰勒级数的范围是一个中心为 z_0、半径为 $R = \min\limits_{1\leqslant k\leqslant m}|z_k-z_0|$ 的圆域.

第二步:求 $f(z)$ 在 z_0 的各阶导数值 $f^{(n)}(z_0)$.

三导

第三步:写出泰勒展开式 $f(z) = \sum\limits_{n=0}^{\infty} \dfrac{f^{(n)}(z_0)}{n!}(z-z_0)^n$, $|z-z_0| < R$.

(2) 间接法.

以"展开式唯一性"为依据,借助于一些已知函数的展开式,利用幂级数的运算性质和分析性质求得函数的泰勒展开式.

3. 常见函数的泰勒展开式:

$$e^z = 1 + z + \frac{z^2}{2!} + \frac{z^3}{3!} + \cdots + \frac{z^n}{n!} + \cdots, \quad |z| < +\infty$$

$$\sin z = z - \frac{z^3}{3!} + \frac{z^5}{5!} - \cdots + (-1)^n \frac{z^{2n+1}}{(2n+1)!} + \cdots, \quad |z| < +\infty$$

$$\cos z = 1 - \frac{z^2}{2!} + \frac{z^4}{4!} - \cdots + (-1)^n \frac{z^{2n}}{(2n)!} + \cdots, \quad |z| < +\infty$$

$$\frac{1}{1-z} = 1 + z + z^2 + z^3 + \cdots + z^n + \cdots, \quad |z| < 1$$

$$\frac{1}{1+z} = -1 - z + z^2 - z^3 + \cdots + (-1)^n z^n + \cdots, \quad |z| < 1 \quad (\text{见图 } 4-3)$$

$$\ln(1+z) = \int_0^z \frac{1}{1+z} dz = z - \frac{z^2}{2} + \frac{z^3}{3} - \frac{z^4}{4} + \cdots + (-1)^n \frac{z^{n+1}}{n+1} + \cdots, \quad |z| < 1$$

$$\frac{1}{(1+z)^2} = \left(-\frac{1}{1+z}\right)' = 1 - 2z + 3z^2 - 4z^3 + \cdots + (-1)^n n z^{n-1}, \quad |z| < 1$$

$$(1+z)^\alpha = 1 + \alpha z + \frac{\alpha(\alpha-1)}{2!} z^2 + \frac{\alpha(\alpha-1)(\alpha-2)}{3!} z^3 + \cdots +$$
$$\frac{\alpha(\alpha-1)\cdots(\alpha-n+1)}{n!} z^n + \cdots, \quad |z| < 1$$

(四) 圆环域内的解析函数展开成洛朗级数

问题　$f(z)$ 在 z_0 不解析,但在以 z_0 为中心的圆环内解析,那么,$f(z)$ 又能用什么样的级数来表示呢? 这就是下面要讲的函数展开为洛朗级数的问题.

该问题的解决也为下一章研究解析函数在孤立奇点邻域内的性质和引进留数有关内容打下了必要的基础.

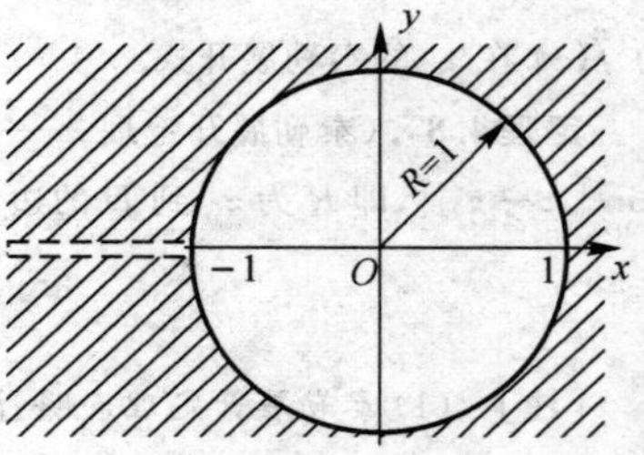

图　4-3

1. 负幂项级数及其收敛性

负幂项级数的一般形式为

$$\sum_{n=1}^{\infty} c_{-n}(z-z_0)^{-n} = c_{-1}(z-z_0)^{-1} + c_{-2}(z-z_0)^{-2} + \cdots + c_{-n}(z-z_0)^{-n} + \cdots$$

负幂项级数与正幂项级数的关系为

$$\sum_{n=1}^{\infty} c_{-n}(z-z_0)^{-n} = \sum_{n=1}^{\infty} c_{-n}\xi^n = c_{-1}\xi + c_{-2}\xi^2 + \cdots + c_{-n}\xi^n + \cdots, \quad \xi = (z-z_0)^{-1}$$

如果正幂项级数 $\sum\limits_{n=1}^{\infty} c_{-n}\xi^n$ 的收敛域为 $|\xi| < R$,那么负幂项级数 $\sum\limits_{n=1}^{\infty} c_{-n}(z-z_0)^{-n}$ 的收敛域为

$$|z - z_0| > \frac{1}{R} = R_1$$

2. 全幂项级数及其收敛性

全幂项级数的一般形式为

$$\sum_{n=1}^{\infty} c_n(z-z_0)^n = \cdots + c_{-n}(z-z_0)^{-n} + \cdots + c_{-2}(z-z_0)^{-2} + c_{-1}(z-z_0)^{-1} + c_0 + c_1(z-z_0) +$$

$$c_2(z-z_0)^2 + \cdots + c_n(z-z_0)^n + \cdots = \sum_{n=1}^{\infty} c_{-n}(z-z_0)^{-n} + \sum_{n=0}^{\infty} c_n(z-z_0)^n$$

全幂项级数的敛散性:

规定　全幂项级数 $\sum_{n=-\infty}^{\infty} c_n(z-z_0)^n$ 收敛,当且仅当负幂项级数 $\sum_{n=1}^{\infty} c_{-n}(z-z_0)^{-n}$ 和正幂项级数 $\sum_{n=0}^{\infty} c_n(z-z_0)^n$ 都收敛.

设负幂项级数 $\sum_{n=1}^{\infty} c_{-n}(z-z_0)^{-n}$ 的收敛域为 $|z-z_0| > R_1$,正幂项级数 $\sum_{n=-\infty}^{\infty} c_n(z-z_0)^n$ 的收敛域为 $|z-z_0| < R_2$,则

(1) 当 $R_1 < R_2$ 时,负幂项级数 $\sum_{n=1}^{\infty} c_{-n}(z-z_0)^{-n}$ 和正幂项级数 $\sum_{n=-\infty}^{\infty} c_n(z-z_0)^n$ 的公共收敛域为 $R_1 < |z-z_0| < R_2$,因此,全幂项级数 $\sum_{n=1}^{\infty} c_{-n}(z-z_0)^{-n}$ 的收敛域是圆环域:$R_1 < |z-z_0| < R_2$(见图 4-4(a)).

(2) 当 $R_1 > R_2$ 时,负幂项级数 $\sum_{n=1}^{\infty} c_{-n}(z-z_0)^{-n}$ 和正幂项级数 $\sum_{n=-\infty}^{\infty} c_n(z-z_0)^n$ 没有公共收敛域,因此,全幂项级数 $\sum_{n=1}^{\infty} c_{-n}(z-z_0)^{-n}$ 处处发散(见图 4-4(b));

(3) 全幂项级数 $\sum_{n=1}^{\infty} c_{-n}(z-z_0)^{-n}$ 在圆环域 $R_1 < |z-z_0| < R_2$ 的边界 $|z-z_0| = R_1$ 和 $|z-z_0| = R_2$ 上可能收敛,可能发散.

(4) 在圆环域 $R_1 < |z-z_0| < R_2$ 内,全幂项级数 $\sum_{n=1}^{\infty} c_{-n}(z-z_0)^{-n}$ 的和函数是解析的,并且可以进行有理运算、逐项求导和逐项求积.

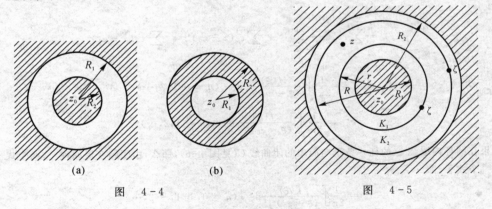

图　4-4　　　　　　　　　　　　　　　图　4-5

3.洛朗级数与洛朗展开定理

问题　既然全幂项级数的和函数在其收敛圆环内是解析函数,那么反过来,一个圆环域内的解析函数能否用一个全幂项级数来表达呢?

分析　设 $f(z)$ 在圆环域 $R_1 < |z-z_0| < R_2$ 内解析,z 为圆环域内任意一点,在圆环域内作以 z_0 为中心的正向圆周 $K_1: |z-z_0| = r$,$K_2: |z-z_0| = R(r < R)$,且使 z 在 K_1 与 K_2 之间(见图4-5),则由柯西积分公式可知,

$$f(z) = \frac{1}{2\pi i} \oint_{K_2} \frac{f(\xi)}{\xi - z} d\xi - \frac{1}{2\pi i} \oint_{K_1} \frac{f(\xi)}{\xi - z} d\xi$$

一方面,在圆周 $K_2: |z-z_0| = R$ 上,$\left| \dfrac{z-z_0}{\xi-z_0} \right| < 1$,$f(z)$ 连续,因而存在 $M > 0$,使 $|f(z)| \leqslant M$,因此

三导

可以推得

$$\frac{1}{2\pi i}\oint_{K_2}\frac{f(\xi)}{\xi-z}d\xi = \frac{1}{2\pi i}\oint_{K_2}\frac{f(\xi)}{\xi-z_0}\frac{1}{1-\frac{z-z_0}{\xi-z_0}}d\xi = \sum_{n=0}^{\infty}\left[\frac{1}{2\pi i}\oint_{K_2}\frac{f(\xi)d\xi}{(\xi-z_0)^{n+1}}\right](z-z_0)^n = \sum_{n=0}^{\infty}c_n(z-z_1)^n$$

另一方面，在圆周 K_1：$|z-z_0|=r$ 上，$\left|\frac{\xi-z_0}{z-z_0}\right|<1$，$f(z)$ 连续，因而存在 $M_1>0$，使 $|f(z)|\leqslant M_1$，因此可以推得

$$\frac{1}{2\pi i}\oint_{K_1}\frac{f(\xi)}{\xi-z}d\xi = \frac{1}{2\pi i}\oint_{K_1}\frac{f(\xi)}{(\xi-z_0)-(z-z_0)}d\xi = \frac{1}{2\pi i}\oint_{K_1}\frac{f(\xi)}{z-z_0}\frac{1}{1-\frac{\xi-z_0}{z-z_0}}d\xi =$$

$$\frac{1}{2\pi i}\oint_{K_1}\frac{f(\xi)}{z-z_0}\sum_{n=0}^{\infty}\left(\frac{\xi-z_0}{z-z_0}\right)^n d\xi = \sum_{n=1}^{N-1}\left[\frac{1}{2\pi i}\oint_{K_1}\frac{f(\xi)d\xi}{(\xi-z_0)^{-n+1}}\right](z-z_0)^{-n}+R_N(z)$$

其中

$$c_n = \frac{1}{2\pi i}\oint_{K_2}\frac{f(\xi)}{(\xi-z_0)^{n+1}}d\xi \quad (n=0,1,2,\cdots)$$

$$R_N(z) = \frac{1}{2\pi i}\oint_{K_1}\left[\sum_{n=0}^{\infty}\frac{f(\xi)}{(\xi-z_0)^{-n+1}}(z-z_0)^{-n}\right]d\xi$$

$$|R_N(z)| \leqslant \frac{1}{2\pi}\oint_{K_1}\left[\sum_{n=N}^{\infty}\frac{|f(\xi)|}{|\xi-z_0|}\left|\frac{\xi-z_0}{z-z_0}\right|^n\right]ds \leqslant \frac{1}{2\pi}\sum_{n=N}^{\infty}\frac{M_1}{r}q^n\cdot 2\pi r = \frac{M_1 q^N}{1-q}$$

由于 $\lim_{N\to\infty}q^n = \lim_{N\to\infty}\left|\frac{\xi-z_0}{z-z_0}\right|=0$，因此

$$\frac{1}{2\pi i}\oint_{K_2}\frac{f(\xi)}{\xi-z}d\xi = \sum_{n=1}^{\infty}\left[\frac{1}{2\pi i}\oint_{K_1}\frac{f(\xi)d\xi}{(\xi-z_0)^{-n+1}}\right](z-z_0)^{-n} = \sum_{n=1}^{\infty}c_{-n}(z-z_0)^{-n}$$

从而有

$$f(z) = \sum_{n=1}^{\infty}c_{-n}(z-z_0)^{-n}+\sum_{n=0}^{\infty}c_n(z-z_0)^n = \sum_{n=-\infty}^{\infty}c_n(z-z_0)^n$$

其中

$$c_n = \frac{1}{2\pi i}\oint_{K_2}\frac{f(\xi)}{(\xi-z_0)^{n+1}}d\xi \quad (n=0,1,2,\cdots)$$

$$c_{-n} = \frac{1}{2\pi i}\oint_{K_1}\frac{f(\xi)}{(\xi-z_0)^{n+1}}d\xi \quad (n=1,2,\cdots)$$

如果在圆环内取绕 z_0 的任一条正向简单的闭曲线 C（见图 4-6），那么，由闭路变形原理，这两个式子可以统一为一个式子，即

$$c_n = \frac{1}{2\pi i}\oint_C\frac{f(\xi)}{(\xi-z_0)^{n+1}}d\xi \quad (n=0,\pm1,\pm2,\cdots)$$

定义 4.6 （洛朗级数） 设 $f(z)$ 在圆环域 $R_1<|z-z_0|<R_2$ 内解析，z 为圆环域内任意一点，则称全项幂级数

$$\sum_{n=-\infty}^{\infty}c_n(z-z_0)^n = \sum_{n=1}^{\infty}c_{-n}(z-z_0)^{-n}+\sum_{n=0}^{\infty}c_n(z-z_0)^n$$

为 $f(z)$ 在圆环域 $R_1<|z-z_0|<R_2$ 内的洛朗级数，而称

$$f(z) = \sum_{n=1}^{\infty}c_{-n}(z-z_0)^{-n}+\sum_{n=0}^{\infty}c_n(z-z_0)^n = \sum_{n=-\infty}^{\infty}c_n(z-z_0)^n$$

为 $f(z)$ 在圆环域 $R_1<|z-z_0|<R_2$ 内的洛朗展开式．
其中

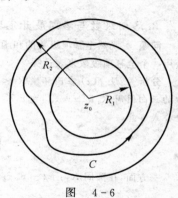

图 4-6

$$c_n = \frac{1}{2\pi i} \oint_C \frac{f(\xi)}{(\xi - z_0)^{n+1}} d\xi \quad (n = 0, \pm 1, \pm 2, \cdots)$$

C 为圆环域 $R_1 < |z - z_0| < R_2$ 内任一正向简单闭曲线.

定理 4.9　（洛朗展开定理 —— 圆环域内的解析函数展开成洛朗级数）　设 $f(z)$ 在圆环域 $R_1 < |z - z_0| < R_2$ 内解析,C 为该圆环域内绕 z_0 任一正向简单闭曲线,那么在该圆环域内,唯一成立:

$$f(z) = \sum_{n=-\infty}^{\infty} c_n (z - z_0)^n$$

其中

$$c_n = \frac{1}{2\pi i} \oint_C \frac{f(\xi)}{(\xi - z_0)^{n+1}} d\xi \quad (n = 0, \pm 1, \pm 2, \cdots)$$

[注]　（1）洛朗展开定理表明:圆环域 $R_1 < |z - z_0| < R_2$ 内的解析函数 $f(z)$ 展开成全幂项级数的结果是唯一的,即洛朗级数.

（2）如果 $f(z)$ 在区域 D 内有奇点 $z_k (k = 1, 2, \cdots, m)$,则圆周 $C_k : |z - z_0| = |z_k - z_0|, k = 1, 2, \cdots$ 把区域 D 分成一个以 z_0 为中心的圆域和若干个以 z_0 为中心的同心圆环域,$f(z)$ 在该圆域内展开成关于 $z - z_0$ 的泰勒级数,而在各圆环内展开成关于 $z - z_0$ 的洛朗级数.

4. 函数展开成洛朗级数的方法

间接法:以展开式唯一性为依据,借助于一些已知函数的泰勒展开形式,利用全幂项级数的有理运算、变量代换和分析性质求得函数在圆环域内的洛朗展开式.

第一步:求出函数 $f(z)$ 在复平面内所有奇点 $z_k (k = 1, 2, \cdots, m)$,作圆周 $C_k : |z - z_0| = |z_k - z_0|, k = 1, 2, \cdots$ 把区域 D 分成 $f(z)$ 的一个以 z_0 为中心的解析圆域和若干个以 z_0 为中心的同心解析圆环域.

第二步:对 $f(z)$ 进行恒等变形、求导或求积.

第三步:把 $f(z)$ 在解析圆域内展开成关于 $z - z_0$ 的泰勒级数,而在各解析圆环域内展开成关于 $z - z_0$ 的洛朗级数.

例如,函数 $f(z) = \dfrac{e^z}{z^2}$ 在复平面内有一个奇点 $z = 0$,在 $0 < |z| < \infty$ 内处处解析,因而有在 $0 < |z| < \infty$ 内可以展开成洛朗级数:

$$f(z) = \frac{e^z}{z^2} = \frac{1}{z^2}\left(1 + z + \frac{z^2}{2!} + \frac{z^3}{3!} + \cdots\right) = \frac{1}{z^2} + \frac{1}{z} + \frac{1}{2!} + \frac{z}{3!} + \cdots$$

那么,如何把函数 $f(z) = \dfrac{1}{z^2 - 3z + 2}$ 在其各解析圆环域内展开成关于 z 的洛朗级数和 $z - 1$ 的洛朗级数呢?

事实上,$f(z) = \dfrac{1}{z^2 - 3z + 2} = \dfrac{1}{(z-1)(z-2)} = \dfrac{1}{1-z} - \dfrac{1}{2-z}$ 在复平面内有两个奇点 $z_1 = 1, z_2 = 2$.

（1）作圆周 $|z| = 1$ 和 $|z| = 2$ 把复平面分成 $f(z)$ 的 3 个解析区域:圆域 $|z| < 1$,圆环域 $1 < |z| < 2$ 和 $2 < |z| < \infty$.

在圆域 $|z| < 1$ 内,$\left|\dfrac{z}{2}\right| < 1$,有

$$\frac{1}{1-z} = 1 + z + z^2 + \cdots + z^n + \cdots$$

$$\frac{1}{2-z} = \frac{1}{2} \times \frac{1}{1 - \dfrac{z}{2}} = \frac{1}{2}\left(1 + \frac{z}{2} + \frac{z^2}{2^2} + \cdots + \frac{z^n}{2^n} + \cdots\right)$$

$$f(z) = \frac{1}{1-z} - \frac{1}{2-z} = \frac{1}{2} + \frac{3}{4}z + \frac{7}{8}z^2 + \cdots$$

在圆环域 $1 < |z| < 2$ 内,$\left|\dfrac{1}{z}\right| < 1$,$\left|\dfrac{z}{2}\right| < 1$,有

$$\frac{1}{1-z} = -\frac{1}{z} \cdot \frac{1}{1-\frac{1}{z}} = -\frac{1}{z}\left(1 + \frac{1}{z} + \frac{1}{z^2} + \frac{1}{z^3} + \cdots + \frac{1}{z^n} + \cdots\right)$$

$$\frac{1}{2-z} = \frac{1}{2} \times \frac{1}{1-\frac{z}{2}} = \frac{1}{2}\left(1 + \frac{z}{2} + \frac{z^2}{2^2} + \cdots + \frac{z^n}{2^n} + \cdots\right)$$

$$f(z) = \frac{1}{1-z} - \frac{1}{2-z} = \cdots - \frac{1}{z^n} - \frac{1}{z^{n-1}} - \cdots - \frac{1}{z} - \frac{1}{2} - \frac{z}{4} - \frac{z^2}{8} - \cdots$$

在圆环域 $2 < |z| < +\infty$ 内，$\left|\frac{1}{z}\right| < 1$，$\left|\frac{2}{z}\right| < 1$，有

$$\frac{1}{1-z} = -\frac{1}{z} \cdot \frac{1}{1-\frac{1}{z}} = -\frac{1}{z}\left(1 + \frac{1}{z} + \frac{1}{z^2} + \frac{1}{z^3} + \cdots + \frac{1}{z^n} + \cdots\right)$$

$$\frac{1}{2-z} = \frac{1}{z} \times \frac{1}{1-\frac{2}{z}} = \frac{1}{z}\left(1 + \frac{2}{z} + \frac{4}{z^2} + \frac{8}{z^3} + \cdots + \frac{2^n}{z^n} + \cdots\right)$$

$$f(z) = \frac{1}{1-z} - \frac{1}{2-z} = \frac{1}{z^2} + \frac{3}{z^3} + \frac{7}{z^4} + \cdots$$

(2) 作圆周 $|z-1| = |2-1| = 1$ 把复平面分成 $f(z)$ 的两个解析区域：圆域 $0 < |z-1| < 1$ 和圆环域 $1 < |z-1| < +\infty$.

在圆域 $0 < |z-1| < 1$ 内，有

$$f(z) = -\frac{1}{z-1} - \frac{1}{2-z} = -\frac{1}{z-1} - \frac{1}{1-(z-1)} =$$

$$-\frac{1}{z-1} - 1 - (z-1) - (z-1)^2 - (z-1)^3 + \cdots$$

在圆环域 $1 < |z-1| < +\infty$ 内，$\left|\frac{1}{z-1}\right| < 1$，有

$$f(z) = -\frac{1}{z-1} - \frac{1}{2-z} = -\frac{1}{1-z} - \frac{1}{1-(z-1)} = -\frac{1}{1-z} + \frac{1}{-1} \cdot \frac{1}{1-\frac{1}{z-1}} =$$

$$(z-1)^{-2} + (z-1)^{-3} + \cdots$$

5. 函数的洛朗级数展开的应用 —— 求闭曲线上的积分

应用原理：在圆环域内的解析函数的洛朗级数展开式为

$$f(z) = \sum_{n=1}^{\infty} c_{-n}(z-z_0)^{-n} + \sum_{n=0}^{\infty} c_n(z-z_0)^n = \sum_{n=-\infty}^{\infty} c_n(z-z_0)^n$$

其中

$$c_n = \frac{1}{2\pi i}\oint_C \frac{f(\xi)}{(\xi-z_0)^{n+1}}\,d\xi \quad (n = 0, \pm 1, \pm 2, \cdots)$$

C 为圆环域内任一正向简单闭曲线.

特别地，$c_{-1} = \frac{1}{2\pi i}\oint_C f(\xi)\,d\xi$，因而有 $\oint_C f(\xi)\,d\xi = 2\pi i c_{-1}$.

应用方法：

第一步：观察积分曲线 C 落在函数 $f(z)$ 的哪个解析圆环域内，就把函数 $f(z)$ 在哪个圆环域内展开成洛朗级数，并求出其系数 c_{-1}；

第二步：计算积分 $\oint_C f(\xi)\,d\xi = 2\pi i c_{-1}$.

例如，计算积分 $\oint_{|z|=2} \frac{z e^{\frac{1}{z}}}{1-z}\,dz$.

分析 只需要把函数在积分曲线所在的某个解析圆环域内展开成洛朗级数,求得 c_{-1} 即可.

事实上,$f(z) = \dfrac{z\mathrm{e}^{\frac{1}{z}}}{1-z}$ 在 $1 < |z| < +\infty$ 内解析,积分曲线 $|z| = 2$ 在此圆环内,把 $f(z)$ 在此圆环内进行洛朗展开,得

$$f(z) = \frac{z\mathrm{e}^{\frac{1}{z}}}{1-z} = -\frac{1}{1-\frac{1}{z}}\mathrm{e}^{\frac{1}{z}} = -\left(1 + \frac{1}{z} + \frac{1}{z^2} + \cdots\right)\left(1 + \frac{1}{z} + \frac{1}{2!}\frac{1}{z^2} + \cdots\right) =$$

$$-\left(1 + \frac{2}{z} + \frac{5}{2z^2} + \cdots\right)$$

$$c_{-1} = -2, \qquad \oint_{|z|=2} \frac{z\mathrm{e}^{\frac{1}{z}}}{1-z}\mathrm{d}z = 2\pi\mathrm{i}c_{-1} = -4\pi\mathrm{i}$$

4.2.2 重点、难点解析

1. 重点

(1) 理解复数项级数及其敛散性的概念,掌握复数项级数敛散性的判别方法.

复数项级数 $\displaystyle\sum_{n=1}^{\infty}|\alpha_n|$ 收敛 $\Leftrightarrow$ 级数 $\displaystyle\sum_{n=1}^{\infty}|a_n|, \sum_{n=1}^{\infty}|b_n|$ 同时收敛 $\Rightarrow$ 级数 $\displaystyle\sum_{n=1}^{\infty}\alpha_n$ 收敛

复数项级数 $\displaystyle\sum_{n=1}^{\infty}\alpha_n$ 收敛 $\overset{\Delta}{\Leftrightarrow} \lim_{n\to\infty}s_n = s \Leftrightarrow$ 级数 $\displaystyle\sum_{n=1}^{\infty}a_n, \sum_{n=1}^{\infty}b_n$ 收敛

复数项级数 $\displaystyle\sum_{n=1}^{\infty}\alpha_n$ 收敛 $\Rightarrow \lim\alpha_n = 0 \Rightarrow \lim a_n = 0, \lim b_n = 0$

$\lim a_n \neq 0$ 或 $\lim b_n \neq 0 \Rightarrow \lim\alpha_n \neq 0 \Rightarrow$ 级数 $\displaystyle\sum_{n=1}^{\infty}\alpha_n$ 发散

(2) 掌握正幂项级数(简称幂级数)的收敛定理 —— 阿贝尔定理,掌握求正幂项级数收敛半径和收敛圆域的几种常用方法.

由阿贝尔定理知,正幂项级数的收敛范围为一圆域(即收敛圆域).在其收敛圆域内,幂级数绝对收敛;在收敛圆的外部,幂级数发散;在收敛圆周上,可能处处收敛,可能在某些点上收敛,在另一些点上发散,也可能处处发散.

幂级数的收敛半径即其收敛圆的半径的常用求法有:

方法 1:和函数法.和函数的定义域就是幂级数的收敛圆域,收敛圆域的半径即为收敛半径.

方法 2:比值法.

$$R = \begin{cases} \dfrac{1}{\lambda}, & \lim\limits_{n\to\infty}\left|\dfrac{c_{n+1}}{c_n}\right| = \lambda \neq 0 \\[3mm] 0, & \lim\limits_{n\to\infty}\left|\dfrac{c_{n+1}}{c_n}\right| = \infty \\[3mm] \infty, & \lim\limits_{n\to\infty}\left|\dfrac{c_{n+1}}{c_n}\right| = 0 \end{cases}$$

方法 3:根值法.

$$R = \begin{cases} \dfrac{1}{\lambda}, & \lim\limits_{n\to\infty}\sqrt[n]{|c_n|} = \lambda \neq 0 \\[3mm] 0, & \lim\limits_{n\to\infty}\sqrt[n]{|c_n|} = \infty \\[3mm] \infty, & \lim\limits_{n\to\infty}\sqrt[n]{|c_n|} = 0 \end{cases}$$

方法 4:正项级数比值判别法.令

$$\lim_{n \to \infty} \frac{|c_{n+1} z^{n+1}|}{|c_n z^n|} = \lim_{n \to \infty} \left| \frac{c_{n+1}}{c_n} \right| |z| = 1$$

则可得 $|z| = R$，则收敛半径即为 R.

(3) 理解泰勒展开定理，掌握圆域内的解析函数的泰勒展开方法.

由泰勒展开定理知，圆域 $|z - z_0| < R$ 内的解析函数在此圆域内可以唯一展开成关于 $z - z_0$ 的泰勒级数：

$$f(z) = \sum_{n=1}^{\infty} \frac{f^{(n)}(z_0)}{n!} (z - z_0)^n$$

求泰勒展开式的常用方法（类似于一元实函数的泰勒展开）：

1）直接法.

第一步：确定收敛半径 R 和收敛圆域 $|z - z_0| < R$.

如果 $f(z)$ 在 D 内处处解析，则 $f(z)$ 展开成泰勒级数的范围是一个半径为 $R = \min\limits_{z \in \partial D} |z - z_0|$ 的圆域.

如果 $f(z)$ 在 D 内有奇点 $z_k (k = 1, 2, \cdots, m)$，则 $f(z)$ 在 z_0 展开成泰勒级数的范围是半径为 $R = \min\limits_{1 \leqslant k \leqslant m} |z_k - z_0|$ 的圆域.

第二步：求 $f(z)$ 在 z_0 的各阶导数值 $f^{(n)}(z_0)$.

第三步：写出泰勒展开式 $f(z) = \sum\limits_{n=0}^{\infty} \frac{f^{(n)}(z_0)}{n!} (z - z_0)^n$，$|z - z_0| < R$.

2）间接法. 以展开式唯一性为依据，借助于一些已知函数的展开式，利用幂级数的运算性质和分析性质求得函数的泰勒展开式.

(4) 理解洛朗展开定理，掌握求圆环域内的解析函数的洛朗展开方法.

1）由洛朗展开定理知，圆环域 $r < |z - z_0| < R$ 内的解析函数在此圆环域内可以唯一展开成关于 $z - z_0$ 的洛朗级数：

$$f(z) = \sum_{n=-\infty}^{\infty} c_n (z - z_0)^n, \quad c_n = \frac{1}{2\pi i} \frac{f(\xi)}{(\xi - z_0)^{n+1}} d\xi \quad (n = 0, \pm 1, \pm 2, \cdots)$$

其中，C 为圆环域内任一绕 z_0 正向简单闭曲线.

2）如果 $f(z)$ 在区域 D 内有奇点 $z_k (k = 1, 2, \cdots, m)$，则圆周 $C_k : |z - z_0| = |z_k - z_0|$，$k = 1, 2, \cdots$ 把区域 D 分成一个以 z_0 为中心的圆和若干个同心圆环，$f(z)$ 在该圆域内展开成关于 $z - z_0$ 的泰勒级数，而在各圆环内展开成关于 $z - z_0$ 的洛朗级数.

函数展开成洛朗级数的操作步骤：

第一步：确定展开范围.

求出函数 $f(z)$ 在复平面内所有奇点 $z_k (k = 1, 2, \cdots, m)$，作圆周 $C_k : |z - z_0| = |z_k - z_0|$，$k = 1, 2, \cdots$ 把区域 D 分成 $f(z)$ 的一个以 z_0 为中心的解析圆域和若干个同心解析圆环域.

第二步：对 $f(z)$ 进行恒等变形、求导或求积.

第三步：利用已知公式把 $f(z)$ 在解析圆域内展开成关于 $z - z_0$ 的泰勒级数，而在各解析圆环域内展开关于 $z - z_0$ 的洛朗级数.

2. 难点

(1) 对阿贝尔定理的深刻理解，搞清楚幂级数与其和函数在收敛圆周上的解析性是没有必然联系的.

一方面，在收敛圆内，幂级数处处收敛，它的和函数也处处解析. 另一方面，在收敛圆的圆周上，幂级数的收敛性跟它的和函数的解析并无必然的关系. 一个幂级数可能在其收敛圆的圆周上处处收敛，但它的和函数在收敛圆的圆周上至少有一个奇点. 事实上，如果幂级数的和函数 $f(z)$ 在收敛圆周上处处解析，那么根据解析函数的定义，$f(z)$ 在以圆周上各点为中心的较小圆域内也解析，因而 $f(z)$ 在收敛圆及这些圆周上各点的小邻域所覆盖的更大的圆域内也处处解析，矛盾. 例如 $f(z) = \sum\limits_{n=1}^{\infty} \frac{z^n}{n^2}$，其收敛半径是 1，在单位圆 $|z| \leqslant 1$ 上级数处处绝对收敛（因为在 $|z| = 1$ 上，$\left| \frac{z^n}{n^2} \right| = \frac{1}{n^2}$），但 $f'(z) = \sum\limits_{n=1}^{\infty} \frac{z^{n-1}}{n}$ 当 z 沿实轴从圆内超于 1 时，

$f'(z) \to \infty$，故 $f(z)$ 在 $z = 1$ 处不解析.

（2）深刻理解圆域内解析函数的泰勒展开问题与具有任意阶导数的一元实变函数的泰勒展开问题的异同点.

一方面，二者的展开形式和展开方法相同. 另一方面，一个解析函数具有任意阶导数，任何解析函数都一定能用幂级数表示，这是解析函数的两个令人惊异的性质. 因而解析函数的泰勒展开定理已经保证了余项趋于零的条件，不需要再证明.

但是，一般的实变函数是不能同时具备这两个性质的，即使是任意阶可导的函数也不一定能用幂级数来表示. 因为在实变函数中，要把一个连续函数展开成幂级数，必须验证余项是否趋于零，若余项不趋于零，就不能展开成幂级数. 而证明余项趋于零是非常困难的. 例如函数

$$f(x) = \begin{cases} e^{-\frac{1}{x^2}}, & x \neq 0 \\ 0, & x = 0 \end{cases}$$

就不能用 x 的幂级数来表示，正是因为其余项不趋于零.

（3）对洛朗展开唯一性的正确理解以及对洛朗展开方法的灵活掌握与应用. 一个函数可能在以 z_0 为中心的几个同心圆环域内都解析，在同一个圆环域内，无论用何种方法展开，所得洛朗展开式是唯一的. 但是在不同圆环域内的洛朗展开式是不同的.

一般是利用间接法进行洛朗展开的，而不是利用定理中的系数公式求系数 c_n 进行直接展开的.

（4）对洛朗级数与泰勒级数的关系的正确理解. 洛朗级数是泰勒级数的推广. 事实上，在圆环域 $0 < |z - z_0| < R$ 内的解析函数 $f(z)$ 的洛朗展开式与在圆域 $|z - z_0| < R$ 内的解析函数 $f(z)$ 的泰勒展开式是相同的. 实际上，当补充或改变 $f(z_0)$ 值使得 $f(z)$ 在 z_0 处解析时，洛朗展开就是泰勒展开，这时称 z_0 是 $f(z)$ 的可去奇点. 这一点为对函数的孤立奇点分类提供了依据.

值得一提的是，圆域 $|z - z_0| < R$ 内的解析函数 $f(z)$ 的泰勒展开式中的系数公式跟圆环域 $0 < |z - z_0| < R$ 内的解析函数 $f(z)$ 的洛朗展开式的系数公式虽然形式相同，但在圆域 $|z - z_0| < R$ 内进行泰勒展开时，由于 $f(z)$ 在 z_0 解析，泰勒系数可以由高阶导数公式写成 $c_n = \dfrac{f^{(n)}(z_0)}{n!}$，而当圆环域 $0 < |z - z_0| < R$ 内进行洛朗展开时，$f(z)$ 在 z_0 不解析，洛朗系数公式则不能写成 $c_n = \dfrac{f^{(n)}(z_0)}{n!}$.

4.3 典型例题解析

例 4.1 考察数列 $\displaystyle\sum_{n=1}^{\infty} \frac{(1+i)^n}{2^{\frac{n}{2}} \cos in}$ 的敛散性，如果收敛，并求其极限.

分析 考虑到涉及三角函数，采用比较审敛法.

解 考察

$$|\alpha_n| = \left| \frac{(1+i)^n}{(\sqrt{2})^n \cos in} \right| = \frac{1}{\cosh n} = \frac{2}{e^n + e^{-n}} < \frac{2}{e^n}$$

因为 $\displaystyle\sum_{n=1}^{\infty} \frac{2}{e^n}$ 是公比小于 1 的等比级数，所以原级数收敛于 0，且绝对收敛.

【评注】 级数敛散性的判定，常根据通项形式选择合适的审敛法. 如果通项是幂函数，可利用根值法；如果通项是分式，可利用比值法；如果通项形式较为简单，可利用比较法.

例 4.2 求级数 $\displaystyle\sum_{n=0}^{\infty} [2 + (-1)^n]^n z^n$ 的收敛半径.

分析 当判定敛散性时，若极限不存在，应尝试选用其他方法.

解 显然，$c_n = [2 + (-1)^n]^n$，由柯西-阿达玛方法，得

$$\varlimsup_{n\to\infty}\sqrt[n]{|c_n|}=\varlimsup_{n\to\infty}[2+(-1)^n]=3$$

从而级数收敛半径 $R=\dfrac{1}{3}$.

例 4.3 试证明级数

$$z^2+\frac{z^2}{1+z^2}+\frac{z^2}{(1+z^2)^2}+\cdots+\frac{z^2}{(1+z^2)^n}+\cdots$$

沿着实轴绝对收敛.

分析 只需就 z 为实数证明级数收敛即可.

证明 ① 当 $z=0$ 时,级数显然收敛于零;

② 当 $z\neq0$ 且为实数时,由 $\left|\dfrac{1}{1+z^2}\right|<1$ 知,级数 $\displaystyle\sum_{n=0}^{\infty}\left|\dfrac{1}{(1+z^2)^n}\right|$ 收敛;又 $z^2\in\mathbf{R}$,因此原级数收敛.

【评注】 复数项级数的绝对收敛性判别与实数项级数相同.

例 4.4 将 $f(z)=\dfrac{1}{z-b}$ 展为 $z-a$ 的幂级数,a,b 为不相等的复数.

分析 对 $f(z)$ 进行变形,并利用常见函数的幂级数展开结果.

解 显然有:

$$\frac{1}{z-b}=\frac{-1}{b-a}\cdot\frac{1}{1-\dfrac{z-a}{b-a}}=\frac{-1}{b-a}\left[1+\frac{z-a}{b-a}+\left(\frac{z-a}{b-a}\right)^2+\left(\frac{z-a}{b-a}\right)^3+\cdots\right]=$$

$$\frac{-1}{b-a}-\frac{z-a}{(b-a)^2}-\frac{(z-a)^2}{(b-a)^3}-\cdots-\frac{(z-a)^n}{(b-a)^{n+1}}-\cdots$$

其中,$\left|\dfrac{z-a}{b-a}\right|<1$.

(1) 当 $|b-a|=R$ 时,$|z-a|<R$,级数收敛于 $S=\dfrac{1}{z-b}$;

(2) 当 $z=b$ 时,级数发散.

【评注】 考虑到各阶求导较为复杂,避免采用幂级数展开定理.

例 4.5 试讨论函数 $\tan\left(\dfrac{1}{z}\right)$ 能否在 $0<|z|<R$ 内展为洛朗级数?

分析 根据洛朗展开的相关定理直接说明.

解 显然,$\tan\left(\dfrac{1}{z}\right)$ 有无穷多个奇点 $z=0$,$z_k=\dfrac{1}{\left(k+\dfrac{1}{2}\right)\pi}(k=0,\pm1,\pm2,\cdots)$.

对 z_k,当 $k\to\infty$ 时,$z_k\to0$,即在 $z=0$ 的任何一个去心邻域内总能找到函数 $\tan\dfrac{1}{z}$ 的奇点,故不存在一个去心邻域 $0<|z|<R$,使 $\tan\dfrac{1}{z}$ 在圆环域 $0<|z|<R$ 内解析.故不能在 $0<|z|<R$ 内将 $\tan\dfrac{1}{z}$ 展开成洛朗级数.

【评注】 不是所有的函数都能通过求各阶导数给出洛朗展式结果.

例 4.6 若 $f(z)$ 在复平面上解析,且 $|f(z)|\leqslant1+|z|$,则 $f(z)=az+b$,其中 $|a|\leqslant1$,$|b|\leqslant1$.

分析 借助级数研究解析函数,将 $f(z)$ 表示成级数后,只需说明仅有常数项和一次项系数不为零.

证明 由 $f(z)$ 在复平面上解析,则 $f(z)$ 可表示为

$$f(z)=\sum_{n=0}^{\infty}a_nz^n$$

其中,$|z|<+\infty$,$a_n=\dfrac{f^{(n)}(0)}{n!}=\dfrac{1}{2\pi i}\oint_{|z|=R}\dfrac{f(z)}{z^{n+1}}\mathrm{d}z(n=0,1,2,\cdots)$.

于是由 $|f(z)|\leqslant1+|z|$,得

$$|a_n| = \frac{1}{2\pi} \left| \oint_{|z|=R} \frac{f(z)}{z^{n+1}} \mathrm{d}z \right| \leqslant \frac{1}{2\pi} \oint_{|z|=R} \frac{|f(z)|}{|z|^{n+1}} |\mathrm{d}z| \leqslant \frac{1}{2\pi} \frac{1+R}{R^{n+1}} 2\pi R = \frac{R+1}{R^n} \quad (R \in \mathbf{R}^+)$$

显然,当 $n \geqslant 2$ 时,令 $R \to \infty$,则 $a_n = 0$,从而 $f(z) = a_0 + a_1 z = b + az$.

又由 $|f(z)| \leqslant 1 + |z|$,得 $|f(0)| \leqslant 1 + |0| = 1$,即 $|b| \leqslant 1$;

再由 $\left| \dfrac{f(z)}{z} \right| = \left| a + \dfrac{b}{z} \right| \leqslant 1 + \dfrac{1}{|z|}$,当 $|z| \to +\infty$ 时,$|a| \leqslant 1$.

【评注】 解析函数的 C-R 方程以及级数展开性质在实际问题求解中具有广泛应用.该题很难从其他角度说明复函数是一次函数,但从级数展开式却容易得到证明.

例 4.7 将 $f(z) = \cos \dfrac{z^2 - 4z}{(z-2)^2}$ 在 $z = 2$ 的去心邻域内展开成洛朗级数.

分析 将 $f(z)$ 变换成常见函数的表示式,并利用常见函数的洛朗级数结果.

解 $\cos \dfrac{z^2 - 4z}{(z-2)^2} = \cos \left[1 - \dfrac{4}{(z-2)^2} \right] = \cos 1 \cos \dfrac{4}{(z-2)^2} + \sin 1 \sin \dfrac{4}{(z-2)^2}$

当 $0 < |z - 2| < \infty$ 时,有

$$\cos \frac{4}{(z-2)^2} = \sum_{k=0}^{\infty} (-1)^k \frac{4^{2k}}{(2k)!} \frac{1}{(z-2)^{4k}}$$

$$\sin \frac{4}{(z-2)^2} = \sum_{k=0}^{\infty} (-1)^{k-1} \frac{4^{2k-1}}{(2k-1)!} \frac{1}{(z-2)^{4k-2}}$$

从而有

$$\cos \frac{z^2 - 4z}{(z-2)^2} = \cos 1 + \cos 1 \sum_{k=1}^{\infty} (-1)^k \frac{4^{2k}}{(2k)!} \frac{1}{(z-2)^{4k}} + \sin 1 \sum_{k=1}^{\infty} (-1)^{k-1} \frac{4^{2k-1}}{(2k-1)!} \frac{1}{(z-2)^{4k-2}} = $$

$$\cos 1 + \sum_{k=1}^{\infty} (-1)^k \frac{4^{2k} \cos 1}{(2k)! (z-2)^{4k}} + \sum_{k=1}^{\infty} (-1)^{k-1} \frac{4^{2k-1} \sin 1}{(2k-1)! (z-2)^{4k-2}} = $$

$$\cos 1 + \sum_{k=1}^{\infty} \frac{(-1)^{k-1} 4^{2k-1} \sin 1}{(2k-1)! (z-2)^{4k-2}} + \frac{(-1)^k 4^{2k} \cos 1}{(2k)! (z-2)^{4k}}$$

【评注】 本题不便于直接采用三角余弦的展开结果,考虑到 $\dfrac{z^2 - 4z}{(z-2)^2}$ 较复杂,因此化成真分式后,借助三角公式对计算后的简单形式采用展开结果.

例 4.8 若 $f(z)$ 在区域 D 内解析且在 D 内一点 a 处有 $f^{(k)}(a) = 0 (k = 1, 2, \cdots)$,则 $f(z)$ 在区域 D 内必为常数.

证明 不妨设 a 到区域 D 边界的距离为 $2d_1$.由 $f(z)$ 在 D 内的解析性,得 $|z - a| < d_1 \subset D$,在 $|z - a| < d_1$ 内,$f(z)$ 可展开成幂级数,形式为

$$f(z) = \sum_{n=0}^{\infty} \frac{f^{(n)}(a)}{n!} (z-a)^n = f(a)$$

即 $f(z)$ 在 $|z - a| < d_1$ 内为常数.

另设 b 为区域 D 内任意一点,不妨设连接 a, b 且包含于区域 D 内的折线其分点依次为 $a = b_1, b_2, \cdots, b_n = b$,设折线到区域 D 边界的距离为 $2d_2$,令 $d = \min \{d_1, d_2\}$.

考察折线 ab_2,在折线 ab_2 上依次取分点 $a = \xi_1, \xi_2, \cdots, \xi_m = b_2$,使得相邻两分点间的距离小于 d,作圆域 $C_k : |z - \xi_k| < d, k = 1, 2, \cdots, m$.考虑到 $f(z)$ 在 $|z - a| < d$ 内为常数,同样可得 $f(z)$ 在 $|z - \xi_3| < d$ 内为常数,于是可得 $f(z)$ 在 $|z - b_2| < d$ 内为常数.

同理可得:$f(z)$ 在 $|z - b_i| < d (i = 3, 4, \cdots, n)$ 内均为常数,即有 $f(b) = f(a)$.由 b 的任意性可知,$f(z)$ 在区域 D 内为常数.

【评注】 避免采用导数为零直接说明是常数.

C 4.4 习题精解

1.下列数列 $\{\alpha_n\}$ 是否收敛? 如果收敛,求出它们的极限.

3) $\alpha_n = (-1)^n + \dfrac{i}{n+1}$; 4) $\alpha_n = e^{-n\pi i/2}$; 5) $\alpha_n = \dfrac{1}{n} e^{-n\pi i/2}$.

分析 直接根据复数列收敛的定义或定理进行判定.

解 3) 由于 $\lim\limits_{n\to\infty}(-1)^n$ 不存在, $\lim\limits_{n\to\infty}\dfrac{1}{n+1}=0$,从而该数列发散.

4) 显然 $\alpha_n = \cos\dfrac{n\pi}{2} - i\sin\dfrac{n\pi}{2}$,又 $\lim\limits_{n\to\infty}\cos\dfrac{n\pi}{2}$, $\lim\limits_{n\to\infty}\sin\dfrac{n\pi}{2}$ 均不存在,从而该数列发散.

5) $\alpha_n = \dfrac{1}{n} e^{-n\pi i/2} = \dfrac{1}{n}\left[\cos\left(-\dfrac{n\pi}{2}\right)+i\sin\left(-\dfrac{n\pi}{2}\right)\right] = \dfrac{1}{n}\left(\cos\dfrac{n\pi}{2}-i\sin\dfrac{n\pi}{2}\right)$

由 $\left|\sin\dfrac{n\pi}{2}\right|\leqslant 1$, $\left|\cos\dfrac{n\pi}{2}\right|\leqslant 1$, $\lim\limits_{n\to\infty}\dfrac{1}{n}=0$,得

$$\lim_{n\to\infty}\dfrac{1}{n}\sin\dfrac{n\pi}{2}=0, \quad \lim_{n\to\infty}\dfrac{1}{n}\cos\dfrac{n\pi}{2}=0$$

根据数列收敛的充要条件知, $\{\alpha_n\}$ 收敛于 0.

2.证明:

$$\lim_{n\to\infty}\alpha^n = \begin{cases} 0, & |\alpha|<1 \\ \infty, & |\alpha|>1 \\ 1, & \alpha=1 \\ \text{不存在}, & |\alpha|=1,\alpha\neq 1. \end{cases}$$

分析 把复数 α 应用三角形式表示,应用传统求极限的方法求 $\lim\limits_{n\to\infty}\alpha^n$.

证明 令 $\alpha = re^{i\theta} = r(\cos\theta+i\sin\theta)$

1) $|\alpha|<1$,即 $r<1$ 时,有

$$\alpha^n = r^n(\cos n\theta + i\sin n\theta)$$

由于 $0\leqslant|\alpha^n|\leqslant r^n(|\cos n\theta|+|i\sin n\theta|)\leqslant 2r^n$,而 $\lim\limits_{n\to\infty}r^n=0(r<1)$.

由两边夹准则,得 $\lim\limits_{n\to\infty}|\alpha^n|=0$,故有 $\lim\limits_{n\to\infty}\alpha^n=0$.

2) $|\alpha|>1$,即 $r>1$ 时,有

$$\alpha^n = r^n(\cos n\theta+i\sin n\theta), \quad \lim_{n\to\infty}r^n=\infty(r>1)$$

故

$$\lim_{n\to\infty}|\alpha^n|=\lim_{n\to\infty}r^n=\infty$$

3.判别下列级数的绝对收敛性与收敛性.

3) $\displaystyle\sum_{n=0}^{\infty}\dfrac{(6+5i)^n}{8^n}$; 4) $\displaystyle\sum_{n=0}^{\infty}\dfrac{\cos in}{2^n}$.

分析 级数绝对收敛的判定通常是采用定义和实级数的敛散判定方法,而收敛的判定可根据实部形成级数和虚部形成级数的敛散性说明,也可根据"绝对收敛必收敛"说明.

解 3) 记 $z_n = \dfrac{(6+5i)^n}{8^n} = \left(\dfrac{\sqrt{61}}{8}\right)^n(\cos n\theta+i\sin n\theta)$

由 $|z_n| = \left(\dfrac{\sqrt{61}}{8}\right)^n$ 且 $\left|\dfrac{\sqrt{61}}{8}\right|<1$,得 $\displaystyle\sum_{n=0}^{\infty}\dfrac{(6+5i)^n}{8^n}$ 绝对收敛,因而也收敛.

4) 令 $z_n = \dfrac{\cos in}{2^n} = \dfrac{1}{2^n}\dfrac{e^n+e^{-n}}{2} = \dfrac{e^n+e^{-n}}{2^{n+1}} = \dfrac{1}{2}\left(\dfrac{e}{2}\right)^n + \dfrac{1}{2}\left(\dfrac{1}{2e}\right)^n$

因为 $\displaystyle\sum_{n=0}^{\infty}\dfrac{1}{2}\left(\dfrac{e}{2}\right)^n$ 发散, $\displaystyle\sum_{n=0}^{\infty}\dfrac{1}{2}\left(\dfrac{1}{2e}\right)^n$ 收敛,所以原级数发散.

4.下列说法是否正确? 为什么?

1) 每一个幂级数在它的收敛圆周上处处收敛;

3) 每一个在 z_0 连续的函数一定可以在 z_0 的邻域内展开成泰勒级数.

解 1) 不正确.

在收敛圆内的点处处收敛,而收敛圆周上的点可能收敛,也可能发散.

例如,幂级数 $\sum\limits_{n=1}^{\infty}\dfrac{(z-1)^n}{n}$ 的收敛圆为 $|z-1|=1$,在收敛圆 $|z-1|=1$ 上不一定收敛.当 $z=0$ 时,原

级数成为 $\sum\limits_{n=1}^{\infty}\dfrac{(-1)^n}{n}$,收敛;当 $z=2$ 时,原级数成为 $\sum\limits_{n=1}^{\infty}\dfrac{1}{n}$,发散.

3) 不正确.

每一个在 z_0 解析的函数才一定可以在 z_0 的邻域内展开成泰勒级数.

例如,$f(z)=\bar{z}$ 在 z_0 连续,但不可导,故不能在 z_0 点展开成泰勒级数.

6.求下列幂级数的收敛半径:

4) $\sum\limits_{n=1}^{\infty}e^{i\frac{\pi}{n}}z^n$;   5) $\sum\limits_{n=1}^{\infty}\cosh\left(\dfrac{i}{n}\right)(z-1)^n$;   6) $\sum\limits_{n=1}^{\infty}\left(\dfrac{z}{\mathrm{Ln}in}\right)^n$.

分析 收敛半径的求法通常包括比值法和根值法.

解 4) $c_n=e^{i\frac{\pi}{n}}$,$|c_n|=1$,$\lim\limits_{n\to\infty}\sqrt[n]{|c_n|}=1$,故收敛半径 $R=1$.

$$5)\,c_n=\cosh\left(\frac{i}{n}\right)=\frac{e^{\frac{i}{n}}+e^{-\frac{i}{n}}}{2}=\frac{\cos\frac{1}{n}+i\sin\frac{1}{n}+\cos\left(-\frac{1}{n}\right)+i\sin\left(-\frac{1}{n}\right)}{2}=\cos\frac{1}{n}$$

从而
$$|c_n|=\left|\cos\frac{1}{n}\right|$$

由
$$\lim_{n\to\infty}\left|\frac{c_{n+1}}{c_n}\right|=\lim_{n\to\infty}\left|\frac{\cos\dfrac{1}{n+1}}{\cos\dfrac{1}{n}}\right|=\frac{1}{1}=1$$

知收敛半径 $R=1$.

6)
$$\mathrm{Ln}in=\ln|in|+i(\mathrm{Arg}in)=\ln n+\frac{\pi}{2}i+2k\pi i=\ln n+\left(2k\pi+\frac{\pi}{2}\right)i$$

以 $\left(2k\pi+\dfrac{\pi}{2}\right)^2$ 代 $\dfrac{\pi^2}{4}$,而

$$|\mathrm{Ln}in|=\left(\ln^2 n+\frac{\pi^2}{4}\right)^{\frac{1}{2}}$$

又
$$|c_n|=\frac{1}{|\mathrm{Ln}in|^n}=\left(\frac{1}{\ln^2 n+\dfrac{\pi^2}{4}}\right)^{\frac{n}{2}}$$

得
$$\lim_{n\to\infty}\sqrt[n]{|c_n|}=\lim_{n\to\infty}\sqrt[n]{\left(\frac{1}{\ln^2 n+\dfrac{\pi^2}{4}}\right)^{\frac{n}{2}}}=\lim_{n\to\infty}\left(\frac{1}{\ln^2 n+\dfrac{\pi^2}{4}}\right)^{\frac{1}{2}}=0$$

故收敛半径 $R=\infty$.

9.设级数 $\sum\limits_{n}^{\infty}c_n$ 收敛,而 $\sum\limits_{n}^{\infty}|c_n|$ 发散,证明 $\sum\limits_{n}^{\infty}c_nz^n$ 的收敛半径为 1.

分析 将已知的收敛级数与幂级数建立起联系,从而获得收敛半径.

证明 (反证法) 已知 $\sum\limits_{n=0}^{\infty}c_n$ 收敛,则 $\sum\limits_{n=0}^{\infty}c_nz^n$ 在 $z=1$ 处收敛,由阿贝尔定理,对 $|z|<1$ 的 z,级数

$\sum\limits_{n=0}^{\infty}c_nz^n$ 必绝对收敛,从而 $R\geqslant 1$.

三导

以下证明 $R>1$ 不对. 假设 $R>1$, 则 $\sum\limits_{n=0}^{\infty}c_{n}z^{n}$ 在收敛圆 $|z|<R$ 内绝对收敛, 特别地, 在 $z=1(|z|<R)$ 处也绝对收敛, 即 $\sum\limits_{n=0}^{\infty}|c_{n}|$ 收敛, 与题设矛盾, 故 $R=1$.

10. 如果级数 $\sum\limits_{n=0}^{\infty}c_{n}z^{n}$ 在它的收敛圆的圆周上一点 z_{0} 处绝对收敛, 证明它在收敛圆所围的闭区域上绝对收敛.

分析 建立收敛圆内部任一点的幂级数与边界上 z_{0} 形成的幂级数的关系, 从而根据阿贝尔定理即可证明结论.

证明 不妨设 $\sum\limits_{n=0}^{\infty}c_{n}z^{n}$ 的收敛半径为 R, z_{0} 是收敛圆的圆周上的一点, 且 $\sum\limits_{n=0}^{\infty}c_{n}z^{n}$ 在 z_{0} 点处绝对收敛. 对于任意 $z\in\{z\ |\ |z|\leqslant R\}$, 有

$$|c_{n}z^{n}|=|c_{n}||z^{n}|\leqslant|c_{n}||z_{0}|^{n}=|c_{n}z_{0}^{n}|$$

由 $\sum\limits_{n=0}^{\infty}|c_{n}z_{0}^{n}|$ 收敛知, $\sum|c_{n}z^{n}|$ 收敛.

11. 把下列各函数展开成 z 的幂级数, 并指出它们的收敛半径.

5) $\mathrm{ch}z$;   6) $e^{z^{2}}\sin z^{2}$;   7) $e^{\frac{z}{z-1}}$;   8) $\sin\dfrac{1}{1-z}$.

分析 将函数展开成幂级数, 直接根据展定理较为复杂, 可以采用常见函数诸如 $\dfrac{1}{1-z}$, e^{z} 的展开式进行复合; 收敛半径则需要根据各函数展开结果的公共收敛域确定.

解 5) 由 $\cosh z=\dfrac{e^{z}+e^{-z}}{2}$, 得

$$\cosh z=\frac{1}{2}\left[\left(1+z+\frac{z^{2}}{2!}+\frac{z^{3}}{3!}+\cdots\right)+\left(1-z+\frac{z^{2}}{2!}-\frac{z^{3}}{3!}+\cdots\right)\right]=$$
$$1+\frac{z^{2}}{2!}+\frac{z^{3}}{4!}+\cdots,\quad|z|<+\infty$$

收敛半径 $R=+\infty$.

6)
$$e^{z^{2}}=1+z+\frac{z^{4}}{2!}+\frac{z^{6}}{3!}+\cdots,\quad|z|<+\infty$$
$$\sin z^{2}=z^{2}-\frac{z^{6}}{3!}+\frac{z^{10}}{5!}-\cdots,\quad|z|<+\infty$$
$$e^{z^{2}}\sin z^{2}=z^{2}+z^{4}+\frac{z^{6}}{3}+\cdots,\quad|z|<+\infty$$

收敛半径 $R=+\infty$.

7) 因为 $\dfrac{z}{z-1}=-\dfrac{z}{1-z}=-(z+z^{2}+z^{3}+\cdots+z^{n}+\cdots)=-\sum\limits_{n=0}^{\infty}z^{n+1}$ $|z|<1$

$$e^{(x)}=1+\omega+\frac{\omega^{2}}{2!}+\cdots+\frac{\omega^{n}}{n!}+\cdots,\quad|\omega|<+\infty$$

所以 $e^{\frac{z}{z-1}}=1-\sum\limits_{n=0}^{\infty}z^{n+1}+\dfrac{1}{2!}\left(\sum\limits_{n=0}^{\infty}z^{n+1}\right)^{2}-\dfrac{1}{3!}\left(\sum\limits_{n=0}^{\infty}z^{n+1}\right)^{3}+\cdots+\dfrac{(-1)^{k}}{n!}\left(\sum\limits_{n=0}^{\infty}z^{n+1}\right)^{k}+\cdots=$

$$1-z-\frac{z^{2}}{2!}-\frac{z^{3}}{3!}+\cdots,\quad|z|<1$$

8) 原式 $=\sin\left(1+\dfrac{z}{1-z}\right)=\sin 1\cos\dfrac{z}{1-z}+\cos 1\sin\dfrac{z}{1-z}$

因为 $\dfrac{z}{1-z}=z+z^{2}+\cdots=\sum\limits_{n=0}^{\infty}z^{n+1}$, $|z|<1$

所以

$$\sin \frac{z}{1-z} = (z+z^2+z^3+\cdots) - \frac{1}{3!}(z+z^2+z^3+\cdots)^3 + \frac{1}{5!}(z+z^2+z^3+\cdots)^5 - \cdots =$$

$$z + z^2 + \frac{5}{6}z^3 + \cdots, \quad |z| < 1$$

$$\cos \frac{z}{1-z} = 1 - \frac{1}{2!}(z+z^2+z^3+\cdots)^2 + \frac{1}{4!}(z+z^2+z^3+\cdots)^4 - \cdots =$$

$$1 - \frac{1}{2}z^2 - z^3 + \cdots, \quad |z| < 1$$

所以

$$\sin \frac{1}{1-z} = \sin 1 \left(1 - \frac{1}{2}z^2 - z^3 + \cdots\right) + \cos 1 \left(z + z^2 + \frac{5}{6}z^3 + \cdots\right) =$$

$$\sin 1 + \cos 1 \cdot z + \left(\cos 1 - \frac{1}{2}\sin 1\right)z^2 + \left(\frac{5}{6}\cos 1 - \sin 1\right)z^3 + \cdots, \quad |z| < 1$$

收敛半径 $R = 1$.

12.求下列各函数在指定点 z_0 处的泰勒展开式,并指出它们的收敛半径.

4) $\dfrac{1}{4-3z}, z_0 = 1+\mathrm{i}$;   5) $\tan z, z_0 = \dfrac{\pi}{4}$;   6) $\arctan z, z_0 = 0$.

分析   给定函数和点进行泰勒展开,直接应用定理较为复杂,可利用常见函数的展开结果进行合成,也可借助级数在收敛圆内的逐项可积和逐项可导性质.

解   4) 显然有

$$\frac{1}{4-3z} = \frac{1}{4-3[z-(1+\mathrm{i})]-3-3\mathrm{i}} = \frac{1}{(1-3\mathrm{i})-3[z-(1+\mathrm{i})]} = \frac{1}{1-3\mathrm{i}} \frac{1}{1-\frac{3}{1-3\mathrm{i}}[z-(1+\mathrm{i})]} =$$

$$\frac{1}{1-3\mathrm{i}}\left\{1 + \frac{3}{1-3\mathrm{i}}[z-(1+\mathrm{i})] + \left(\frac{3}{1-3\mathrm{i}}\right)^2[z-(1+\mathrm{i})]^2 + \cdots\right\} =$$

$$\sum_{n=0}^{\infty} \frac{3^n}{(1-3\mathrm{i})^{n+1}}[z-(1+\mathrm{i})]^n$$

又 $\left|\dfrac{3}{1-3\mathrm{i}}[z-(1+\mathrm{i})]\right| < 1$,即有

$$|z-(1+\mathrm{i})| < \frac{|1-3\mathrm{i}|}{3} = \frac{\sqrt{10}}{3}$$

从而收敛半径 $R = \dfrac{\sqrt{10}}{3}$.

5) 令

$$f(z) = \tan z, \quad \tan \frac{\pi}{4} = 1$$

$$(\tan z)' = \sec^2 z, \quad (\tan z)'\big|_{\frac{\pi}{4}} = 4$$

$$(\tan z)'' = 2\sec^2 z \tan z, \quad (\tan z)''\big|_{\frac{\pi}{4}} = 4$$

$$(\tan z)''' = 2(2\sec^2 z \tan^2 z + \sec^4 z), \quad (\tan z)'''\big|_{\frac{\pi}{4}} = 2(4+4) = 16$$

由 $c_n = \dfrac{f^{(n)}(z_0)}{n!}$,得

$$c_0 = 1, \quad c_1 = \frac{2}{1!}, \quad c_2 = \frac{4}{2!} = 2, \quad c_3 = \frac{16}{3!} = \frac{8}{3}, \quad \cdots$$

故

$$\tan z = 1 + 2\left(z - \frac{\pi}{4}\right) + 2\left(z - \frac{\pi}{4}\right)^2 + \frac{8}{3}\left(z - \frac{\pi}{4}\right)^3 + \cdots, \quad |z| < \frac{\pi}{4}$$

因此收敛半径为 $R = \dfrac{\pi}{4}$.

6) 考虑到

$$(\arctan z)' = \frac{1}{1+z^2}$$

又 $$\frac{1}{1+z^2} = 1 - z^2 + z^4 - z^6 + \cdots, \; |z^2| < 1$$

即 $$|z| < 1$$

$$\arctan z = \int_0^z \frac{dz}{1+z^2} = \int_0^z (1 - z^2 + z^4 - z^6 + \cdots) dz =$$

$$z - \frac{z^3}{3} + \frac{z^5}{5} - \frac{z^7}{7} + \cdots =$$

$$\sum_{n=1}^{\infty} (-1)^{n-1} \frac{z^{2n-1}}{2n-1}, \quad |z| < 1$$

收敛半径 $R = 1$.

14. 证明 $f(z) = \cos\left(z + \dfrac{1}{z}\right)$ 以 z 的各次幂表出的洛朗展开式中各系数为

$$c_n = \frac{1}{2\pi} \int_0^{2\pi} \cos\left(2\cos\theta\right) \cos n\theta \, d\theta \quad (n = 0, \pm 1, \pm 2, \cdots)$$

证明 $$f(z) = \cos\left(z + \frac{1}{z}\right)$$

$$c_n = \frac{1}{2\pi i} \oint_C \frac{f(\xi)}{(\xi - z_0)} d\varepsilon$$

其中 $\xi = e^{i\theta}$, $\quad d\xi = i e^{i\theta} d\theta$.

$\theta : 0 \to 2\pi$, $\quad z_0 = 0$.

$$c_n = \frac{1}{2\pi i} \int_0^{2\pi} \frac{\cos\left(e^{i\theta} + e^{-i\theta}\right)}{(e^{i\theta})^{n+1}} i e^{i\theta} d\theta = \frac{1}{2\pi i} \int_0^{2\pi} \frac{\cos\left(2\cos\theta\right)}{e^{in\theta}} d\theta =$$

$$\frac{1}{2\pi} \int_0^{2\pi} \cos\left(2\cos\theta\right) \left[\cos n\theta - i\sin n\theta\right] d\theta$$

其虚部为 $-\dfrac{1}{2\pi} \displaystyle\int_0^{2\pi} \cos\left(2\cos\theta\right) \sin n\theta \, d\theta$.

令 $$g(\theta) = \cos\left(2\cos\theta\right) \sin n\theta$$

由 $\cos\left[2\cos\left(\theta + 2\pi\right)\right] = \cos\left(2\cos\theta\right)$, $\quad \sin n(\theta + 2\pi) = \sin\left(n\theta + 2n\pi\right) = \sin n\theta$

得

$$g(\theta + 2\pi) = \cos\left[2\cos\left(\theta + 2\pi\right)\right] \sin n(\theta + 2\pi) = \cos\left(2\cos\theta\right) \sin n\theta = g(\theta)$$

即 $g(\theta)$ 以 2π 为周期.

又

$$g(-\theta) = \cos\left[2\cos\left(-\theta\right)\right] \sin n(-\theta) = \cos\left(2\cos\theta\right)(-\sin n\theta) = -\cos\left(2\cos\theta\right)\sin n\theta = -g(\theta)$$

即 $g(\theta)$ 为奇函数.

考察其虚部: $$-\frac{1}{2\pi} \int_0^{2\pi} g(\theta) d\theta = -\frac{1}{2\pi} \int_{-\pi}^{\pi} g(\theta) d\theta = 0$$

故 $$c_n = \frac{1}{2\pi} \int_0^{2\pi} \cos\left(2\cos\theta\right) \cos n\theta \, d\theta \quad (n = 0, \pm 1, \cdots)$$

16. 把下列各函数在指定的圆环域内展开成洛朗级数。

5) $\dfrac{1}{z^2(z-i)}$, 在以 i 为中心的圆环域内;   6) $\sin\dfrac{1}{1-z}$, 在 $z = 1$ 的去心邻域内;

7) $\dfrac{(z-1)(z-2)}{(z-3)(z-4)}$, $\; 3 < |z| < 4$, $\; 4 < |z| < +\infty$.

解 5) ① 当 $0 < |z - i| < 1$ 时, 有

$$\frac{1}{z^2(z-i)} = \frac{1}{z-i} \frac{1}{z^2} = \frac{1}{z-i} \frac{1}{(z-i+i)^2} = \frac{1}{z-i} \frac{1}{i^2 \left[1 + \frac{z-i}{i}\right]^2} = \frac{-1}{z-i} \frac{1}{\left[1 - i(z-i)\right]^2}$$

因为 $\dfrac{1}{(1-\xi)^2} = \sum\limits_{n=1}^{\infty} n\xi^{n-1}, |\xi| < 1$，所以 $|i(z-i)| < 1$，即 $|z-i| < 1$.

$$\dfrac{1}{[1-i(z-i)]^2} = \sum_{n=1}^{\infty} ni^{n-1}(z-i)^{n-1}$$

所以

$$\dfrac{1}{z^2(z-i)} = -\sum_{n=1}^{\infty} ni^{n-1}(z-i)^{n-2} = \sum_{n=1}^{\infty} ni^{n-1}(z-i)^{n-2} = \sum_{n=1}^{\infty}(-1)^{n-1}\dfrac{n(z-i)^{n-2}}{i^{n+1}}, 0 < |z-i| < 1$$

② 当 $1 < |z-i| < +\infty$ 时，有

$$\dfrac{1}{(z-i+i)^2} = \dfrac{1}{(z-i)^2}\dfrac{1}{\left(1+\dfrac{i}{z-i}\right)^2}$$

又因为 $\dfrac{1}{1+\xi} = 1-\xi+\xi^2-\xi^3+\cdots, |\xi|<1$，所以

$$\left(\dfrac{1}{1+\xi}\right)' = -\dfrac{1}{(1+\xi)^2} = -(-1+2\xi-3\xi^2+\cdots)$$

得

$$\dfrac{1}{\left(1+\dfrac{i}{z-i}\right)^2} = 1-2\left(\dfrac{i}{z-i}\right)+3\left(\dfrac{i}{z-i}\right)^2-4\left(\dfrac{i}{z-i}\right)^3+\cdots = \sum_{n=1}^{\infty}(-1)^{n+1}n\left(\dfrac{i}{z-i}\right)^{n-1}$$

从而有

$$\dfrac{1}{z^2(z-i)} = \dfrac{1}{(z-i)^3}\sum_{n=1}^{\infty}(-1)^{n+1}n\left(\dfrac{i}{z-i}\right)^{n-1} = \sum_{n=1}^{\infty}(-1)^{n+1}n\dfrac{i^{n-1}}{(z-i)^{n+2}} =$$

$$\sum_{n=1}^{\infty}(-1)^n\dfrac{(n+1)i^n}{(z-i)^{n+3}}, \quad 1 < |z-i| < +\infty$$

6) 当 $0 < |z-1| < +\infty$ 时，

$$\sin z = z - \dfrac{z^3}{3!} + \dfrac{z^5}{5!} - \cdots, |z| < +\infty$$

得

$$\sin\dfrac{1}{1-z} = -\sin\dfrac{1}{z-1} = -\left[\dfrac{1}{z-1}-\dfrac{1}{3!}\dfrac{1}{(z-1)^3}+\dfrac{1}{5!}\dfrac{1}{(z-1)^5}-\cdots\right] =$$

$$-\sum_{n=0}^{\infty}(-1)^n\dfrac{1}{(2n+1)!}\dfrac{1}{(z-1)^{2n+1}} \quad (0 < |z-1| < +\infty)$$

7) ① 当 $3 < |z| < 4$ 时，有

$$\dfrac{(z-1)(z-2)}{(z-3)(z-4)} = 1-\dfrac{6}{4-z}-\dfrac{2}{z-3} = 1-\dfrac{6}{4}\dfrac{1}{1-\dfrac{z}{4}}-\dfrac{2}{z}\dfrac{1}{1-\dfrac{3}{z}} =$$

$$1-\dfrac{3}{2}\sum_{n=0}^{\infty}\left(\dfrac{z}{4}\right)^n-\dfrac{2}{z}\sum_{n=-1}^{\infty}\left(\dfrac{3}{z}\right)^n = 1-\dfrac{3}{2}\sum_{n=0}^{\infty}\dfrac{1}{4^n}z^n-2\sum_{n=-1}^{\infty}\dfrac{3^n}{z^{n+1}} \quad (3 < |z| < 4)$$

② 当 $4 < |z| < +\infty$ 时，有

$$\dfrac{(z-1)(z-2)}{(z-3)(z-4)} = 1-\dfrac{6}{4-z}-\dfrac{2}{z-3} = 1+\dfrac{6}{z-4}-\dfrac{2}{z-3} = 1+\dfrac{6}{z}\dfrac{1}{1-\dfrac{4}{z}}-\dfrac{2}{z}\dfrac{1}{1-\dfrac{3}{z}} =$$

$$1+\dfrac{6}{z}\sum_{n=0}^{\infty}\left(\dfrac{4}{z}\right)^n-\dfrac{2}{z}\sum_{n=0}^{\infty}\left(\dfrac{3}{z}\right)^n =$$

$$1+\sum_{n=1}^{\infty}(3\times2^{2n-1}-2\times(3^{n-1}))z^{-n} \quad (4 < |z| < +\infty)$$

18. 如果 k 为满足关系 $k^2 < 1$ 的实数，证明：

$$\sum_{n=0}^{\infty}k^n\sin(n+1)\theta = \dfrac{\sin\theta}{1-2k\cos\theta+k^2}, \qquad \sum_{n=0}^{\infty}k^n\cos(n+1)\theta = \dfrac{\cos\theta-k}{1-2k\cos\theta+k^2}$$

证明 当 $|z| > k$ 时,有

$$\frac{1}{z-k} = \frac{1}{z\left(1-\frac{k}{z}\right)} = \sum_{n=0}^{\infty} \frac{k^n}{z^{n+1}} \quad (k^2 < 1)$$

令 $z = e^{i\theta}$,则

$$\frac{1}{z-k} = \frac{1}{\cos\theta - k + i\sin\theta} = \frac{\cos\theta - k - i\sin\theta}{(\cos\theta - k)^2 + \sin^2\theta} = \frac{\cos\theta - k - i\sin\theta}{1 - 2k\cos\theta + k^2} \tag{4.1}$$

$$\sum_{n=0}^{\infty} \frac{k^n}{z^{n+1}} = \sum_{n=0}^{\infty} k^n e^{-(n+1)\theta i} = \sum_{n=0}^{\infty} k^n [\cos(n+1)\theta - i\sin(n+1)\theta] \tag{4.2}$$

由式(4.1) = 式(4.2),得两边的实部相等、虚部相等.

19.如果 C 为正向圆周 $|z| = 3$,求积分 $\oint_C f(z)dz$ 的值,设 $f(z)$ 为

2) $\dfrac{z+2}{(z+1)z}$;　　　　　　　4) $\dfrac{z}{(z+1)(z+2)}$.

解 2) 由 $\dfrac{z+2}{(z+1)z} = \dfrac{1}{z}\left(1 + \dfrac{1}{1+z}\right)$,得在 $C: |z| = 3$ 内 $f(z)$ 不全解析.

设 C_1, C_2 为既不相交又不包含且各自包含奇点 $z = 0, z = -1$ 的小圆周.

由柯西积分公式,得

$$\oint_C \frac{z+2}{z(z+1)}dz = \left(\oint_{C_1} + \oint_{C_2}\right) f(z)dz = 2 \times 2\pi i - 2\pi i = 2\pi i$$

4) 设 C_1, C_2 为互不相交互不包含的两小圆域,且各自包围着奇点 $z = -1, z = -2$,故

$$\oint_C \frac{z}{(z+1)(z+2)}dz = \left(\oint_{C_1} + \oint_{C_2}\right) f(z)dz = \frac{-1}{-1+2}2\pi i + \frac{-2}{-2+1}2\pi i = 2\pi i$$

20.试求积分 $\oint_C \left(\sum_{n=-2}^{\infty} z^n\right)dz$ 的值,其中 C 为单位圆 $|z| = 1$ 内的任何一条不经过原点的简单闭曲线.

解

$$\sum_{n=-2}^{\infty} z^n = z^{-2} + z^{-1} + \sum_{n=0}^{\infty} z^n$$

考虑到 $\sum_{n=0}^{\infty} z^n$ 在 $|z| < 1$ 内收敛,因而可对其逐项积分,得

$$\oint_C \left(\sum_{n=-2}^{\infty} z^n\right)dz = \oint_C \left(z^{-2} + z^{-1} + \sum_{n=0}^{\infty} z^n\right)dz = \oint_C z^{-2}dz + \oint_C z^{-1}dz + \sum_{n=0}^{\infty} \oint_C z^n dz = 0 + 2\pi i + 0 = 2\pi i$$

第5章 留 数

5.1 内容导教

(1)强调留数理论在复变函数理论中的重要地位和应用价值.留数理论是复变函数理论的重要组成部分,其中心问题就是留数定理.留数定理在理论探讨和实际应用中都具有重要的意义.

(2)强调留数概念的思想来源,解析函数的洛朗展开式中$(z-z_0)^{-1}$的系数c_{-1}的特殊含义及其与积分的关系.

(3)强调留数定理的实质与应用方法,留数定理的实质是另一种形式的复合闭路定理,因而为复变函数的积分又提供了一种新的计算方法——留数法.同时留数定理还可以用来计算一些定积分和广义积分.这一切都是基于计算函数在孤立奇点处的留数的基础上.而洛朗级数为孤立奇点的分类提供了有效工具.

5.2 内容导学

5.2.1 内容要点精讲

一、教学基本要求

(1)了解复变函数的孤立奇点概念及其分类,掌握复变函数的孤立奇点类型的判别方法及其相互关系.

(2)理解留数的定义,掌握各类奇点处留数的计算方法.

(3)理解留数定理,掌握应用留数定理计算复变函数沿闭曲线积分以及几种特殊定积分的方法.

(4)了解对数留数与辐角原理.

二、主要内容精讲

(一)复变函数的孤立奇点

1.孤立奇点的概念

定义 5.1 (孤立奇点) 如果函数$f(z)$在z_0不解析,但在z_0的某去心邻域$0<|z-z_0|<\delta$内处处解析,则称z_0为$f(z)$的孤立奇点.

[注] 函数的奇点未必都是它的孤立奇点.

例如,对于任意给定的$n=\pm1,\pm2,\dots,z=\dfrac{1}{n\pi}$都是函数$f(z)=\dfrac{1}{\sin\dfrac{1}{z}}$的孤立奇点,但是$z=0$是

$f(z)=\dfrac{1}{\sin\dfrac{1}{z}}$的一个奇点,而不是孤立奇点.

事实上,因为$\lim\limits_{n\to\infty}\dfrac{1}{n\pi}=0$,所以在$z=0$的任意去心邻域内总有$f(z)=\dfrac{1}{\sin\dfrac{1}{z}}$的奇点存在,故$z=0$不是

$f(z) = \dfrac{1}{\sin \dfrac{1}{z}}$ 的孤立奇点.

2. 孤立奇点的分类

按照函数在孤立奇点的去心邻域内的洛朗展开式, 通常把孤立奇点分为以下三类: 可去奇点, 本性奇点和极点.

(1) 可去奇点.

定义 5.2 (可去奇点)　如果 $f(z)$ 在 z_0 的去心邻域内的洛朗展开式中不含有 $z - z_0$ 的负幂次项, 即通常的幂级数:

$$f(z) = \sum_{n=0}^{+\infty} c_n (z - z_0)^n = c_0 + c_1 (z - z_0) + c_2 (z - z_0)^2 + \cdots + c_n (z - z_0)^n + \cdots$$

则称孤立奇点 z_0 为 $f(z)$ 的可去奇点.

可去奇点的特性:

1) z_0 为 $f(z)$ 的可去奇点 $\Leftrightarrow \lim\limits_{z \to z_0} f(z) = c_0$;

2) z_0 为 $f(z)$ 的可去奇点时, 若令 $f(z) = c_0$, 则 $f(z)$ 就在 z_0 解析, 并且在 z_0 的含心邻域 $|z - z_0| < \delta$ 内有泰勒级数展开式:

$$f(z) = \sum_{n=0}^{+\infty} c_n (z - z_0)^n = c_0 + c_1 (z - z_0) + c_2 (z - z_0)^2 + \cdots + c_n (z - z_0)^n + \cdots$$

可去奇点的判别方法:

1) 定义法 —— 洛朗级数展开法.

第一步: 将 $f(z)$ 在 z_0 的某去心邻域 $0 < |z - z_0| < \delta$ 内展开成洛朗级数;

第二步: 若上述洛朗展开式中不含 $z - z_0$ 的负幂次项, 则 z_0 为 $f(z)$ 的可去奇点.

2) 极限法.

第一步: 求极限 $\lim\limits_{z \to z_0} f(z)$;

第二步: 若上述极限为常数, 则 z_0 为 $f(z)$ 的可去奇点.

例如, $z = 0$ 为 $f(z) = \dfrac{\sin z}{z}$ 的可去奇点.

事实上, 可以采用两种不同的方法来说明.

方法 1: 因为 $f(z) = \dfrac{\sin z}{z}$ 展开成关于 z 的洛朗级数为

$$f(z) = \frac{\sin z}{z} = \frac{1}{z}\left(z - \frac{z^3}{3!} + \frac{z^5}{5!} - \cdots\right) = 1 - \frac{z^2}{3!} + \frac{z^4}{5!} - \cdots$$

展开式中不含 z 的负幂次项, 所以 $z = 0$ 为 $f(z) = \dfrac{\sin z}{z}$ 的可去奇点.

方法 2: 因为 $\lim\limits_{z \to 0} f(z) = \lim\limits_{z \to 0} \dfrac{\sin z}{z} = 1$ 是常数, 所以 $z = 0$ 为 $f(z) = \dfrac{\sin z}{z}$ 的可去奇点.

(2) 本性奇点.

定义 5.3 (本性奇点)　如果 $f(z)$ 在 z_0 的去心邻域内的洛朗展开式中含有无穷多个 $z - z_0$ 的负幂次项, 即

$$f(z) = \sum_{n=-\infty}^{+\infty} c_n (z - z_0)^n$$

则称孤立奇点 z_0 为 $f(z)$ 的本性奇点.

本性奇点的特性:

1) z_0 为 $f(z)$ 的本性奇点 $\Rightarrow$ 对于任意 $A \in C$ (C 为复数域), 存在 $\{z_n\}: z_n \to z_0, \lim\limits_{n \to \infty} f(z_n) = A$;

2)z_0 为 $f(z)$ 的本性奇点 $\Leftrightarrow \lim\limits_{z \to z_0} f(z)$ 不存在,也不是 ∞.

本性奇点的判别方法:

1) 定义法 —— 罗朗级数展开法.

第一步:将 $f(z)$ 在 z_0 的某去心邻域 $0 < |z - z_0| < \delta$ 内展开成洛朗级数;

第二步:若上述洛朗展开式中含无穷多个 $z - z_0$ 的负幂次项,则 z_0 为 $f(z)$ 的本性奇点.

2) 极限法.

第一步:求极限 $\lim\limits_{z \to z_0} f(z)$;

第二步:若上述极限不存在,也不是 ∞,则 z_0 为 $f(z)$ 的本性奇点.

例如,$z = 0$ 是 $f(z) = e^{\frac{1}{z}}$ 的本性奇点. 因为 $e^{\frac{1}{z}} = 1 + \frac{1}{z} + \frac{1}{2!}\frac{1}{z^2} + \cdots + \frac{1}{n!}\frac{1}{z^n} + \cdots\cdots$ 中含无穷多个 z 的负幂次项.

(3) 零点与极点.

定义 5.4 （m 级零点） 如果 $f^{(n)}(z_0) = 0 (n = 0, 1, 2, \cdots m-1)$,$f^{(m)}(z_0) \neq 0$,则称 z_0 为 $f(z)$ 的 m 级零点.

m 级零点的特性:z_0 为不恒为零的函数 $f(z)$ 的 m 级零点 $\Leftrightarrow f(z) = (z - z_0)^m \varphi(z)$,其中 $\varphi(z)$ 在 z_0 解析,且 $\varphi(z_0) \neq 0$.

定义 5.5 （m 级极点） 如果 $f(z)$ 在 z_0 的去心邻域内的洛朗展开式中只含有有限个 $z - z_0$ 的负幂次项,且其中关于 $(z - z_0)^{-1}$ 的最高幂为 $(z - z_0)^{-m}$,即

$$f(z) = \sum_{n=-m}^{+\infty} c_n (z - z_0)^n \quad (m \geqslant 1, c_{-m} \neq 0)$$

则称孤立奇点 z_0 为 $f(z)$ 的 m 级极点.

m 级极点的特性:

1)z_0 为 $f(z)$ 的 m 级极点 $\Leftrightarrow f(z) = \dfrac{g(z)}{(z - z_0)^m}$,其中 $g(z)$ 在 z_0 解析,且

$$g(z) = c_{-m} + c_{-m+1}(z - z_0) + c_{-m+2}(z - z_0)^2 + \cdots$$
$$g(z_0) \neq 0$$

2)z_0 为 $f(z)$ 的 m 级极点 $\Leftrightarrow \lim\limits_{z \to z_0} f(z) = \infty$.

定理 5.1 （函数的极点与零点的关系） z_0 为 $f(z)$ 的 m 级极点 $\Leftrightarrow z_0$ 为 $\dfrac{1}{f(z)}$ 的 m 级零点.

证明 若 z_0 为 $f(z)$ 的 m 级极点,则有

$$f(z) = \frac{g(z)}{(z - z_0)^m}$$

其中 $g(z)$ 在 z_0 解析,且 $g(z_0) \neq 0$. 故当 $z \neq z_0$ 时,有

$$\frac{1}{f(z)} = (z - z_0)^m \frac{1}{g(z)} \overset{\Delta}{=} (z - z_0)^m h(z)$$

且函数 $h(z)$ 也在 z_0 解析,$h(z_0) \neq 0$,因此,z_0 为 $\dfrac{1}{f(z)}$ 的 m 级零点.

反过来,若 z_0 为 $\dfrac{1}{f(z)}$ 的 m 级零点,则有

$$\frac{1}{f(z)} = (z - z_0)^m \varphi(z)$$

其中,函数 $\varphi(z)$ 也在 z_0 解析,$\varphi(z_0) \neq 0$. 故当 $z \neq z_0$ 时,有

$$f(z) = \frac{1}{(z - z_0)^m \varphi(z)} = \frac{1}{(z - z_0)^m} \psi(z)$$

且函数 $\psi(z) = \dfrac{1}{\varphi(z)}$ 在 z_0 解析,且 $\psi(z_0) \neq 0$,因此,z_0 为 $f(z)$ 的 m 级极点.

[注] 该定理为判断函数的极点提供了一个较为简单的方法.

判别极点的方法:

1) 定义法 —— 罗朗级数展开法.

第一步:将 $f(z)$ 在 z_0 的某去心邻域 $0 < |z - z_0| < \delta$ 内展开成洛朗级数;

第二步:若上述洛朗展开式中含 $(z - z_0)^{-1}$ 的最高项为 $(z - z_0)^{-m}$,则 z_0 为 $f(z)$ 的 m 级极点.

2) 极限法.

第一步:求极限 $\lim\limits_{z \to z_0} f(z)$;

第二步:若上述极限为 ∞,则 z_0 为 $f(z)$ 的极点.

3) 充要条件法. 若 $f(z) = \dfrac{g(z)}{(z - z_0)^m}$,其中 $g(z)$ 在 z_0 解析,且 $g(z_0) \neq 0$,则 z_0 为 $f(z)$ 的 m 级极点.

4) 应用极点与零点的关系,z_0 为 $f(z)$ 的 m 级极点 $\Leftrightarrow z_0$ 为 $\dfrac{1}{f(z)}$ 的 m 级零点.

例如,函数 $f(z) = \dfrac{z - 1}{(z^2 + 1)(z - 2)^4}$,有一个 4 级极点 $z = 2$ 和两个一级极点 $z = \pm\mathrm{i}$.

事实上,$\dfrac{1}{f(z)} = \dfrac{(z^2 + 1)(z - 2)^4}{z - 1}$,有一个 4 级零点 $z = 2$ 和两个一级零点 $z = \pm\mathrm{i}$.

因此,函数 $f(z) = \dfrac{z - 1}{(z^2 + 1)(z - 2)^4}$,有一个 4 级极点 $z = 2$ 和两个一级极点 $z = \pm\mathrm{i}$.

又例如,函数 $f(z) = \dfrac{1}{\sin z}$ 有什么奇点? 如果是极点,指出它的级.

事实上,因为

$$\sin k\pi = 0, \quad (\sin z)' \big|_{z = k\pi} = \cos k\pi = (-1)^k \neq 0$$

所以 $z = k\pi (k = 0, \pm 1, \pm 2, \cdots)$ 是 $\sin z$ 的以及零点,因而是 $f(z) = \dfrac{1}{\sin z}$ 的一级极点.

*3. 函数在无穷远点的性态

定义 5.6 (∞ 为函数的孤立奇点)   如果函数 $f(z)$ 在 $z = \infty$ 的某去心邻域 $R < |z| < +\infty$ 内解析,则称 ∞ 为 $f(z)$ 的孤立奇点.

(1) 关系:令 $t = \dfrac{1}{z}$,则 $z = \dfrac{1}{t}$,$f(z) = f\left(\dfrac{1}{t}\right) \overset{\Delta}{=} \varphi(t)$.

$z = \infty$ 为 $f(z)$ 的孤立奇点 $\Leftrightarrow t = 0$ 为函数 $\varphi(t) = f\left(\dfrac{1}{t}\right) = f(z)$ 的孤立奇点.

(2) 特征:$z = \infty$ 为 $f(z)$ 的可去奇点 $\Leftrightarrow t = 0$ 为函数 $\varphi(t) = f\left(\dfrac{1}{t}\right) = f(z)$ 的可去奇点 $\Leftrightarrow \lim\limits_{z \to \infty} f(z) = c_0 \Leftrightarrow f(z)$ 在 $R < |z| < +\infty$ 内的洛朗展开式不含 z 的正幂次项,有

$$f(z) = c_0 + \sum_{n=1}^{+\infty} c_{-n} z^{-n}$$

$z = \infty$ 为 $f(z)$ 的本性奇点 $\Leftrightarrow t = 0$ 为函数 $\varphi(t) = f\left(\dfrac{1}{t}\right) = f(z)$ 的本性奇点 $\Leftrightarrow \lim\limits_{z \to \infty} f(z)$ 不存在,也不为 $\infty \Leftrightarrow f(z)$ 在 $R < |z| < +\infty$ 内的洛朗展开式含无穷多个 z 的正幂次项,有

$$f(z) = \sum_{n=1}^{+\infty} c_n z^n + c_0 + \sum_{n=1}^{+\infty} c_{-n} z^{-n}$$

$z = \infty$ 为 $f(z)$ 的 m 级极点 $\Leftrightarrow t = 0$ 为函数 $\varphi(t) = f\left(\dfrac{1}{t}\right) = f(z)$ 的 m 级极点 $\Leftrightarrow \lim\limits_{z \to \infty} f(z) = \infty \Leftrightarrow f(z)$ 在 $R < |z| < +\infty$ 内的洛朗展开式含有限多个 z 的正幂次项,且 z^m 为最高正幂,有

$$f(z) = \sum_{n=1}^{m} c_n z^n + c_0 + \sum_{n=1}^{+\infty} c_{-n} z^{-n}$$

例如,函数 $f(z) = \dfrac{z}{z+1}$ 在圆环域 $1 < |z| < +\infty$ 内的洛朗展开式为

$$f(z) = \frac{1}{1+\dfrac{1}{z}} = 1 - \frac{1}{z} + \frac{1}{z^2} - \frac{1}{z^3} + \cdots + (-1)^n \frac{1}{z^n} + \cdots$$

不含 z 的正幂项,所以 ∞ 为 $f(z)$ 的可去奇点. 若令 $f(\infty) = 1$,则 $f(z)$ 在 ∞ 处解析.

因为函数 $f(z) = z + \dfrac{1}{z}$ 含 z 的最高正幂项为 z,所以 ∞ 为 $f(z)$ 的一级极点.

因为函数 $f(z) = \sin z = z - \dfrac{z^3}{3!} + \dfrac{z^5}{5!} - \cdots + (-1)^n \dfrac{z^{2n+1}}{(2n+1)!} + \cdots$ 含无穷多项 z 的正幂项,所以 ∞ 为 $f(z)$ 的本性奇点.

(二) 留数

1. 留数的定义

定义 5.7 (留数) 设 z_0 为函数 $f(z)$ 的孤立奇点,则称 $f(z)$ 在 z_0 的某去心邻域 $0 < |z - z_0| < \delta$ 内的洛朗级数展开式中负幂项 $c_{-1}(z - z_0)^{-1}$ 的系数 c_{-1} 为函数 $f(z)$ 在 z_0 的留数,记作

$$\mathrm{Res}[f(z), z_0] = c_{-1} = \frac{1}{2\pi \mathrm{i}} \oint_C f(z) \mathrm{d}z$$

2. 函数在极点处的留数计算规则

规则 Ⅰ 如果 z_0 为函数 $f(z)$ 的一级极点,那么函数 $f(z)$ 在 z_0 的留数为

$$\mathrm{Res}[f(z), z_0] = \lim_{z \to z_0} (z - z_0) f(z)$$

规则 Ⅱ 如果 z_0 为函数 $f(z)$ 的 m 级极点,那么函数 $f(z)$ 在 z_0 的留数为

$$\mathrm{Res}[f(z), z_0] = \frac{1}{(m-1)!} \lim_{z \to z_0} \frac{\mathrm{d}^{m-1}}{\mathrm{d}z^{m-1}} [(z - z_0)^m f(z)]$$

证明 若 z_0 为函数 $f(z)$ 的 m 级极点,则有

$$f(z) = c_{-m}(z - z_0)^{-m} + c_{-m+1}(z - z_0)^{-m+1} + \cdots + c_{-1}(z - z_0)^{-1} + c_0 + c_1(z - z_0) + \cdots$$

两端乘以 $(z - z_0)^m$,得

$$(z - z_0)^m f(z) = c_{-m} + c_{-m+1}(z - z_0) + \cdots + c_{-1}(z - z_0)^{m-1} + c_0(z - z_0)^m + \cdots$$

两端求 $m - 1$ 阶导数,得

$$\frac{\mathrm{d}^{m-1}}{\mathrm{d}z^{m-1}} [(z - z_0)^m f(z)] = (m-1)! \, c_{-1} + \{\text{含 } z - z_0 \text{ 的正幂的项}\}$$

从而有

$$\mathrm{Res}[f(z), z_0] = c_{-1} = \frac{1}{(m-1)!} \lim_{z \to z_0} \frac{\mathrm{d}^{m-1}}{\mathrm{d}z^{m-1}} [(z - z_0)^m f(z)]$$

规则 Ⅲ 设 $f(z) = \dfrac{P(z)}{Q(z)}$,$P(z)$ 及 $Q(z)$ 在 z_0 都解析. 如果 $P(z_0) \neq 0$,$Q(z_0) = 0$,$Q'(z_0) \neq 0$,那么 z_0 为函数 $f(z)$ 的一级极点,且 $f(z)$ 在 z_0 的留数为

$$\mathrm{Res}[f(z), z_0] = \frac{P(z_0)}{Q'(z_0)}$$

证明 因为 $Q(z_0) = 0$,$Q'(z_0) \neq 0$,则 z_0 为函数 $Q(z)$ 的一级零点,所以

$$Q(z) = (z - z_0) h(z) \quad (h(z) \text{ 在 } z_0 \text{ 解析,且 } h(z_0) \neq 0)$$

从而有

$$f(z) = \frac{P(z)}{Q(z)} = \frac{P(z)}{(z - z_0) h(z)} = \frac{\varphi(z)}{(z - z_0)}$$

其中，$\varphi(z) = \dfrac{P(z)}{h(z)}$ 在 z_0 解析，且 $\varphi(z_0) \neq 0$，故 z_0 为函数 $f(z)$ 的一级极点.

并且

$$\operatorname{Res}[f(z), z_0] = \lim_{z \to z_0}(z - z_0)f(z) = \lim_{z \to z_0} \frac{P(z)}{\dfrac{Q(z) - Q(z_0)}{z - z_0}} = \frac{P(z)}{Q'(z)}$$

[注]　(1) 规则 Ⅰ 是规则 Ⅱ 当 $m = 1$ 时的特殊情形，规则 Ⅲ 是规则 Ⅰ 当 $f(z) = \dfrac{P(z)}{Q(z)}$ 时的特殊情形.

(2) 若 z_0 为函数 $f(z)$ 的可去奇点，则 $\operatorname{Res}[f(z), z_0] = 0$.

(3) 若 z_0 为函数 $f(z)$ 的本性奇点，则对函数进行洛朗展开，$\operatorname{Res}[f(z), z_0] = c_{-1}$.

3. 留数定理

定理 5.2　（留数定理）　设函数 $f(z)$ 在区域 D 内除有限个孤立奇点 $z_k (k = 1, 2, \cdots, n)$ 外处处解析，C 是 D 内包围诸奇点的一条正向简单闭曲线（见图 5-1），则

$$\oint_C f(z)\mathrm{d}z = 2\pi\mathrm{i} \sum_{k=1}^{n} \operatorname{Res}[f(z), z_k]$$

证明　把在 C 内的孤立奇点 $z_k (1, 2, \cdots, n)$ 用互不包含的正向简单闭曲线 C_k 包围起来，根据复合闭路定理，有

$$\oint_C f(z)\mathrm{d}z = \sum_{k=1}^{n} \oint_{C_k} f(z)\mathrm{d}z = 2\pi\mathrm{i} \sum_{k=1}^{n} \operatorname{Res}[f(z), z_k]$$

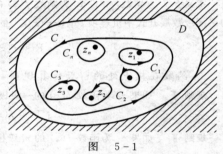

[注]　留数定理给出了计算沿闭曲线 C 的积分的新方法：应用函数在 C 的内部各孤立奇点处的留数之和来计算.

4. 函数在无穷远点处的留数

定义 5.8　（函数在无穷远点处的留数）　设函数 $f(z)$ 在圆环域 $R < |z| < +\infty$ 内解析，C 为该圆环域内绕原点的任何一

图　5-1

条正向简单闭曲线，那么称 $\dfrac{1}{2\pi\mathrm{i}} \oint_{C^-} f(z)\mathrm{d}z$ 为 $f(z)$ 在 ∞ 远处的留数，记作

$$\operatorname{Res}[f(z), \infty] = \frac{1}{2\pi\mathrm{i}} \oint_{C^-} f(z)\mathrm{d}z$$

[注]　函数 $f(z)$ 在 ∞ 远处的留数等于它在圆环域 $R < |z| < +\infty$ 内的洛朗展开式中 z^{-1} 的系数的负值，即

$$\operatorname{Res}[f(z), \infty] = -c_{-1}$$

规则 Ⅳ　$f(z)$ 在 ∞ 远处的留数

$$\operatorname{Res}[f(z), \infty] = -\operatorname{Res}\left[f\left(\frac{1}{z}\right)\frac{1}{z^2}, 0\right]$$

定理 5.3　（留数定理的推广）　如果函数 $f(z)$ 在扩充复平面内只有有限个孤立奇点 $z_k (k = 1, 2, \cdots, n)$，那么 $f(z)$ 在所有各奇点（包括 ∞ 点）的留数之和必等于零.

[注]　规则 Ⅳ 和定理 5.3 提供了计算函数沿闭曲线积分的又一种方法，在很多情况下，使用起来更简便.

（三）留数在定积分计算上的应用

根据留数定理，留数也是计算定积分的一个有效方法，特别适应于被积函数的原函数不易求得的情形.

应用留数计算定积分要求：① 被积函数必须要与某个解析函数密切相关（这一点容易满足）；② 把区间上的定积分转化为沿闭曲线的计分（这一点比较困难）.

(1) 形如 $\displaystyle\int_0^{2\pi} R(\cos\theta, \sin\theta)\mathrm{d}\theta$ 的积分：

$$\int_0^{2\pi} R(\cos\theta, \sin\theta)\mathrm{d}\theta \xrightarrow{z=\mathrm{e}^{\mathrm{i}\theta}} \oint_{|z|=1} R\left[\frac{z^2+1}{2z}, \frac{z^2-1}{2\mathrm{i}z}\right]\frac{\mathrm{d}z}{\mathrm{i}z} = 2\pi\mathrm{i}\sum_{k=1}^n \mathrm{Res}\left\{R\left[\frac{z^2+1}{2z}, \frac{z^2-1}{2\mathrm{i}z}\right]\frac{1}{\mathrm{i}z}, z_k\right\}$$

（2）形如 $\int_{-\infty}^{+\infty} R(x)\mathrm{d}x$ 的积分：

$$\int_{-\infty}^{+\infty} R(x)\mathrm{d}x = 2\pi\mathrm{i}\sum_{k=1}^n \mathrm{Res}[R(z), z_k]$$

其中，$R(x) = \dfrac{x^n + a_1 x^{n-1} + \cdots + a_n}{x^m + b_1 x^{m-1} + \cdots + b_m}$，$m-n \geqslant 2$，并且 $R(z)$ 在实轴上没有孤立奇点（这时积分是存在的），$z_k(k=1,2,\cdots,n)$ 是 $R(z)$ 在上半平面内的所有极点.

（3）形如 $\int_{-\infty}^{+\infty} R(x)\mathrm{e}^{a\mathrm{i}x}\mathrm{d}x\,(a>0)$ 的积分：

$$\int_{-\infty}^{+\infty} R(x)\mathrm{e}^{a\mathrm{i}x}\mathrm{d}x = 2\pi\mathrm{i}\sum_{k=1}^n \mathrm{Res}[R(z)\mathrm{e}^{a\mathrm{i}z}, z_k] \quad (a>0)$$

其中，$R(x) = \dfrac{x^n + a_1 x^{n-1} + \cdots + a_n}{x^m + b_1 x^{m-1} + \cdots + b_m}$，$m-n \geqslant 1$，并且 $R(z)$ 在实轴上没有孤立奇点（这时积分是存在的），$z_k(k=1,2,\cdots,n)$ 是 $R(z)$ 在上半平面内的所有极点.

5.2.2　重点、难点解析

1. 重点

（1）孤立奇点的分类与判别.

分类依据：按照函数在孤立奇点的去心邻域内的洛朗展开式的不同形式来划分.

分类结果：可去奇点，本性奇点和极点.

判别方法：

z_0 为 $f(z)$ 的可去奇点 $\overset{\triangle}{\Longleftrightarrow} f(z) = \sum_{n=0}^{+\infty} c_n(z-z_0)^n \Longleftrightarrow \lim\limits_{z\to z_0} f(z) = c_0$

z_0 为 $f(z)$ 的本性奇点 $\overset{\triangle}{\Longleftrightarrow} f(z) = \sum_{n=-\infty}^{+\infty} c_n(z-z_0)^n \Longleftrightarrow \lim\limits_{z\to z_0} f(z)$ 不存在，也不是 ∞

z_0 为 $f(z)$ 的 m 级极点 $\overset{\triangle}{\Longleftrightarrow} f(z) = \sum_{n=-m}^{+\infty} c_n(z-z_0)^n \quad (m\geqslant 1, c_{-m}\neq 0) \Longleftrightarrow f(z) = \dfrac{g(z)}{(z-z_0)^m}$

其中 $g(z)$ 在 z_0 解析，且 $g(z_0)\neq 0 \Longleftrightarrow \lim\limits_{z\to z_0} f(z) = \infty \Longleftrightarrow z_0$ 为 $\dfrac{1}{f(z)}$ 的 m 级零点.

（2）留数.

留数定义：$\mathrm{Res}[f(z), z_0] = c_{-1} = \dfrac{1}{2\pi\mathrm{i}}\oint_C f(z)\mathrm{d}z$.

留数计算：如果 z_0 为函数 $f(z)$ 的 $m(m=1,2,\cdots)$ 级极点，那么

$$\mathrm{Res}[f(z), z_0] = \frac{1}{(m-1)!}\lim_{z\to z_0}\frac{\mathrm{d}^{m-1}}{\mathrm{d}z^{m-1}}[(z-z_0)^m f(z)] \xrightarrow{m=1} \lim_{z\to z_0}(z-z_0)f(z) \xrightarrow{f(z)=\frac{P(z)}{Q(z)}} \frac{P(z_0)}{Q'(z_0)}$$

留数定理：

$$\oint_C f(z)\mathrm{d}z = 2\pi\mathrm{i}\sum_{k=1}^n \mathrm{Res}[f(z), z_k]$$

其中，$z_k(k=1,2,\cdots n)$ 为函数 $f(z)$ 在区域 D 内所有有限孤立奇点，C 是 D 内包围诸奇点的一条正向简单闭曲线.

2. 难点

（1）无穷远点处的留数：

$$\text{Res}\big[f(z),\infty\big] \xlongequal{\Delta} -c_{-1} = \frac{1}{2\pi i}\oint_{C^-} f(z)\,\mathrm{d}z = -\text{Res}\Big[f\Big(\frac{1}{z}\Big)\frac{1}{z^2},0\Big] = -\sum_{k=1}^{n}\text{Res}\big[f(z),z_k\big]$$

(2)留数在定积分计算中的应用.

应用留数计算定积分要求：① 被积函数必须要与某个解析函数密切相关(这一点容易满足)；② 把区间上的定积分转化为沿闭曲线的积分(这一点比较困难).

5.3 典型例题解析

例 5.1 若 $f(z) = \dfrac{1}{z(z-1)^2}$ 在 $z = 1$ 处有一个二级极点；又 $f(z)$ 有洛朗展开式为

$$\frac{1}{z(z-1)^2} = \cdots + \frac{1}{(z-1)^5} - \frac{1}{(z-1)^4} + \frac{1}{(z-1)^3}, \quad |z-1| > 1 \tag{5.1}$$

所以 $z = 1$ 又是 $f(z)$ 的本性奇点. 又因不含 $(z-1)^{-1}$, 所以 $\text{Res}[f(z),1] = 0$. 试分析这一说法是否正确.

分析 对 $f(z)$ 在去心邻域内展开, 直接根据留数的定义来分析.

解 上述说法是不对的.

显然, 式(5.1)是 $f(z)$ 在圆环域 $1 < |z-1| < +\infty$ 内的洛朗展开式. 为求 $\text{Res}[f(z),1]$, 需对 $f(z)$ 在 $z = 1$ 的去心邻域内进行洛朗展开, 考虑到：

$$f(z) = \frac{1}{(z-1)^2} - \frac{1}{z-1} + \sum_{n=0}^{\infty}(-1)^n(z-1)^n \quad (0 < |z-1| < 1)$$

为此, $z = 1$ 只能是二级极点, 且 $\text{Res}[f(z),1] = -1$.

【评注】 研究在极点处的留数, 需在极点的去心邻域进行洛朗展开, 而非任意的圆环域展开.

例 5.2 求积分 $\oint_C \dfrac{z\sin z}{(1-e^z)^3}\mathrm{d}z$, 其中 C 为正向圆周 $|z| = 1$.

分析 根据零点和极点的关系以及留数定理来求解.

解 不妨设 $g(z) = 1 - e^z$, 显然有 $g(0) = 0, g'(0) \neq 0$. 由此知 $z = 0$ 为 $g(z)$ 的一级零点, 故 $z = 0$ 是 $g_1(z) = (1-e^z)^3$ 的三级零点, 又 $z = 0$ 是 $z\sin z$ 的二级零点, 从而 $z = 0$ 是 $f(z) = \dfrac{z\sin z}{(1-e^z)^3}$ 的一级极点.

$$\oint_C \frac{z\sin z}{(1-e^z)^3}\mathrm{d}z = 2\pi i\,\text{Res}[f(z),0] = 2\pi i\lim_{z\to 0}\frac{z^2\sin z}{(1-e^z)^3} = 2\pi i\lim_{z\to 0}\Big(\frac{z}{1-e^z}\Big)^3\frac{\sin z}{z} = -2\pi i$$

【评注】 留数定理是计算复变函数积分的一种有效方法

例 5.3 计算积分 $\displaystyle\int_{-\infty}^{+\infty}\dfrac{\mathrm{d}x}{(1+x^2)^n}$(为正整数).

解 不妨设 $f(z) = \dfrac{1}{(1+z^2)^n} = \dfrac{1}{(z-i)^n(z+i)^n}$ 在上半平面内只有一个 n 级极点 $z = i$, 且

$$\text{Res}[f(z),i] = \lim_{z\to i}\frac{1}{(n-1)!}\frac{\mathrm{d}^{n-1}}{\mathrm{d}z^{n-1}}\big[(z-i)^n f(z)\big] = \lim_{z\to i}\frac{1}{(n-1)!}\frac{\mathrm{d}^{n-1}}{\mathrm{d}z^{n-1}}\big[(z+i)^{-n}\big] =$$

$$\frac{(-n)(-n-1)\cdots(-2n+2)}{(n-1)!}(2i)^{-2n+1} =$$

$$\frac{(-1)^{n-1}n(n+1)\cdots(2n-2)}{(-1)^n(n-1)!}\frac{1}{2^{2n-1}}i = -\frac{(2n-2)!}{[(n-1)!]^2}\frac{1}{2^{2n-1}}i$$

从而有

$$\int_{-\infty}^{+\infty}\frac{\mathrm{d}x}{(1+x^2)^n} = \frac{2\pi(2n-2)!}{[(n-1)!]^2 2^{2n-1}}$$

【评注】 避免采用实函数的积分方法.

例 5.4 计算积分 $\displaystyle\oint_{|z|=n}\tan\pi z\,\mathrm{d}z$.

分析 应用留数定理.

解 由 $\tan\pi z$ 在 $|z|=n$ 中所包含的奇点为 $z_k=k+\dfrac{1}{2},k=0,\pm1,\cdots,\pm(n-1),\pm n,$且均为一级极

点,则

$$\text{Res}\big[f(z),z_k\big]=-\frac{1}{\pi}$$

故

$$\int_{|z|=n}\tan n\pi z\mathrm{d}z=2\pi\mathrm{i}\times 2n\times\Big(-\frac{1}{\pi}\Big)=-4n\mathrm{i}$$

【评注】 留数定理是计算复变函数积分的一种有效方法.

5.4 习题精解

1. 下列函数有些什么奇点? 如果是极点,指出它的级.

6) $\dfrac{1}{\mathrm{e}^{z-1}}$;

7) $\dfrac{1}{z^2(\mathrm{e}^z-1)}$;

8) $\dfrac{z^{2n}}{1+z^n}$(n 为正整数);

9) $\dfrac{1}{\sin z^2}$.

分析 奇点即为使得函数没有意义的点. 极点的级数可根据定义判定,也可根据与零点的关系进行判定.

解 6)$z=1$ 为 $\dfrac{1}{\mathrm{e}^{z-1}}$ 的奇点,又在 $z=1$ 的去心邻域 $0<|z-1|<+\infty$ 内,则

$$\mathrm{e}^{\frac{1}{z-1}}=1+\frac{1}{z-1}+\frac{1}{2!}\frac{1}{(z-1)^2}+\cdots$$

含有无穷多个 $z-1$ 的负幂项,故 $z=1$ 为本性奇点.

7) 显然分母的零点为 0 及 $z_k=2\pi\mathrm{i}k(k=0,\pm1,\pm2,\cdots),$它们均为函数的奇点. 又

$$(\mathrm{e}^z-1)'\mid_{z=z_k}=\mathrm{e}^{z_k}\neq0,z_k=2k\pi\mathrm{i}$$

为 e^z-1 的一级零点,且当 $k=0$ 时,$z_0=0$. 这样 $z=0$ 为函数 $z^2(\mathrm{e}^z-1)$ 的三级零点. 故 $z=0$ 为 $\dfrac{1}{z^2(\mathrm{e}^z-1)}$

的三级极点,$z_k=2k\pi\mathrm{i}(k=\pm1,\pm2,\cdots)$ 为此函数的一级极点.

8) 由分母为零即 $z^n+1=0,$得

$$z=\sqrt[n]{-1}=\mathrm{e}^{\frac{\pi+2k\pi}{n}\mathrm{i}}\qquad(k=0,1,2,\cdots,n-1)$$

且

$$(z^n+1)'\mid_{z=\mathrm{e}^{\frac{\pi+2k\pi}{n}}}\neq0$$

即 $z=\mathrm{e}^{\frac{(2k+1)\pi\mathrm{i}}{n}}$ 为 z^n+1 的一级零点. 因而 $z=\mathrm{e}^{\frac{(2k+1)\pi\mathrm{i}}{n}}(k=0,1,2,\cdots,n-1)$ 为函数 $\dfrac{z^{2n}}{1+z^n}$ 的一级极点.

9) 由

$$\sin z^2=z^2-\frac{1}{3!}z^6+\frac{1}{5!}z^{10}-\cdots=z^2\Big(1-\frac{1}{3!}z^4+\cdots\Big)$$

知 $z=0$ 是 $\sin z^2$ 的二级零点,从而 $z=0$ 为 $\dfrac{1}{\sin z^2}$ 的二级极点.

又

$$\sin z^2=0\Rightarrow z^2=k\pi\qquad(k=0,\pm1,\pm2,\cdots)$$

当 $k=1,2,3\cdots$ 时,有 $z^2=k\pi$ 得出 $z=\pm\sqrt{k\pi}$.

当 $k=-1,-2,-3\cdots$ 时,有 $z^2=k\pi$ 得出 $z=\pm\sqrt{|k|\pi}\mathrm{i}$.

因为 $(\sin z^2)'=2z\cos z^2$ 在 $\pm\sqrt{k\pi},\pm\sqrt{k\pi}\mathrm{i}(k=1,2,\cdots)$ 点处不为零,所以 $\pm\sqrt{k\pi},\pm\sqrt{k\pi}\mathrm{i}$ 均为 $\sin z^2$ 的一级零点.

3. 验证:$z=\dfrac{\pi\mathrm{i}}{2}$ 是 $\cosh z$ 的一级零点.

分析 可通过说明函数 $\cosh z$ 在 $z=\dfrac{\pi\mathrm{i}}{2}$ 处为零,而 $(\cosh z)'$ 在 $z=\dfrac{\pi\mathrm{i}}{2}$ 处不为零.

三导

证明 由 $\cosh z = \dfrac{1}{2}(e^z + e^{-z})$，得

$$\cosh \frac{\pi i}{2} = \frac{1}{2}(e^{\frac{\pi i}{2}} + e^{-\frac{\pi i}{2}}) = \frac{1}{2}(i - i) = 0$$

$$(\cosh z)' \mid_{z=\frac{\pi i}{2}} = \sinh \frac{\pi i}{2} = \frac{1}{2}(e^{\frac{\pi i}{2}} - e^{-\frac{\pi i}{2}}) = \frac{1}{2}(i + i) = i \neq 0$$

故 $z = \dfrac{\pi i}{2}$ 是 $\cosh z$ 的一级零点.

5.如果 $f(z)$ 和 $g(z)$ 是以 z_0 为零点的两个不恒等于零的解析函数,那么

$$\lim_{z \to z_0} \frac{f(z)}{g(z)} = \lim_{z \to z_0} \frac{f'(z)}{g'(z)} \quad (\text{或两端均为} \infty)$$

分析 按照零点级数,可给出 $f(z)$ 和 $g(z)$ 的多项式表达,再分别说明等式两边具有相等极限.

证明 不妨设 z_0 分别为 $f(z)$ 与 $g(z)$ 的 m 级零点与 n 级零点,则在 z_0 的邻域内,有

$$f(z) = (z - z_0)^m \varphi_1(z), \quad g(z) = (z - z_0)^n \varphi_2(z)$$

其中 $\varphi_1(z)$ 与 $\varphi_2(z)$ 在 z_0 解析, $\varphi_1(z_0) \neq 0, \varphi_2(z_0) \neq 0$.

从而有

$$\frac{f(z)}{g(z)} = (z - z_0)^{m-n} \frac{\varphi_1(z)}{\varphi_2(z)} \tag{5.2}$$

$$\frac{f'(z)}{g'(z)} = (z - z_0)^{m-n} \frac{m\varphi_1(z) + (z - z_0)\varphi_1'(z)}{n\varphi_2(z) + (z - z_0)\varphi_2'(z)} \tag{5.3}$$

由式(5.2)和式(5.3)可知:

当 $m > n$ 时, $\lim\limits_{z \to z_0} \dfrac{f(z)}{g(z)} = 0 = \lim\limits_{z \to z_0} \dfrac{f'(z)}{g'(z)}$;

当 $m = n$ 时, $\lim\limits_{z \to z_0} \dfrac{f(z)}{g(z)} = \dfrac{\varphi_1(z_0)}{\varphi_2(z_0)} = \lim\limits_{z \to z_0} \dfrac{f'(z)}{g'(z)}$;

当 $m < n$ 时, $\lim\limits_{z \to z_0} \dfrac{f(z)}{g(z)} = \infty = \lim\limits_{z \to z_0} \dfrac{f'(z)}{g'(z)}$.

8.求下列各函数 $f(z)$ 在有限奇点处的留数.

$$5) \cos \frac{1}{1-z}; \qquad 6) z^2 \sin \frac{1}{z}; \qquad 7) \frac{1}{z \sin z}; \qquad 8) \frac{\sinh z}{\cosh z}.$$

分析 留数的计算可按照其运算规则,也可考察展开式中的 c_{-1},应根据函数的具体形式选择留数计算方法.

解 5) 在 $z = 1$ 的去心邻域 $0 < |z - 1| < +\infty$ 内,由展开式:

$$\cos \frac{1}{1-z} = \cos \frac{1}{z-1} = 1 - \frac{1}{2!}\frac{1}{(z-1)^2} + \frac{1}{4!}\frac{1}{(z-1)^4} - \cdots$$

可知 $z = 1$ 为 $\cos \dfrac{1}{1-z}$ 的本性奇点,且 $\text{Res}\left[\cos \dfrac{1}{1-z}, 1\right] = 0$.

6) 在 $z = 0$ 的去心邻域 $0 < |z| < +\infty$ 内,由展开式:

$$z^2 \sin \frac{1}{z} = z^2 \left(\frac{1}{z} - \frac{1}{3!}\frac{1}{z^3} + \frac{1}{5!}\frac{1}{z^5} - \cdots \right)$$

可知 $z = 0$ 为 $z^2 \sin \dfrac{1}{z}$ 的本性奇点,且 $\text{Res}\left[z^2 \sin \dfrac{1}{z}, 0\right] = -\dfrac{1}{3!} = -\dfrac{1}{6}$.

7) 函数 $z \sin z$ 以 $z = 0$ 为二级零点,以 $z_k = k\pi$ 为一级零点,故函数 $\dfrac{1}{z \sin z}$ 有二级极点 $z = 0$ 及一级极点 $z_k = k\pi(k = \pm 1, \pm 2, \cdots)$,其留数分别为

$$\text{Res}\left[\frac{1}{z \sin z}, k\pi\right] = \frac{\frac{1}{z}}{(\sin z)'}\Bigg|_{z=k\pi} = \frac{1}{k\pi \cos k\pi} = \frac{(-1)^k}{k\pi} \quad (k = \pm 1, \pm 2, \cdots)$$

$$\text{Res}\left[\frac{1}{z\sin z},0\right]=\lim_{z\to 0}\left(z^2\frac{1}{z\sin z}\right)'=\lim_{z\to 0}\frac{\sin z-z\cos z}{z^2}\left(\frac{z}{\sin z}\right)^2=\lim_{z\to 0}\frac{\sin z-z\cos z}{z^2}=0$$

8) 函数 $\dfrac{\text{sinh}z}{\text{cosh}z}$ 以 $z_k=\left(k+\dfrac{1}{2}\right)\pi i$ 为一级极点(因为 $\text{cosh}z$ 以 z_k 为一级零点,且 $\text{sinh}z_k\neq 0$)($k=0,\pm 1$, $\pm 2,\cdots$),其留数分别为

$$\text{Res}\left[\frac{\text{sinh}z}{\text{cosh}z},\left(k+\frac{1}{2}\right)\pi i\right]=\frac{\text{sinh}z}{(\text{cosh}z)'}\bigg|_{z=\left(k+\frac{1}{2}\right)\pi i}=1\quad(k=\pm 1,\pm 2,\cdots)$$

9.计算下列各积分(利用留数;圆周均取正向).

3) $\displaystyle\oint_{|z|=\frac{3}{2}}\frac{1-\cos z}{z^m}\text{d}z$(其中 m 为整数);   4) $\displaystyle\oint_{|z-2i|=1}\text{tanh}z\text{d}z$;

6) $\displaystyle\oint_{|z|=1}\frac{1}{(z-a)^n(z-b)^n}\text{d}z$(其中 n 为正整数,且 $|a|\neq 1$,$|b|\neq 1$,$|a|<|b|$)

分析 根据留数定理求积分,在计算留数时可按照计算规则或定义.

解 3) 由 $\dfrac{1-\cos z}{z^m}=\dfrac{1}{z^m}\left[1-\left(1-\dfrac{1}{2!}z^2+\dfrac{1}{4!}z^4-\cdots+\dfrac{(-1)^n}{(2n)!}z^{2n}+\cdots\right)\right]=$

$\dfrac{1}{z^m}\left(\dfrac{1}{2!}z^2-\dfrac{1}{4!}z^4+\cdots+\dfrac{(-1)^{n+1}}{(2n)!}z^{2n}+\cdots\right)$, $0<|z|<+\infty$

易知,当 m 为偶数时,上式中不含 z^{-1} 项,即 $c_{-1}=0$;当 m 为奇数,即 $m=2n+1$ 时,上式中 $c_{-1}=\dfrac{(-1)^{n+1}}{(2n)!}$,

而当 $m\leqslant 2$ 时,上式无负幂项,$c_{-1}=0$.故有

$$\text{Res}\left[\frac{1-\cos z}{z^m},0\right]=\begin{cases}\dfrac{(-1)^{n+1}}{(2n)!},&m=2n+1,n=1,2,3,\cdots\\[2mm]0,&m\text{ 为其他整数或 }0\end{cases}$$

再由留数定理得

$$\oint_{|z|=\frac{3}{2}}\frac{1-\cos z}{z^m}\text{d}z=2\pi i\text{Res}\left[\frac{1-\cos z}{z^m},0\right]=\begin{cases}\dfrac{2\pi i(-1)^{n+1}}{(2n)!},&m=2n+1,n=1,2,3,\cdots\\[2mm]0,&m\text{ 为其他整数或 }0\end{cases}$$

4) 考虑到函数 $\text{tanh}z=\dfrac{\text{sinh}z}{\text{cosh}z}$ 有一级极点 $z_k=\left(k+\dfrac{1}{2}\right)\pi i$ ($k=0,\pm 1,\pm 2,\cdots$) 且

$$\text{Res}[\text{tanh}z,z_k]=\text{Res}\left[\frac{\text{sinh}z}{\text{cosh}z},z_k\right]=1$$

而 $z_0=\dfrac{\pi i}{2}$ 在 $|z-2i|=1$ 内,由留数定理,得

$$\oint_{|z-2i|=1}\text{tanh}z\text{d}z=2\pi i\text{Res}[\text{tanh}z,z_0]=2\pi i\times 1=2\pi i$$

6) 显然,函数 $f(z)=\dfrac{1}{(z-a)^n(z-b)^n}$ 有两个 n 级极点 a 与 b,其留数分别为

$\text{Res}[f(z),a]=\dfrac{1}{(n-1)!}\lim_{z\to a}\dfrac{\text{d}^{n-1}}{\text{d}z^{n-1}}\left[(z-a)^nf(z)\right]^{(n-1)}=\dfrac{1}{(n-1)!}\lim_{z\to a}\dfrac{\text{d}^{n-1}}{\text{d}z^{n-1}}\left[\dfrac{1}{(z-b)^n}\right]^{(n-1)}=$

$\dfrac{1}{(n-1)!}\lim_{z\to a}\dfrac{(-1)^{n-1}n(n+1)\cdots(2n-2)}{(z-b)^{2n-1}}=$

$\dfrac{(-1)^{n-1}n(n+1)\cdots(2n-2)}{(n-1)!(a-b)^{2n-1}}$

$\text{Res}[f(z),b]=\dfrac{1}{(n-1)!}\lim_{z\to b}\dfrac{\text{d}^{n-1}}{\text{d}z^{n-1}}\left[(z-b)^nf(z)\right]=\dfrac{(-1)^{n-1}n(n+1)\cdots(2n-2)}{(n-1)!(b-a)^{2n-1}}$

① 当 $1<|a|<|b|$ 时,极点 a,b 均在 $|z|=1$ 的外部,即 $f(z)$ 在 $|z|=1$ 上及其内部解析,故积分

$$\oint_{|z|=1}f(z)\text{d}z=0$$

② 当 $|a| < 1 < |b|$ 时, $f(z)$ 在 $|z| = 1$ 内只有极点 a, 由留数定理有

$$\oint_{|z|=1} \frac{1}{(z-a)^n (z-b)^n} dz = 2\pi i \operatorname{Res}[f(z),a] = \frac{(-1)^{n-1} 2\pi i (2n-2)!}{[(n-1)!]^2 (a-b)^{2n-1}}$$

③ 当 $|a| < |b| < 1$ 时, $f(z)$ 在 $|z| = 1$ 内有极点 a 与 b. 由留数定理有

$$\oint_{|z|=1} \frac{dz}{(z-a)^n (z-b)^n} = 2\pi i \{\operatorname{Res}[f(z),a] + \operatorname{Res}[f(z),b]\} =$$

$$2\pi i \left\{ \frac{(-1)^{n-1} n(n+1)\cdots(2n-2)}{(n-1)! (a-b)^{2n-1}} + \frac{(-1)^{n-1} n(n+1)\cdots(2n-2)}{(n-1)! (b-a)^{2n-1}} \right\} = 0$$

10. 判断 $z = \infty$ 是下列函数的什么奇点? 并求出在 ∞ 的留数.

2) $\cos z - \sin z$；　　　　　　3) $\dfrac{2z}{3+z^2}$.

分析 计算函数在 $z = \infty$ 处的留数, 主要根据留数的运算规则或展开式或定理.

解 2) 在 ∞ 的去心邻域 $R < |z| < +\infty$ 内, 有

$$\cos z - \sin z = \left(1 - \frac{z^2}{2!} + \frac{z^4}{4!} - \cdots\right) - \left(z - \frac{1}{3!}z^3 + \frac{1}{5!}z^5 - \cdots\right) =$$

$$1 - z - \frac{z^2}{2!} + \frac{z^3}{3!} + \cdots + \frac{(-1)^n}{(2n)!}z^{2n} + \frac{(-1)^{n+1}}{(2n+1)!}z^{2n+1} + \cdots$$

显然有无穷多个 z 的正幂项而无 $\dfrac{1}{z}$ 项, 故 $z = \infty$ 是 $\cos z - \sin z$ 的本性奇点且

$$\operatorname{Res}[\cos z - \sin z, \infty] = -c_{-1} = 0$$

3) 在 ∞ 的去心邻域 $\sqrt{3} < |z| < +\infty$ 内, 有

$$\frac{2z}{3+z^2} = \frac{2}{z} \frac{1}{1+\frac{3}{z^2}} = \frac{2}{z}\left(1 - \frac{3}{z^2} + \cdots\right) = \frac{2}{z} - \frac{6}{z^3} + \cdots$$

展开式无 z 的正幂项且 $c_{-1} = 2$, 故 $z = \infty$ 是 $\dfrac{2z}{3+z^2}$ 的可去奇点且

$$\operatorname{Res}\left[\frac{2z}{3+z^2}, \infty\right] = -c_{-1} = -2$$

11. 求 $\operatorname{Res}[f(z), \infty]$ 的值, 如果 $f(z) = \dfrac{e^z}{z^2-1}$.

分析 考虑到有限个奇点, 因此根据"所有各奇点的留数和等于零"计算.

解 函数 $f(z) = \dfrac{e^z}{z^2-1}$ 在扩充复平面上有奇点: $\pm 1, \infty$, 而 ± 1 为 $f(z)$ 的一级极点, 且

$$\operatorname{Res}[f(z),1] = \lim_{z \to 1}(z-1)f(z) = \lim_{z \to 1}\frac{e^z}{z+1} = \frac{1}{2}e$$

$$\operatorname{Res}[f(z),-1] = \lim_{z \to -1}(z+1)f(z) = \lim_{z \to -1}\frac{e^z}{z-1} = -\frac{1}{2}e^{-1}$$

由 $\operatorname{Res}[f(z),\infty] + \operatorname{Res}[f(z),1] + \operatorname{Res}[f(z),-1] = 0$ 得

$$\operatorname{Res}[f(z),\infty] = -\{\operatorname{Res}[f(z),1] + \operatorname{Res}[f(z),-1]\} = \frac{1}{2}(e^{-1} - e) = -\sinh 1$$

12. 计算下列各积分, C 为正向圆周:

2) $\oint_C \dfrac{z^3}{1+z} e^{\frac{1}{z}} dz, C: |z| = 2$；　　　　3) $\oint_C \dfrac{z^{2n}}{1+z^n} dz (n$ 为一正整数$), C: |z| = r > 1$.

解 2) 原式 $= -2\pi i \operatorname{Res}[f(z),\infty] = 2\pi i \operatorname{Res}\left[\frac{1}{z^2}f\left(\frac{1}{z}\right),0\right] = 2\pi i \operatorname{Res}\left[\frac{e^z}{z^4(1+z)},0\right] =$

$$2\pi i \frac{1}{(4-1)!} \lim_{z \to 0}\left[z^4 \frac{e^z}{z^4(1+z)}\right]''' = 2\pi i \frac{1}{3!}(-2) = -\frac{2\pi i}{3}$$

3) 原式 $= 2\pi i \mathrm{Res}\left[\dfrac{z^{2n}}{1+z^n}, \infty\right]$，而在 ∞ 的去心邻域 $1 < |z| < +\infty$ 内，有

$$\frac{z^{2n}}{1+z^n} = z^n \frac{1}{1+\dfrac{1}{z^n}} = z^n\left(1 - \frac{1}{z^n} + \frac{1}{z^{2n}} - \frac{1}{z^{3n}} + \cdots\right) = z^n - 1 + \frac{1}{z^n} - \frac{1}{z^{2n}} + \cdots$$

展开式中正幂项最高次幂为 z^n，且 $\dfrac{1}{z}$ 项的系数 $c_{-1} = \begin{cases} 1, & \text{当 } n = 1 \text{ 时} \\ 0, & \text{当 } n \neq 1 \text{ 时} \end{cases}$，故 ∞ 为 $\dfrac{z^{2n}}{1+z^n}$ 的 n 级极点，且

$$\mathrm{Res}\left[\frac{z^{2n}}{1+z^n}, \infty\right] = -c_{-1} = \begin{cases} -1, & \text{当 } n = 1 \text{ 时} \\ 0, & \text{当 } n \neq 1 \text{ 时} \end{cases}$$

故

$$\oint_C \frac{z^{2n}}{1+z^n}\mathrm{d}z = -2\pi i(-c_{-1}) = \begin{cases} 2\pi i, & \text{当 } n = 1 \text{ 时} \\ 0, & \text{当 } n \neq 1 \text{ 时} \end{cases}$$

13. 计算下列积分.

4) $\displaystyle\int_0^{+\infty} \frac{x^2}{1+x^4}\mathrm{d}x$；　　　5) $\displaystyle\int_{-\infty}^{+\infty} \frac{\cos x}{x^2+4x+5}\mathrm{d}x$；　　　6) $\displaystyle\int_{-\infty}^{+\infty} \frac{x\sin x}{1+x^2}\mathrm{d}x$.

解　4) 在上半平面上，函数 $f(z) = \dfrac{z^2}{1+z^4}$ 有两个一级极点：$z_0 = \mathrm{e}^{\frac{\pi}{4}i}$ 与 $z_1 = \mathrm{e}^{\frac{3\pi}{4}i}$，其留数分别为

$$\mathrm{Res}[f(z), z_0] = \frac{z^2}{(1+z^4)'}\bigg|_{z=z_0} = \frac{z^2}{4z^3}\bigg|_{z=z_0} = \frac{1}{4z_0} = \frac{1}{4}\mathrm{e}^{-\frac{\pi}{4}i}$$

$$\mathrm{Res}[f(z), z_1] = \frac{z^2}{(1+z^4)'}\bigg|_{z=z_1} = \frac{z^2}{4z^3}\bigg|_{z=z_1} = \frac{1}{4z_1} = \frac{1}{4}\mathrm{e}^{-\frac{3\pi}{4}i}$$

由公式

$$\int_0^{+\infty} \frac{x^2}{1+x^4}\mathrm{d}x = \frac{1}{2}\int_{-\infty}^{+\infty} \frac{x^2}{1+x^4}\mathrm{d}x = \frac{1}{2} \times 2\pi i\{\mathrm{Res}[f(z), z_0] + \mathrm{Res}[f(z), z_1]\} =$$

$$\frac{1}{2} \times 2\pi i\left\{\frac{1}{4}\mathrm{e}^{-\frac{\pi}{4}i} + \frac{1}{4}\mathrm{e}^{-\frac{3\pi}{4}i}\right\} = \frac{\sqrt{2}}{4}\pi$$

5) 显然 $\dfrac{\mathrm{e}^{iz}}{z^2+4z+5}$ 在上半平面有一级极点：$-2+i$（分母的一级零点），且

$$\mathrm{Res}\left[\frac{\mathrm{e}^{iz}}{z^2+4z+5}, -2+i\right] = \frac{\mathrm{e}^{iz}}{(z^2+4z+5)'}\bigg|_{z=-2+i} = \frac{\mathrm{e}^{-1-2i}}{2i} = \frac{1}{2i}\frac{1}{\mathrm{e}}(\cos 2 - \sin 2)$$

由公式有

$$\int_{-\infty}^{+\infty} \frac{\mathrm{e}^{ix}}{x^2+4x+5}\mathrm{d}x = 2\pi i\mathrm{Res}\left[\frac{\mathrm{e}^{iz}}{z^2+4z+5}, -2+i\right] = 2\pi i \times \frac{1}{2i} \times \frac{1}{\mathrm{e}}(\cos 2 - i\sin 2) =$$

$$\frac{\pi}{\mathrm{e}}(\cos 2 - i\sin 2)$$

两边取实部得

$$\int_{-\infty}^{+\infty} \frac{\cos x}{x^2+4x+5}\mathrm{d}x = \frac{\pi}{\mathrm{e}}\cos 2$$

6) 由

$$\int_{-\infty}^{+\infty} \frac{x\mathrm{e}^{ix}}{1+x^2}\mathrm{d}x = 2\pi i\mathrm{Res}\left[\frac{z\mathrm{e}^{iz}}{1+z^2}, i\right] = 2\pi i\frac{z\mathrm{e}^{iz}}{(1+z^2)'}\bigg|_{z=i} = \pi i\mathrm{e}^{-1}$$

两边取虚部得

$$\int_{-\infty}^{+\infty} \frac{x\sin x}{1+x^2}\mathrm{d}x = \frac{\pi}{\mathrm{e}}$$

第6章 共形映射

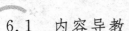

6.1 内容导教

(1)强调共形映射理论在复变函数理论中的重要地位和应用价值.

共形映射理论是复变函数理论的重要组成部分,其中心内容就是共形映射的概念和特性.共形映射的重要性在于:给出了解析函数的几何解释,它能把在比较复杂的区域上的问题转化到比较简单区域上来研究.

应用共形映射成功地解决了流体力学、弹性力学、电学理论、同轴测量线的设计问题、3D 模型变形、脑体映射以及其他方面的许多实际问题.

(2)强调分式线性映射的的确定方法、作用和应用思想.

(3)强调几个初等函数所构成的映射的特性、作用和应用方法.

6.2 内容导学

6.2.1 内容要点精讲

一教学基本要求

(1)了解解析函数导数的几何意义,理解共形映射的概念实质.

(2)了解分式线性映射的概念与构成,理解分式线性映射的保角性、保圆性和保对称性.

(3)掌握唯一决定分式线性映射的条件,熟悉几个初等函数所构成的映射.

二、主要内容精讲

问题:解析函数 $w = f(z)$ 构成的映射有何特性? 重要性及应用如何?

结论:导数处处不为零的解析函数 $w = f(z)$ 所构成的映射都具有共形性(也称为保角性),因而称其为共形映射(或保角映射).

共形映射的重要性在于:它能把在比较复杂的区域上的问题转化到比较简单区域上来研究.

应用共形映射成功地解决了流体力学、弹性力学、电学理论、同轴测量线的设计问题、3D 模型变形、脑体映射以及其他方面的许多实际问题.2008 年,伦敦皇家大学数学系主任达伦·克劳迪(Darren. Crowdy)教授在著名的施瓦茨-克里斯托费尔映射研究中取得突破进展.

本章主要从几何的角度来研究复变函数,特别是对解析函数的映射特性及其应用进行了讨论.

(一)共形映射的概念

1.有向曲线的切向量

定义 6.1 (有向曲线的切向量) 设有 z 平面内一有向连续曲线 $C:z = z(t)$, $\alpha \leqslant t \leqslant \beta$(其中 $z(t)$ 为连续函数),其正向取为 t 增大时点 z 移动的方向,则称

$$z'(t_0) = \lim_{\Delta t \to 0} \frac{z(t_0 + \Delta t) - z(t_0)}{\Delta t} \neq 0, \quad \alpha \leqslant t_0 \leqslant \beta$$

表示的向量为有向曲线 C 上 z_0 点处的切向量(见图 6-1),其起点取在 z_0,正向与 C 的正向一致.且

(1) $\text{Arg} z'(t_0)$ 就是在 C 上 z_0 点处的切线的正向与 x 轴正向之间的夹角.

(2)相交与一点的两条曲线 C_1 与 C_2 在交点处正向之间的夹角就是它们在交点处的两条切线正向之间的夹角.

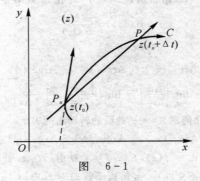

图　6-1

2. 曲线的转动角与伸缩率

如果复变函数 $w = f(z)$ 和 z 平面内的一条曲线 C 满足下述两个条件:

(1)函数 $w = f(z)$ 在区域 D 内解析,$z_0 \in D, f'(z_0) \neq 0$.

(2)曲线 $C: z = z(t), \alpha \leqslant t \leqslant \beta$ 是 z 平面内过 z_0 点的一条有向光滑曲线,其正向对应于参数 t 增大的方向,且 $z_0 = z(t_0), z'(t_0) \neq 0, \alpha \leqslant t_0 \leqslant \beta$(见图 6-2(a)).

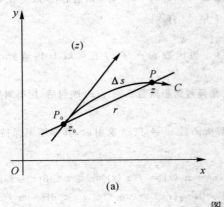 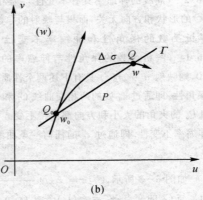

(a)　　　　　　　　　　　　　(b)

图　6-2

则映射 $w = f(z)$ 将曲线 C 映射成 w 平面内过与 z_0 对应的点 $w_0 = f(z_0)$ 的一条有向光滑曲线 $\Gamma: w = w(t) = f[z(t)], \alpha \leqslant t \leqslant \beta$,其正向相应于参数 t 增大的方向(见图 6-2(b)).即

$$C: z = z(t) \xrightarrow{w = f(z)} \Gamma: w = w(t) = f[z(t)], \alpha \leqslant t \leqslant \beta$$

$$P_0: z_0 = z(t_0) \xrightarrow{w = f(z)} Q_0: w_0 = w(t_0) = f[z(t_0)], \alpha \leqslant t_0 \leqslant \beta$$

且有

$$w'(t_0) = f'(z_0) z'(t_0) \neq 0$$

即 $\Gamma: w = w(t) = f[z(t)], \alpha \leqslant t \leqslant \beta$ 在 $w_0 = f(z_0)$ 处也有切线存在,且其切线的正向与 u 轴正向之间的夹角为 $\text{Arg} w'(t_0)$.

定义 6.2 (曲线的转动角)　假设图 6-2 中的 x 轴与 u 轴、y 轴与 v 轴的正向相同,则称原来的切线的正

向与映射后的切线的正向之间的夹角为曲线 C 经过映射 $w = f(z)$ 后在 z_0 处的转动角.

定义 6.3 （曲线的伸缩率） 如图 6-2 所示,设 Δs 表示曲线 C 上的点 z_0 与 z 之间的一段弧长,$\Delta \sigma$ 表示曲线 Γ 上的对应点 w_0 与 w 之间的一段弧长,则称极限 $\lim\limits_{z \to z_0} \dfrac{\Delta \sigma}{\Delta s}$ 为曲线 C 在 z_0 的伸缩率.

3. 解析函数导数的几何意义

由于 $w'(t_0) = f'(z_0)z'(t_0) \neq 0$,故解析函数 $w = f(z)$ 在 z_0 处的导数可表示为

$$f'(z_0) = \frac{w'(t_0)}{z'(t_0)}$$

且其辐角和模分别表示为

$$\operatorname{Arg} f'(z_0) = \operatorname{Arg} w'(t_0) - \operatorname{Arg} z'(t_0)$$

$$\left| f'(z_0) \right| = \lim_{z \to z_0} \left| \frac{\Delta w}{\Delta z} \right| = \lim_{z \to z_0} \left(\frac{|\Delta w|}{\Delta \sigma} \frac{\Delta \sigma}{\Delta s} \frac{\Delta s}{|\Delta z|} \right) = \lim_{z \to z_0} \frac{\Delta \sigma}{\Delta s}$$

（1）解析函数的导数的辐角的几何意义 —— 曲线的转动角的表示：

$$\operatorname{Arg} f'(z_0) = \operatorname{Arg} w'(t_0) - \operatorname{Arg} z'(t_0)$$

几何上表示了曲线 C 经过解析函数 $w = f(z)$,$f'(z_0) \neq 0$ 映射后在 z_0 处的转动角.

性质 6.1 （曲线的转动角具有不变性） 经解析函数 $w = f(z)$,$f'(z_0) \neq 0$ 映射后,曲线 C 在 z_0 处的转动角的大小和方向跟曲线 C 的形状和方向无关,而只与映射的导数的辐角 $\operatorname{Arg} f'(z_0)$ 有关.

（2）解析函数的导数的模的几何意义 —— 曲线的伸缩率的表示：

$$\left| f'(z_0) \right| = \lim_{z \to z_0} \left| \frac{\Delta w}{\Delta z} \right| = \lim_{z \to z_0} \frac{\Delta \sigma}{\Delta s}$$

几何上表示了曲线 C 在 z_0 处的伸缩率.

性质 6.2 （曲线的伸缩率具有不变性） 经解析函数 $w = f(z)$,$f'(z_0) \neq 0$ 映射后,曲线 C 在 z_0 的伸缩率跟曲线 C 的形状和方向无关,而只与映射的导数的模 $|f'(z_0)|$ 有关.

4. 解析函数的保角性和伸缩率不变性

定理 6.1 （解析函数的保角性与伸缩率的不变性） 设函数 $w = f(z)$ 在区域 D 内解析,$z_0 \in D$,$f'(z_0) \neq 0$,则映射 $w = f(z)$ 具有下述两个性质：

（1）保角性. 即通过 z_0 处的两相交曲线 C_1 和 C_2 的夹角经过解析函数 $w = f(z)$ 映射后,所得对应的两条曲线 Γ_1 和 Γ_2 的夹角的大小和方向都保持不变.

（2）伸缩率不变性. 即通过 z_0 的任何一条曲线经过解析函数 $w = f(z)$ 映射后,其伸缩率保持不变,均为 $|f'(z_0)|$.

证明 如图 6-3 所示,$C_i : z = z_i(t) \xrightarrow{w = f(z)} \Gamma_i : w = w_i(t) = f(z_i(t)), \alpha \leqslant t \leqslant \beta (i = 1,2)$.
z_0 是 C_1 与 C_2 的变点,$z_0 = z_1(t_0) = z_2(t'_0), z'_1(t_0) \neq 0, z'_2(t'_0) \neq 0, \alpha < t_0, t'_0 < \beta, w_0 = f(z_0)$ 是 Γ_1 与 Γ_2 的交点.

（1）

$$\operatorname{Arg} w'_1(t_0) - \operatorname{Arg} z'_1(t_0) = \operatorname{Arg} w'_2(t'_0) - \operatorname{Arg} z'_2(t'_0) = \operatorname{Arg} f'(z_0)$$

即

$$\operatorname{Arg} w'_2(t'_0) - \operatorname{Arg} w'_1(t_0) \equiv \operatorname{Arg} z'_2(t'_0) - \operatorname{Arg} z'_1(t_0)$$

即解析函数具有保角性.

（2）显然,由伸缩率定义可知,经解析函数 $w = f(z)$,$f'(z_0) \neq 0$ 映射后,任一曲线 C 在 z_0 的伸缩率都是 $|f'(z_0)|$,只与映射的导数的有关,而跟曲线 C 的形状和方向无关.因而具有伸缩率不变性.

例如,函数 $w = f(z) = z^2$ 是解析函数,且在点 $z_0 = 1 + i$ 处,因为

$$f'(z) = 2z \Rightarrow f'(z_0) = f'(1 + i) = 2 + 2i \neq 0$$

所以其对应的映射具有保角性和伸缩率不变性.

转动角为

$$\operatorname{Arg} f'(z_0) = \operatorname{Arg}(2i) = \frac{\pi}{4}$$

伸缩率为
$$|f'(z_0)| = |2+2i| = 2\sqrt{2}$$

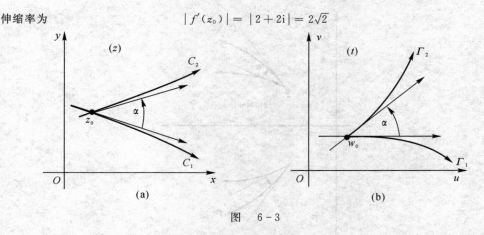

图 6-3

由于映射的保角性,此映射将 z 平面上过 z_0 且切向量正向平行于 Oz_0 的曲线变成了 w 平面上一条过点 $w_0 = (1+i)^2 = 2i$ 且切向正向平行于 Ow_0(即沿 v 轴正向的向量)的曲线.

现在给出共形映射的概念.

5. 共形映射的概念

定义 6.4 (共形映射) 设函数 $w = f(z)$ 构成的映射在 z_0 的邻域内是一一映射,且在 z_0 具有保角性和伸缩率不变性,则称映射 $w = f(z)$ 在 z_0 是共形映射.

如果函数 $w = f(z)$ 构成的映射在区域 D 内每一点都是共形的,则称 $w = f(z)$ 是区域 D 内的共形映射.

由定理 6.1 和定义 6.4,有下述定理.

定理 6.2 (共形映射的条件) 如果函数 $w = f(z)$ 在 z_0 解析,且其导数 $f'(z_0) \neq 0$,则映射 $w = f(z)$ 在 z_0 是共形的,且其辐角 $\text{Arg} f'(z_0)$ 表示该映射在 z_0 的转动角,其模 $|f'(z_0)|$ 表示该映射在 z_0 的伸缩率.

如果函数 $w = f(z)$ 在 D 内解析,且其导数处处不为 0,则映射 $w = f(z)$ 是 D 内的共形映射.

可见,前面讨论的两个映射 $w = f(z) = z^2 + z$ 和 $w = e^z$ 都是整个复平面上的共形映射,而映射 $f(z) = az + b$ 当 $a \neq 0$ 时,是整个复平面上的共形映射.

(1) 共形映射的几何意义. 设函数 $w = f(z)$ 在区域 D 内解析,$z_0 \in D$,$f'(z_0) \neq 0$,$w_0 = f(z_0)$,即 $w = f(z)$ 是共形映射,则

1) 映射 $w = f(z)$ 把 D 内的以 z_0 为一个定点的小曲边三角形映射成 w 平面上的一个以 w_0 为一个顶点的小曲边三角形,这两个小三角形的对应角相等,对应边近似成比例(对应边长度之比近似地等于 $|f'(z_0)|$),即这两个小三角形近似地相似(保角性和伸缩率不变性).

2) 映射 $w = f(z)$ 把 D 内很小的圆 $|z - z_0| = \delta$ 近似地映射成一个 w 平面上的圆 $|w - w_0| = |f'(z_0)|\delta$(因为 $|f'(z_0)| = \lim\limits_{z \to z_0} \left|\dfrac{w - w_0}{z - z_0}\right| \Rightarrow |w - w_0| \approx |f'(z_0)| |z - z_0|$)(保圆性).

正是由于共形映射的保角性、伸缩率不变性和保圆性,也称之为保形映射或保角映射.

(2) 共形映射的分类.

1) 第一类共形映射:要求映射保持伸缩率不变,且曲线间夹角的大小和方向都不变.

上述讨论的共形映射均属于第一类共形映射.

2) 第二类共形映射:要求映射保持伸缩率不变,曲线间夹角的大小不变,但方向相反.

例如,$w = \bar{z}$ 关于实轴的对称映射(见图 6-4),它把从 z 出发夹角为 α 的两条曲线映射成关于实轴对称的夹角为 $-\alpha$ 的两条曲线,是第二类共形映射.

现在讨论一类比较简单但很重要的共形映射 —— 分式线性映射.

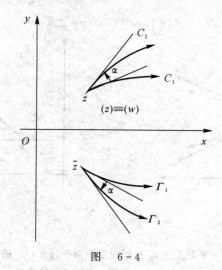

图 6-4

(二) 分式线性映射

通过学习,将了解到分式线性映射具有保圆性和保对称性,因此,在处理边界由圆周、圆弧、直线、直线段所组成的区域的共形映射问题时,分式线性映射起着十分重要的作用.

1. 分式线性映射的基本形式

形如

$$w = f(z) = \frac{az+b}{cz+d} \quad (ad-bc \neq 0)$$

的映射,称为分式线性映射,又称为双线性映射(其中 a, b, c, d 均为常数).

[注] (1) 当 $ad-bc \neq 0$ 时, $f'(z) \neq 0$,上述分式线性映射具有共形性.

(2) 分式线性映射又称为双线性映射,是德国数学家莫比乌斯(Mobius,1790—1868 年)首先研究的,因此也称为莫比乌斯映射.

事实上,对固定 w,上式关于 z 是线性的,对固定 z,上式关于 w 也是线性的.

(3) 分式线性映射逆映射也是一个分式线性映射:

$$w = \frac{az+b}{cz+d} \Rightarrow z = \frac{-dw+b}{cw-a} \quad (ad-bc=(-1)(-d)-bc \neq 0)$$

(4) 两个分式线性映射的复合仍是一个分式线性映射:

$$w = \frac{\alpha\zeta+\beta}{\gamma\zeta+\delta}, \quad \zeta = \frac{\alpha_1 z+\beta_1}{\gamma_1 z+\delta_1} \Rightarrow w = \frac{az+b}{cz+d}$$

$$(ad-bc=(\alpha\delta-\beta\gamma)(\alpha_1\delta_1-\beta_1\gamma_1) \neq 0)$$

(5) 一个分式线性映射是由 3 个特殊的简单映射复合而成:① $w = z+b$ (平移映射);② $w = az$ (线性映射);③ $w = \frac{1}{z}$ (反演映射).

事实上,当 $c=0$ 时,有 $w = \frac{az+b}{cz+d} \Rightarrow w = \frac{a}{d}z + \frac{b}{d} = Az+B$;

当 $c \neq 0$ 时,有 $w = \frac{az+b}{cz+d} = \frac{acz+ad+bc-ad}{c(cz+d)} = \left(b-\frac{ad}{c}\right)\frac{1}{cz+d} + \frac{a}{c} = A\zeta+B$ (A, B 是复常数).

2. 3 种特殊映射的几何表示与作法

为了方便,暂且将 w 平面看成是与 z 平面重合的.

(1) $w = z+b$ (平移映射). 复数相加可以化为向量相加,映射 $w = z+b$ 将 z 沿向量 $\boldsymbol{b}$ 的方向平行移动一

段距离$|b|$,便得到w(见图6-5).

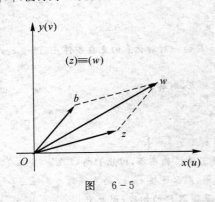

图 6-5

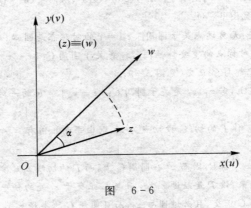

图 6-6

(2)$w = az$ (线性映射 = 旋转×伸缩). 由

$$z = re^{i\theta}, \quad a = \lambda e^{i\alpha} \quad \Rightarrow \quad w = r\lambda e^{i(\theta+\alpha)}$$

$w = az$ 将 z 先旋转一个角度 α,再将 $|z|$ 伸长(或缩短)到 $|a| = \lambda$ 倍,便得到 ω(见图6-6).

(3)$w = \dfrac{1}{z}$(反演映射). 因为 $z = 0$ 时 $w = \infty$,$w = 0$ 时 $z = \infty$,所以在扩充复平面上 $w = \dfrac{1}{z}$ 是一一映射.

又因为

$$|z| < 1 \Rightarrow |w| > 1, \quad |z| > 1 \Rightarrow |w| < 1, \quad |z| = 1 \Rightarrow |w| = 1; \arg z = \theta \Rightarrow \arg w = -\theta$$

所以通常称映射 $w = \dfrac{1}{z}$ 为反演映射或反演变换.

由于 $w = \dfrac{1}{z}$ 可以分解为 $w = \overline{w_1}$,$w_1 = \dfrac{1}{\bar{z}}$,若设 $z = re^{i\theta}$,则

$$\bar{z} = re^{-i\theta}, \quad w_1 = \frac{1}{\bar{z}} = \frac{1}{r}e^{i\theta}, \quad w = \overline{w_1} = \frac{1}{r}e^{-i\theta}$$

一方面,由于 $|z||w_1| = r \cdot \dfrac{1}{r} = 1$,且 z 与 w_1 在同一条从原点出发的射线上,称 z 与 w_1 关于单位圆周 $|z| = 1$ 对称.

另一方面,由于 $w = \overline{w_1}$,知 w 与 w_1 关于实轴对称(见图6-7).

反演映射的几何作法步骤:

第一步:先作 z 关于单位圆周 $|z| = 1$ 的对称点 $w_1 = \dfrac{1}{\bar{z}}$;

第二步:再作 w_1 关于实轴的对称点 $w = \overline{w_1}$,如图6-7所示.

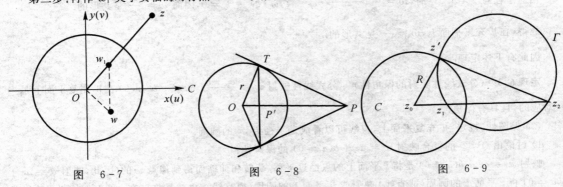

图 6-7   图 6-8   图 6-9

[注] (1)关于圆周对称点的几何求法:设 P 是圆周 $|z| = r$ 外一点,从 P 作圆的切线 PT,由 T 作 OP 的

三导

垂线交 OP 于 P'，则有 $\triangle OP'T \backsim \triangle OTP$，从而有 $OP \cdot OP' = OT^2 = r^2$，则称 P' 为 P 关于圆周 $|z| = r$ 的对称点（见图 6-8）.

规定：无穷远点关于圆周 $|z| = r$ 的对称点是圆心 O.

（2）对称点的重要特性：z_1, z_2 是关于圆周 $C: |z - z_0| = R$ 的一对对称点的充要条件是：经过 z_1, z_2 的任何圆周 Γ 都与 C 正交（见图 6-9）.

事实上，若 z_1, z_2 是关于圆周 $C: |z - z_0| = R$ 的一对对称点，则有

$$|z_1 - z_0||z_2 - z_0| = R^2$$

从 z_0 作 Γ 的切线，设切点为 z'，则由平面几何有

$$|z' - z_0|^2 = |z_2 - z_0||z_1 - z_0| = R^2$$

即 $|z' - z_0| = R$，因而 z' 在圆周 C 上，而 Γ 的切线 $z_0 z'$ 就是圆周 C 的半径，因此 Γ 与 C 在 z' 处正交.

反过来，设 Γ 是经过 z_1, z_2 且与 C 正交于 z' 处的任一圆周，那么连接 z_1, z_2 的直线作为半径为 ∞ 的特殊圆周也与 C 正交，且必过圆心 z_0，而且圆周 C 的半径 $z_0 z'$ 就是圆周 Γ 的切线，因此有 $|z_2 - z_0||z_1 - z_0| = R^2$，即 z_1, z_2 是关于圆周 $C: |z - z_0| = R$ 的一对对称点.

3. 分式线性映射的性质

（1）保角性（即共形性）．由于一个分式线性映射 $w = f(z) = \dfrac{az + b}{cz + d}$（$ad - bc \neq 0$）可以分解为 3 类简单映射：① $w = z + b$；② $w = az$；③ $w = \dfrac{1}{z}$.

1）讨论由 ①，② 的复合映射 $w = az + b (a \neq 0)$ 的共形性：

由于当 $z \neq \infty$ 时，有 $(az + b)' = a \neq 0$，因而映射 $w = az + b (a \neq 0)$ 是共形的.

而当 $z = \infty$ 时，

$$w = az + b \xrightarrow{\zeta = \frac{1}{z}, \eta = \frac{1}{\omega}} \eta = \frac{\zeta}{a + b\zeta}$$

在 $\zeta = 0$ 解析，且 $\eta'|_{\zeta=0} = \dfrac{1}{a} \neq 0$，因而映射 $w = az + b (a \neq 0)$ 也是共形的.

故得，映射 $w = az + b (a \neq 0)$ 在扩充复平面是共形的.

2）讨论反演映射 ③ $w = \dfrac{1}{z}$ 的共形性：

对于任意 $z \neq 0, \infty \xrightarrow{w = \frac{1}{z}} w'(z) = \left(\dfrac{1}{z}\right)' = -\dfrac{1}{z^2} \neq 0$，因而 $w = \dfrac{1}{z}$ 是共形的.

当对于任意 $z = 0, \infty$ 时，$w = \dfrac{1}{z} \xrightarrow{\zeta = \frac{1}{z}} \omega = \zeta, \omega'(\zeta) = 1 \neq 0$，因而 $w = \dfrac{1}{z}$ 是共形的.

故得，在扩充复平面上，$w = \dfrac{1}{z}$ 是共形的.

因此有下述定理.

定理 6.3（分式线性映射的保角性）　分式线性映射 $w = \dfrac{az + b}{cz + d}$（$ad - bc \neq 0$）在扩充复平面上是一一对应的，且具有保角性.

（2）保圆性．规定：扩充复平面上，直线可以看成是半径为 ∞ 的圆周.

1）讨论由 ①，② 的复合映射 $w = az + b (a \neq 0)$ 的保圆性：

映射 $w = az + b (a \neq 0)$ 是将 z 平面上的点经过平移、旋转和伸缩而得到像点 w 的．因此，映射 $w = az + b (a \neq 0)$ 将 z 平面上的圆周（或直线）映射成 w 平面上的圆周（或直线），也就是将扩充 z 平面上的圆周映射成扩充 w 平面上的圆周，所以映射 $w = az + b (a \neq 0)$ 在扩充复平面上具有保圆性.

2) 讨论 ③$w = \dfrac{1}{z}$ 的保圆性：

令 $z = x + iy, w = \dfrac{1}{z} = u + iv$，则

$$\begin{cases} u = \dfrac{x}{x^2 + y^2} \\ v = -\dfrac{y}{x^2 + y^2} \end{cases} \quad \text{或} \quad \begin{cases} x = \dfrac{u}{u^2 + v^2} \\ y = -\dfrac{v}{u^2 + v^2} \end{cases}$$

因此，映射 $w = \dfrac{1}{z}$ 将 z 平面上的方程：

$$a(x^2 + y^2) + bx + cy + d = 0$$

映射成 w 平面上的方程：

$$d(u^2 + v^2) + bu - cv + a = 0$$

特别地，在上述方程中，当 $a \neq 0, d \neq 0$ 时，映射 $w = \dfrac{1}{z}$ 将 z 平面上的圆周 C 映射成 w 平面上的圆周 Γ；

当 $a \neq 0, d = 0$ 时，映射 $w = \dfrac{1}{z}$ 将 z 平面上的圆周 C 映射成 w 平面上的直线 Γ；

当 $a = 0, d \neq 0$ 时，映射 $w = \dfrac{1}{z}$ 将 z 平面上的直线 C 映射成 w 平面上的圆周 Γ；

当 $a = 0, d = 0$ 时，映射 $w = \dfrac{1}{z}$ 将 z 平面上的直线 C 映射成 w 平面上的直线 Γ.

因此有下述定理.

定理 6.4 （分式线性映射的保圆性） 分式线性映射 $w = \dfrac{az + b}{cz + d}$ $(ad - bc \neq 0)$ 将扩充 z 平面上的圆周映射成扩充 w 平面上的圆周，即具有保圆性.

推论 6.1 在分式线性映射 $w = \dfrac{az + b}{cz + d}$ $(ad - bc \neq 0)$ 下，如果给定的圆周或直线上没有点映射成无穷远点，那么它就一定映射成半径为有限的圆周；如果给定的圆周或直线上有一个点映射成无穷远点，那么它就映射成直线.

（3）保对称性. 由分式线性映射的保角性和保圆性，不难得到分式线性映射的保对称性.

定理 6.5 （分式线性映射的保对称性） 设 z_1, z_2 是关于圆周 $C: |z - z_0| = r$ 的一对对称点，那么经过分式线性映射 $w = \dfrac{az + b}{cz + d}$ $(ad - bc \neq 0)$，它们的像点 w_1, w_2 也是关于 C 的像曲线 Γ 的一对对称点.

证明 设 C_1 是过 z_1, z_2 的圆周，则 C_1 与 C 正交. 根据分式映射的保圆性，$C: |z - z_0| = r$ 的像是圆周 Γ：$|w - w_0| = R$，过 z_1, z_2 点的圆周 C_1 的像是过 w_1, w_2 点的一个圆周，记为 Γ_1. 由于 C_1 与 C 正交，根据分式映射的保角性，它们的像 Γ_1 与 Γ 也正交，又由于 z_1, z_2 关于 C 对称，因而它们的像点 w_1, w_2 也关于 Γ 对称.

（三）唯一决定分式线性映射的条件

分式线性映射 $w = \dfrac{az + b}{cz + d}$ $(ad - bc \neq 0)$ 中虽然含有 4 个常数需要确定，但实际上，由于 $ad - bc \neq 0$，因此至少有一个常数不为零，不妨设 $a \neq 0$，则有

$$w = \frac{az + b}{cz + d} = \frac{z + \dfrac{b}{a}}{\dfrac{c}{a}z + \dfrac{d}{a}} = \frac{z + B}{Cz + D} \quad (B - CD \neq 0)$$

因此，实际上只有 3 个独立常数需要确定，故只需要给定 3 个条件就能唯一确定一个分式线性映射.

1. 唯一确定分式线性映射的条件和 3 对点式分式线性映射

定理 6.6 （唯一决定分式线性映射的条件） 在 z 平面上任意给定 3 个相异的点 z_1, z_2, z_3，在 w 平面上

也任意给定 3 个相异的点 w_1, w_2, w_3,那么就存在唯一的分式线性映射:

$$\frac{w - w_1}{w - w_2} \cdot \frac{w_3 - w_2}{w_3 - w_1} = \frac{z - z_1}{z - z_2} \cdot \frac{z_3 - z_2}{z_3 - z_1} \qquad (6.1)$$

将 z_1, z_2, z_3 依次映射成 w_1, w_2, w_3,并称此映射为三对点式分式线性映射.

证明 设 $w = \dfrac{az + b}{cz + d}$ $(ad - bc \neq 0)$ 将 z_1, z_2, z_3 依次映射成 w_1, w_2, w_3,即

$$w_k = \frac{az_k + b}{cz_k + d} \quad (k = 1, 2, 3)$$

则有

$$w - w_k = \frac{(z - z_k)(ad - bc)}{(cz + d)(cz_k + d)} \quad (k = 1, 2)$$

及

$$w_3 - w_k = \frac{(z_3 - z_k)(ad - bc)}{(cz_3 + d)(cz_k + d)} \quad (k = 1, 2)$$

由此得

$$\frac{w - w_1}{w - w_2} \cdot \frac{w_3 - w_2}{w_3 - w_1} = \frac{z - z_1}{z - z_2} \cdot \frac{z_3 - z_2}{z_3 - z_1}$$

且此映射是唯一的.

[注] (1)三对点式分式线性映射式(6.1)是由三对点所确定的唯一的一个映射,且把 z_1, z_2, z_3 依次映射成 w_1, w_2, w_3 的次序下,等式两边依次同时变为 $0, \infty, 1$. 这样便于记忆.

(2)分式线性映射式(6.1)保证了点 z, z_1, z_2, z_3 的交比到其对应点 w, w_1, w_2, w_3 的交比(cross-ratio)的不变性,即保交比不变性:

$$\frac{w - w_1}{w - w_2} : \frac{w_3 - w_1}{w_3 - w_2} = \frac{z - z_1}{z - z_2} : \frac{z_3 - z_1}{z_1 - z_2} \qquad (6.2)$$

(3)由圆周 C 上的 3 点 $z_k (k = 1, 2, 3)$ 与圆周 C' 上的 3 点 $w_k (k = 1, 2, 3)$ 确定的满足式(6.1)的分式线性映射一定把圆周 C 映射成圆周 C'(保圆性).

(4)确定由圆周 C 到圆周 C' 的分式线性映射的方法:

第一步:在圆周 C 和 C' 分别取 3 点: $z_k (k = 1, 2, 3)$ 与 $w_k (k = 1, 2, 3)$;

第二步:按式(6.1)作分式线性映射 $w = f(z)$,则必有 $f: C \to C_1$,且把 z_1, z_2, z_3 依次映射成 w_1, w_2, w_3.

2. 确定分式线性映射对应区域的方法

问题:上述由式(6.1)确定的两圆周之间的分式线性映射会把 C 的内部映射成什么?

分析:设分式线性映射 $w = f(z)$ 将圆周 C 映射成圆周 C',对于任意 $z_1, z_2 \in C$ 的内部,如图 6-10 所示,则直线段 $z_1 z_2 \subset C$ 的内部.

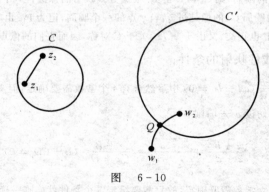

图 6-10

那么直线段 $z_1 z_2$ 的像 $\overgroup{w_1 w_2}$(圆弧或直线段)不可能与圆周 C' 相交.否则,若有交点 Q,则 Q 显然是直线段 $z_1 z_2$ 上某点的像,而另一方面,由分式线性映射的保圆性,Q 也一定是圆周 C 上某一点的象(见图 6-10),但这

是不可能的,这与分式线性映射的一一对应性相矛盾.

因此,直线段 z_1z_2 的像 $\overparen{w_1w_2}$(圆弧或直线段)要么在圆周 C' 的内部,要么在圆周 C_1 的外部.

结论:在分式线性映射下,如果 C 内任意一点 z_0 的像在 C' 的内部,那么,C 的内部就映射成 C' 的内部;如果 C 内任意一点 z_0 的像在 C' 的外部,那么,C 的内部就映射成 C' 的外部.

确定分式线性映射对应区域有下述方法.

(1) 分式线性映射 $w = f(z)$ 将圆周 C 映射成圆周 C' 的情形.

方法 1:对于任意 $z_0 \in C$ 的内部,若 $w_0 = f(z_0) \in C'$ 的内部(外部),那么,C 的内部就映射成 C' 的内部(外部).

事实上,过 z_0 作圆周 C 的法线 $z_0z(z \in C)$,则根据分式线性映射的保角性(辐角大小和方向均相同),$z_0z(z \in C)$ 的像必为与 C' 正交的圆弧 $\overparen{w_0w}$(或直线段 w_0w),$w \in C'$,并且,若 $w_0 = f(z_0) \in C'$ 的内部(外部),那么,C 的内部就映射成 C' 的内部(外部).

方法 2:对于任意 $z_k \in C \Rightarrow w_k = f(z_k) \in C'(k = 1,2,3)$,若圆周 C 依 $z_1 \to z_2 \to z_3$ 的绕向与 C' 依 $w_1 \to w_2 \to w_3$ 的绕向相同(相反),那么 C 的内部就映射成 C' 的内部(外部)(见图 6 - 11).

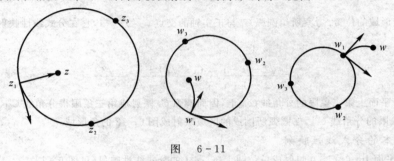

图 6 - 11

事实上,过 z_1 作圆周 C 的法线 $z_1z(z_1 \in C)$,若圆周 C 依 $z_1 \to z_2 \to z_3$ 的绕向,则法线段 $z_1z(z_1 \in C)$ 在观察者的左侧,那么,根据分式线性映射的保角性(辐角大小和方向均相同),C' 依 $w_1 \to w_2 \to w_3$ 的绕向,法线段 $z_1z(z_1 \in C)$ 的像必为与 C' 正交的圆弧 $\overparen{w_1w}$(或直线段 w_1w),$w_1 \in C'$,且也在观察者的左侧.因此,当圆周 C 依 $z_1 \to z_2 \to z_3$ 的绕向与 C' 依 $w_1 \to w_2 \to w_3$ 的绕向相同(相反)时,w 必在 C' 的内部(外部).

(2) 分式线性映射 $w = f(z)$ 将圆周 C 映射成直线 C' 的情形.此时,该分式线性映射将 C 的内部映射成直线 C' 的某一侧的半平面,具体是哪一侧,由对应点的绕向决定.方法同(1).

3. 二圆周弧经分式线性映射后对应区域的类型

在分式线性映射下:

(1) 当二圆周上没有点映射成 ∞ 时,这二圆周的弧所围成的区域就映射成二圆弧所围成的区域.

(2) 当二圆周上有一个点映射成 ∞ 时,这二圆周的弧所围成的区域就映射成一圆弧和一直线所围成的区域.

(3) 当二圆周交点中的一个映射成 ∞ 时,这二圆周的弧所围成的区域就映射成角形区域.

[注] 由于分式线性映射具有保圆性和保对称性,因此,在处理边界由圆周、圆弧、直线、直线段所组成的区域的共形映射问题时,分式线性映射起着十分重要的作用.

例如,讨论在分式线性映射 $w = \dfrac{z-i}{z+i}$ 下,中心分别在 $z = 1$ 和 $z = -1$、半径为 $\sqrt{2}$ 的二元弧所围成的区域(见图 6 - 12)映射成什么区域?

分析:先考察二圆弧上是否有点映射成无穷远点.

事实上,所给的二圆弧有两个交点:$z = -i$ 和 $z = i$,且相互正交,并且在分式线性映射 $w = \dfrac{z-i}{z+i}$ 下,有一个交点 $z = -i$ 映射成 ∞,而另一个交点 $z = i$ 映射成 $w = 0$.因此,在分式线性映射 $w = \dfrac{z-i}{z+i}$ 下,所给二圆弧围成的区域映射成顶点在原点的角形域,且由于映射的保角性,角形域的张角等于 $\frac{\pi}{2}$.

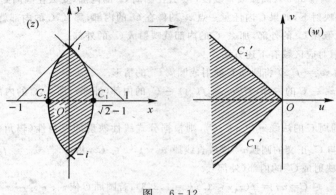

图 6-12

现在确定角形域的位置. 考察所给圆弧 C_1 与正实轴的交点 $z = \sqrt{2} - 1$,它在分式线性映射 $w = \frac{z-i}{z+i}$ 下的像为

$$w = \frac{\sqrt{2}-1-i}{\sqrt{2}-1+i} = \frac{(1-\sqrt{2})+i(1-\sqrt{2})}{2-\sqrt{2}}$$

这一点在 w 平面上第三象限的分角线 C'_1 上,因而圆弧 C_1 映射成第三象限得分角线 C'_1. 由保角性,圆弧 C_2 映射成第二象限的分角线 C'_2,二圆弧所围成的区域映射成图 6-12 的角形域.

4. 几种基本的分式线性映射

(1) 将上半平面 $\mathrm{Im}(z) > 0$ 映射成单位圆 $|w| < 1$ 的分式线性映射(见图 6-13).

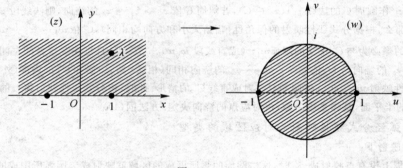

图 6-13

分析:将上半平面看成是半径为 ∞ 的圆域,那么实轴就相当于圆域的边界圆周.

方法 1(应用三对点式分式线性映射的构造方法):在 x 轴上任意取定 3 点:$z_1 = -1, z_2 = 0, z_3 = 1$,使它们依次对应于圆周 $|w| = 1$ 上不相同的 3 点:$w_1 = 1, w_2 = i, w_3 = -1$,则所得的三对点式分式线性映射为

$$\frac{w-1}{w-i} \cdot \frac{-1-i}{-1-1} = \frac{z+1}{z-0} \cdot \frac{1-0}{1+1}$$

即

$$w = \frac{z-i}{iz-1}$$

此映射把实轴 $\mathrm{Im}(z) = 0$ 映射成单位圆 $|w| = 1$,把点 $z = i$ 映射成圆心 $w = 0$,把上半平面 $\mathrm{Im}(z) > 0$ 映射成单位圆 $|w| < 1$,即为所求.

[注] 此题中,所取得三对点不同,那么所求得的分式线性映射不同. 由此可见,把上半平面映射成单位圆的分式线性映射不唯一.

事实上，$w = \dfrac{z-i}{z+1}$ 也是一个把上半平面映射成单位圆的分式线性映射.

方法2：依题意，上半平面上总有一点 $z = \lambda$ 要映射到圆心 $w = 0$，实轴 $\mathrm{Im}\,(z) = 0$ 要映射成单位圆 $|w| = 1$，而根据分式线性映射的保对称点不变性知，$z = \lambda$ 关于实轴的对称点 $z = \bar{\lambda}$ 要映射到 $w = 0$ 关于单位圆周 $|w| = 1$ 的对称点 $w = \infty$. 因此，所求分式线性映射具有下列形式：

$$w = k\left(\frac{z-\lambda}{z-\bar\lambda}\right) \quad (k \text{ 为待定常数})$$

且

$$|w(1)| = |k|\,\left|\frac{1-\lambda}{1-\bar\lambda}\right| = 1$$

因为 $|1-\lambda| = |1-\bar\lambda|$，所以 $|k| = 1$，即 $k = \mathrm{e}^{\mathrm{i}\theta}$，从而所求分式线性映射为

$$w = \mathrm{e}^{\mathrm{i}\theta}\left(\frac{z-\lambda}{z-\bar\lambda}\right)$$

特别地，若取 $\lambda = \mathrm{i}, \theta = 0$，得 $w = \dfrac{z-\mathrm{i}}{z+\mathrm{i}}$.

可见，这样的分式线性映射不唯一.

（2）将单位圆 $|z| < 1$ 映射成单位圆 $|w| < 1$ 的分式线性映射（见图6-14）.

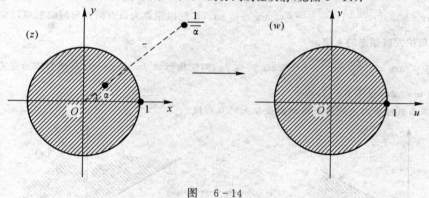

图 6-14

分析：设单位圆 $|z| < 1$ 内的一点 α 映射成单位圆 $|w| < 1$ 的圆心 $w = 0$，故所求分式线性映射把 $z = \alpha$ 关于圆周 $|z| = 1$ 的对称点 $z = \dfrac{1}{\bar\alpha}$ 映射成 $w = 0$ 关于圆周 $|w| = 1$ 的对称点 ∞，因而所求分式线性映射可设为

$$w = k\left(\frac{z-\alpha}{z-\dfrac{1}{\bar\alpha}}\right) = k'\left(\frac{z-\alpha}{1-\bar\alpha z}\right),\ k' = -k\bar\alpha$$

取 $|z| = 1$ 上的点 $z = 1$，则有

$$|w(1)| = |k'|\,\left|\frac{1-\alpha}{1-\bar\alpha}\right| = 1$$

因 $|1-\alpha| = |1-\bar\alpha|$，所以 $|k'| = 1, k' = \mathrm{e}^{\mathrm{i}\theta}$.

所求分式线性映射为

$$w = \mathrm{e}^{\mathrm{i}\theta}\left(\frac{z-\alpha}{1-\bar\alpha z}\right) \quad (|\alpha| < 1)$$

特别地，若取 $a = \dfrac{1}{2}, \theta = 0$，则得到将单位圆 $|z| < 1$ 映射成单位圆 $|w| < 1$ 且满足 $w\left(\dfrac{1}{2}\right) = 0$，$w'\left(\dfrac{1}{2}\right) > 0$ 的分式线性映射

$$w = \frac{z - \frac{1}{2}}{1 - \frac{1}{2}z} = \frac{2z - 1}{2 - z}$$

(四) 几个初等函数所构成的映射的共形性

1. 幂函数与根式函数

(1) 幂函数 $w = z^n (n \in \mathbf{Z}^+, n \geqslant 2)$.

因为 $\frac{\mathrm{d}w}{\mathrm{d}z} = nz^{n-1} \neq 0 (z \neq 0)$,所以由 $w = z^n (n \in \mathbf{Z}^+, n \geqslant 2)$ 构成的映射在 z 平面内除去原点外,是处处共形的. 其映射特性如下:

1) $w(0) = 0$.

2) $|z| = 1 \xrightarrow{w = z^n} |w| = 1$, $|z| = r \xrightarrow{w = z^n} |w| = r^n$,即把圆周映射成圆周.

3) $\theta = 0 \xrightarrow{w = z^n} \varphi = 0$, $\theta = \theta_0 \xrightarrow{w = z^n} \varphi = n\theta_0$,即把正实轴映射成正实轴,把射线 $\theta = \theta_0$ 映射成射线 $\varphi = n\theta_0$.

4) $0 \leqslant \arg z \leqslant \theta_0 \left(< \frac{2\pi}{n} \right) \xrightarrow{w = z^n} 0 \leqslant \arg w \leqslant n\theta_0$,即把以原点为顶点的角形域映射成以原点为顶点的角形域,但张角拉大成原来的 n 倍.

特别地,$0 \leqslant \arg z < \frac{2\pi}{n} \xrightarrow{w = z^n} 0 \leqslant \arg w < 2\pi$,即把角形域 $0 \leqslant \arg z < \frac{2\pi}{n}$ 映射成沿正实轴剪开的 w 平面 $0 \leqslant \arg w < 2\pi$(见图 6-15).

[注] 幂函数经常用来把角形域映射成拉大的角形域.

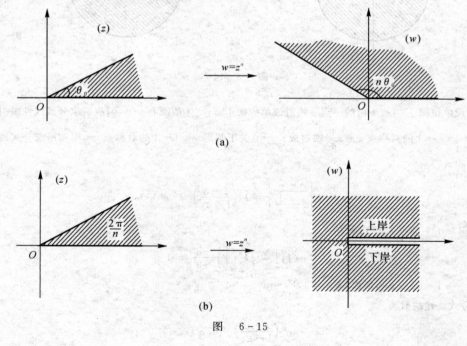

图 6-15

(2) 根式函数 $w = \sqrt[n]{z} (n \in \mathbf{Z}^+, n \geqslant 2)$.

$w = \sqrt[n]{z} (n \in \mathbf{Z}^+, n \geqslant 2)$ 是幂函数 $w = z^n (n \in \mathbf{Z}^+, n \geqslant 2)$ 的反函数,它构成的映射在 z 平面内除去原点外也是处处共形的. 其映射特性如下:

1) $w(0) = 0$.

2) $|z| = 1 \xrightarrow{w = \sqrt[n]{z}} |w| = 1$，$|z| = r \xrightarrow{w = \sqrt[n]{z}} |w| = \sqrt[n]{r}$，即把圆周映射成圆周.

3) $\theta = 0 \xrightarrow{w = \sqrt[n]{z}} \varphi = 0$，$\theta = \theta_0 \xrightarrow{w = \sqrt[n]{z}} \varphi = \dfrac{\theta_0}{n}$，即把正实轴映射成正实轴，把射线 $\theta = \theta_0$ 映射成射线 $\varphi = \dfrac{\theta_0}{n}$.

4) $0 \leqslant \arg z \leqslant \theta_0 \xrightarrow{w = \sqrt[n]{z}} 0 \leqslant \arg w \leqslant \dfrac{\theta_0}{n}$，即把以原点为顶点的角形域映射成以原点为顶点的角形域，但张角缩小成原来的 $\dfrac{1}{n}$ 倍.

特别地，即把沿正实轴剪开的 z 平面 $0 \leqslant \arg w < 2\pi$ 映射成角形域 $0 \leqslant \arg w < \dfrac{2\pi}{n}$.

[注]　根式函数经常用来把角形域映射成缩小的角形域.

2. 指数函数与对数函数

(1) 指数函数 $w = e^z$.

因为 $\dfrac{dw}{dz} = e^z \neq 0$，所以由 $w = e^z$ 构成的映射在整个 z 平面上是处处共形的. 其映射特性如下：

1) 设 $z = x + iy$，$w = \rho e^{i\varphi}$，则 $\rho = e^x$，$\varphi = y$.

因此，$w = e^z$ 将 z 平面上的直线 $x = c_1$（常数）映射成 w 平面上的圆周 $\rho = k_1$（常数），将 z 平面上的直线 $y = c_2$（常数）映射成 w 平面上的射线 $\varphi = c_2$（常数）.

2) 把水平带形域 $0 < \mathrm{Im}\,(z) < a$ 映射成角形域 $0 < \arg w < a$.

特别地，把水平带形域 $0 < \mathrm{Im}\,(z) < 2\pi$ 映射成沿正实轴剪开的 w 平面：$0 < \arg w < 2\pi$（见图 6-16），它们之间的点是一一对应的.

[注]　指数函数经常用来把带形域映射成角形域.

(2) 对数函数 $w = \ln z$.

$w = \ln z$ 是 $w = e^z$ 的反函数，将 z 平面上的角形域 $0 < \arg z < a (< 2\pi)$ 映射成 w 平面上的水平带形域 $0 < \mathrm{Im}\,(w) < a$.

特别地，将 z 平面上的角形域 $0 < \arg z < 2\pi$（即沿正实轴剪开的 z 平面）映射成 w 平面上的水平带形域 $0 < \mathrm{Im}\,(w) < 2\pi$，它们之间的点是一一对应的.

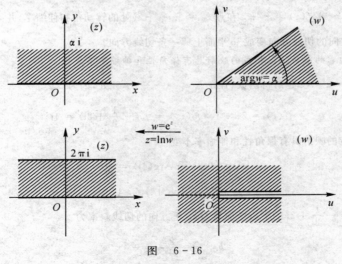

图　6-16

6.2.2 重点、难点解析

1.重点

(1) 共形映射的概念与判定.导数不为零的解析函数是共形的,具有保角性和伸缩率不变性的重要特点.共形映射又称为保形映射,这是因为映射在导数不为零的点 z_0 的邻域内,将一个任意小三角形映射成含 z_0 的对应点 w_0 的一个区域内的一个曲边三角形,这两个三角形对应角相等,对应边也近似成比例,因此这两个三角形近似相似.

共形映射的重要性在于:它能把在比较复杂的区域上的问题转化到比较简单区域上来研究.

(2) 分式线性映射及其特性的深刻理解、形式确定和熟练应用.分式线性映射 $w = f(z) = \dfrac{az+b}{cz+d}$ $(ad - bc \neq 0)$ 是比较简单有很重要的一类共形映射,可以看作是由一个平移映射、一个旋转与伸缩映射和一个反演映射复合而成.由于它们在扩充复平面上都是一一对应,且具有保角性、保圆性与保对称性,因此,分式线性映射也具有保角性、保圆性和保对称性.而且,可以通过三对点唯一确定一个"三对点式"分式线性映射:

$$\frac{w-w_1}{w-w_2}\frac{w_3-w_2}{w_3-w_1} = \frac{z-z_1}{z-z_2}\frac{z_3-z_2}{z_3-z_1} \quad \text{或} \quad \frac{w-w_1}{w-w_2} : \frac{w_3-w_1}{w_3-w_2} = \frac{z-z_1}{z-z_2} : \frac{z_3-z_1}{z_3-z_2}$$

因而分式线性映射还具有保交比性.分式线性映射的这些性质常用来确定一些简单而又典型的区域之间的共形映射.

例如,上半平面映射成上半平面、单位圆内的映射,单位圆内映射成单位圆内的映射等.

2.难点

(1) 分式线性映射的确定与熟练应用.确定分式线性映射的理论依据是:在扩充复平面上,圆周(或直线)映射成圆周(或直线),由区域内一点的对应位置来决定区域的对应区域.

(2) 几个初等函数构成的映射特性及其熟练运用.掌握好几个初等函数所构成的映射的特性,并联合分式线性映射,可以很好地用来确定出一部分简单区域之间的变换问题.这部分相对灵活,需要深刻理解,融会贯通.

6.3 典型例题解析

例 6.1 求函数 $w = f(z) = z^2 + z$ 在点 $z_0 = -\dfrac{1}{2} + 2i$ 处的转动角和伸缩率,并问此映射将过点 z_0 的平行于向量 $\boldsymbol{Oz_0}$ 正方向的切线方向变成 w 平面上哪一条切线方向?

分析 导数不为零的解析函数构成的映射具有保角性和伸缩率不变性.

解 $w = f(z) = z^2 + z$ 是解析函数,且在点 $z_0 = -\dfrac{1}{2} + 2i$ 处,因为

$$f'(z) = 2z + 1 \Rightarrow f'(z_0) = f'(-\frac{1}{2} + 2i) = 4i$$

不等于零,所以其对应的映射具有保角性和伸缩率不变性.

转动角为
$$\mathrm{Arg} f'(z_0) = \mathrm{Arg}(4i) = \frac{\pi}{2}$$

伸缩率为
$$|f'(z_0)| = |4i| = 4$$

又由于过点 $z_0 = -\dfrac{1}{2} + 2i$ 的平行于向量 $\boldsymbol{Oz_0}$ 正方向的切线斜率为

$$k_{\alpha_0} = \frac{2}{-\dfrac{1}{2}} = -4$$

由于
$$w_0 = \left(-\frac{1}{2} + 2i\right)^2 - \frac{1}{2} + 2i = -\frac{17}{4}$$

转动角为 $\dfrac{\pi}{2}$，故经 $w = f(z) = z^2 + z$ 映射后，得到 w 平

面上一条过 $w_0 = -\dfrac{17}{4}$ 且由向量 $\boldsymbol{O}z_0$ 正方向的切线逆时针

旋转 $\dfrac{\pi}{2}$ 的切线方向（见图 6-17），其斜率为 $k_{w_0 T_1} = -\dfrac{1}{4}$，切

线方程为

$$v = \frac{1}{4}\left(u + \frac{17}{4}\right) \quad 或 \quad w = u + \left(\frac{1}{4}u + \frac{17}{16}\right)\mathrm{i}$$

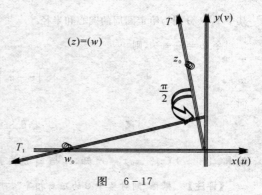

图 6-17

【评注】 按转动角的定义，切线经过映射后按逆时针
旋转，旋转的角度等于转动角的大小，因而从 $\boldsymbol{O}z_0$ 的斜率可
得所求切线的斜率，从 $\boldsymbol{O}z_0$ 的正向可得所求切线的正向，并
且所求切线过 z_0 的像 $w_0 = -\dfrac{17}{4}$.

例 6.2 试证明 $w = \mathrm{e}^{\mathrm{i}z}$ 将互相正交的直线族 $\mathrm{Re}\,(z) = c_1$ 与 $\mathrm{Im}\,(z) = c_2$ 依次变为互相正交的直线族
$v = u\tan c_1$ 和圆周族 $u^2 + v^2 = \mathrm{e}^{-2c_2}$.

分析 说明映射 $w = \mathrm{e}^{\mathrm{i}z}$ 具有保角性即可.

证明 $\mathrm{Re}\,(z) = c_1 \Rightarrow z = c_1 + t\mathrm{i} \Rightarrow w = \mathrm{e}^{\mathrm{i}z} = \mathrm{e}^{\mathrm{i}(c_1 + t\mathrm{i})} = \mathrm{e}^{-t}\mathrm{e}^{\mathrm{i}c_1} = \mathrm{e}^{-t}\cos c_1 + \mathrm{i}\mathrm{e}^{-t}\sin c_1 \Rightarrow v = u\tan c_1$

$\mathrm{Im}\,(z) = c_2 \Rightarrow z = t + c_2\mathrm{i} \Rightarrow w = \mathrm{e}^{\mathrm{i}z} = \mathrm{e}^{\mathrm{i}(t + c_2\mathrm{i})} = \mathrm{e}^{-c_2}\mathrm{e}^{\mathrm{i}t} = \mathrm{e}^{-c_2}(\cos t + \mathrm{i}\sin t) \Rightarrow u^2 + v^2 = \mathrm{e}^{-2c_2}$

由于 $w = \mathrm{e}^{\mathrm{i}z}$ 在复平面解析，且 $\dfrac{\mathrm{d}w}{\mathrm{d}z} = \mathrm{i}\mathrm{e}^{\mathrm{i}z} \neq 0$，故 $w = \mathrm{e}^{\mathrm{i}z}$ 具有保角性. 又因为直线族 $\mathrm{Re}\,(z) = c_1$ 与

$\mathrm{Im}\,(z) = c_2$ 互相正交，所以直线族 $v = u\tan c_1$ 和圆周族 $u^2 + v^2 = \mathrm{e}^{-2c_2}$ 也互相正交.

这说明 $w = \mathrm{e}^{\mathrm{i}z}$ 将互相正交的直线族 $\mathrm{Re}\,(z) = c_1$ 与 $\mathrm{Im}\,(z) = c_2$ 依次变为互相正交的直线族 $v = u\tan c_1$

和圆周族 $u^2 + v^2 = \mathrm{e}^{-2c_2}$.

【评注】 由不等于零的解析函数构成的映射具有保角性知，两条像曲线的夹角等于两条原像曲线的
夹角.

例 6.3 试求映射 $w = f(z) = \ln\,(z - 1)$ 在点 $z = 1 - \mathrm{i}$ 处的旋转角，并说明它将 z 平面的哪一部分放
大？哪一部分缩小？

分析 根据旋转角和伸缩率的定义直接讨论.

解 显然 $f'(z) = \dfrac{1}{z - 1}$，则 $w = \ln\,(z - 1)$ 在 $z = 1 - \mathrm{i}$ 的旋转角为

$$\arg f'(z) = \arg \frac{1}{z - 1}\bigg|_{z = 1 - \mathrm{i}} = \frac{\pi}{2}$$

而伸缩率 $|f'(z)| = \dfrac{1}{\sqrt{(x - 1)^2 + y^2}}$，其中 $z = x + \mathrm{i}y$.

因为 $|f'(z)| < 1$，即为 $(x - 1)^2 + y^2 > 1$，所以，$f(z) = \ln\,(z - 1)$ 把 1 为圆心，1 为半径的圆的外部缩小，
内部放大.

【评注】 当伸缩率的模长小于 1 时，图形缩小，反之成立. 这一过程的讨论主要涉及导函数模长的计算并
需要将其转化为实函数的形式，以便于从几何图形说明.

例 6.4 试证 z_1 与 z_2 是关于圆周 $\left|\dfrac{z - z_1}{z - z_2}\right| = k\,(k > 0)$ 的对称点.

分析 不妨设 z_0 为该圆周的圆心，只需验证 $(z_1 - z_0)\overline{(z_2 - z_0)} = r^2$.

证明 对 $\left|\dfrac{z - z_1}{z - z_2}\right| = k$ 整理，易得

$$z_0 = \frac{z_1 - k^2 z_2}{1 - k^2}, \quad r = \frac{k\,|z_1 - z_2|}{|1 - k^2|}$$

其中 z_0, r 分别为给定圆周的圆心和半径.

令 $w = \dfrac{z-z_1}{z-z_2}$, 则

$$|z-z_0| = r \Leftrightarrow \left|\frac{z-z_1}{z-z_2}\right| = k$$

而

$$z_1 - z_0 = \frac{k^2(z_2-z_1)}{1-k^2}, \quad z_2 - z_0 = \frac{z_2-z_1}{1-k^2}$$

故由 $(z_1-z_0)\overline{(z_2-z_0)} = r^2$ 知, z_1 与 z_2 是关于圆周 $\left|\dfrac{z-z_1}{z-z_2}\right| = k (k>0)$ 的对称点.

【评注】 根据"到对称中心的距离相等", 可由复平面上点的距离进行证明.

例 6.5 (1) 求一线性映射, 它把单位圆 $|z| < 1$ 保形映射成圆 $|w-1| < 1$, 并且分别将 $z_1 = -1$, $z_2 = -i$, $z_3 = i$ 变为 $w_1 = 0$, $w_2 = 2$, $w_3 = 1+i$.

(2) 求把 $z_1 = -1$, $z_2 = i$, $z_3 = 1+i$ 分别映射为 $w_1 = 0$, $w_2 = \infty$, $w_3 = 2+i$ 的分式线性映射 $w = f(z)$.

(3) 把点 $z = 1, i, -i$ 分别映射成点 $w = 1, 0, -1$ 的分式线性映射把单位圆 $|z| < 1$ 映射成什么? 并求该映射.

分析 根据所给条件和保交比性可确定要求的三对点式分式线性映射.

解 (1) 由 $w = f(z)$ 的保交比性, 有

$$\frac{w}{w-2} : \frac{1+i}{1+i-2} = \frac{z+1}{z+i} : \frac{1+i}{2i}$$

化简后, 有

$$\frac{w}{w-2} = \frac{(1-i)(z+1)}{z+i}$$

可得分式线性映射为

$$w = (2+2i)\frac{z+1}{z+2+i}$$

由于 z_1, z_2, z_3 在单位圆周 $|z| = 1$ 上, w_1, w_2, w_3 在圆周 $|w-1| = 1$ 上, 故此映射把单位圆周 $|z| = 1$ 映射成圆周 $|w-1| = 1$, 且由于 $z_1 \to z_2 \to z_3$ 的方向与 $w_1 \to w_2 \to w_3$ 的方向相同, 因而此映射把单位圆 $|z| < 1$ 保形映射成圆 $|w-1| < 1$.

(2) 因为有一点被映射为无穷大, 所以有

$$\frac{w-w_1}{w_3-w_1} = \frac{z-z_1}{z-z_2} : \frac{z_3-z_1}{z_3-z_2}$$

即

$$\frac{w}{2+i} = \frac{z+1}{z-i} : \frac{2+i}{1}$$

故得 $w = \dfrac{z+1}{z-i}$.

(3) 由唯一确定分式线性映射的条件可知, 将 $z = 1, i, -i$ 分别映射成点 $w = 1, 0, -1$ 的分式线性映射由式

$$\frac{w-1}{w-0} : \frac{-1-1}{-1-0} = \frac{z-1}{z-i} : \frac{-i-1}{-i-i}$$

确定, 整理后得所求的映射为

$$w = \frac{(1+i)(z-i)}{(1+z)+3i(1-z)}$$

另外, 点 $1, i, -i$ 在单位圆周 $|z| = 1$ 上, 像点 $1, 0, -1$ 在实轴上. 由分式线性映射的保角性及保圆性易知, 当 z 沿圆周 $|z| = 1$ 依次从 $1 \to i \to -i$ 的绕向围成单位圆 $|z| < 1$ 时, 其像点 w 应该沿实轴依次从 $1 \to$

$0 \to -1$ 的绕向围成下半平面 $\mathrm{Im}(w) < 0$,即把 $z = 1, \mathrm{i}, -\mathrm{i}$ 分别映射成点 $w = 1, 0, -1$ 的分式线性映射把单位圆 $|z| < 1$ 映射成下半平面 $\mathrm{Im}(w) < 0$.

【评注】 考察分式线性映射的三对点式分式线性映射的求法和分式线性映射确定映射区域的方法.

例 6.6 (1) 求将上半平面 $\mathrm{Im}(z) > 0$ 映射成单位圆 $|w| < 1$,且满足 $w(2\mathrm{i}) = 0, \arg w'(2\mathrm{i}) = 0$ 的分式线性映射.

(2) 求将上半平面 $\mathrm{Im}(z) > 0$ 映射成圆 $|w - 2\mathrm{i}| < 2$,且满足 $w(2\mathrm{i}) = 2\mathrm{i}, \arg w'(2\mathrm{i}) = -\dfrac{\pi}{2}$ 的分式线性映射.

分析 (1) 所求映射将实轴 $\mathrm{Im}(z) = 0$ 映射成单位圆周 $|w| = 1$,将上半平面 $\mathrm{Im}(z) > 0$ 映射成单位圆 $|w| < 1$,将 $z = 2\mathrm{i}$ 映射成原点 $w = 0$.由保对称性,将 $z = 2\mathrm{i}$ 关于实轴的对称点 $z = -2\mathrm{i}$ 映射成 $w = 0$ 关于圆周 $|w| = 1$ 的对称点 ∞.借助给定条件和分式线性映射的性质可确定所求的分式线性映射.

(2) $|w - 2\mathrm{i}| < 2 \Leftrightarrow \left|\dfrac{w - 2\mathrm{i}}{2}\right| < 1$,令 $\zeta = \dfrac{w - 2\mathrm{i}}{2}$,则 $\zeta(2\mathrm{i}) = 0$,因此由(1)知,先将上半平面 $\mathrm{Im}(z) > 0$ 映射成单位圆 $|\zeta| < 1$,且满足 $\zeta(2\mathrm{i}) = 0$ 的分式线性映射,再把单位圆 $|\zeta| < 1$ 映射成满足 $w(2\mathrm{i}) = 2\mathrm{i}$, $\arg w'(2\mathrm{i}) = -\dfrac{\pi}{2}$ 的圆 $|w - 2\mathrm{i}| < 2$.

解 (1) 所求映射将实轴 $\mathrm{Im}(z) = 0$ 映射成单位圆周 $|w| = 1$,将上半平面 $\mathrm{Im}(z) > 0$ 映射成单位圆 $|w| < 1$,将 $z = 2\mathrm{i}$ 映射成原点 $w = 0$.由保对称性,将 $z = 2\mathrm{i}$ 关于实轴的对称点 $z = -2\mathrm{i}$ 映射成 $w = 0$ 关于圆周 $|w| = 1$ 的对称点 ∞.因此,所求分式线性映射的形式可设为

$$w = \mathrm{e}^{\mathrm{i}\theta}\left(\frac{z - 2\mathrm{i}}{z + 2\mathrm{i}}\right),\text{其中 }\theta\text{ 待定}$$

$$w'(z) = \mathrm{e}^{\mathrm{i}\theta}\frac{4\mathrm{i}}{(z + 2\mathrm{i})^2},\quad w'(2\mathrm{i}) = \mathrm{e}^{\mathrm{i}\theta}\left(-\frac{\mathrm{i}}{4}\right)$$

$$\arg w'(2\mathrm{i}) = \arg \mathrm{e}^{\mathrm{i}\theta} + \arg\left(-\frac{\mathrm{i}}{4}\right) = \theta - \left(-\frac{\pi}{2}\right) = 0$$

$$\theta = \frac{\pi}{2},\quad w = \mathrm{i}\left(\frac{z - 2\mathrm{i}}{z + 2\mathrm{i}}\right)$$

(2) 由于 $|w - 2\mathrm{i}| < 2 \Leftrightarrow \left|\dfrac{w - 2\mathrm{i}}{2}\right| < 1$,令 $\zeta = \dfrac{w - 2\mathrm{i}}{2}$,则 $\zeta(2\mathrm{i}) = 0$.

由(1)知,将上半平面 $\mathrm{Im}(z) > 0$ 映射成单位圆 $|\zeta| < 1$,且满足 $\zeta(2\mathrm{i}) = 0$ 的分式线性映射为

$$\zeta = \mathrm{e}^{\mathrm{i}\theta}\left(\frac{z - 2\mathrm{i}}{z + 2\mathrm{i}}\right)$$

再由 $\zeta = \dfrac{w - 2\mathrm{i}}{2}$,得映射:

$$w = 2(\mathrm{i} + \zeta)$$

从而得复合映射:

$$w = 2\mathrm{i} + 2\mathrm{e}^{\mathrm{i}\theta}\left(\frac{z - 2\mathrm{i}}{z + 2\mathrm{i}}\right)$$

则有

$$w'(2\mathrm{i}) = \arg(2\mathrm{e}^{\mathrm{i}\theta}) + \arg\left(\frac{1}{4\mathrm{i}}\right) = \theta - \frac{\pi}{2} = -\frac{\pi}{2},\quad \theta = 0$$

故所求映射为

$$w = 2\left(\mathrm{i} + \frac{z - 2\mathrm{i}}{z + 2\mathrm{i}}\right) = 2(1 + \mathrm{i})\frac{z - 2}{z + 2\mathrm{i}}$$

【评注】 所求映射 $w = 2\left(\mathrm{i} + \dfrac{z - 2\mathrm{i}}{z + 2\mathrm{i}}\right) = 2(1 + \mathrm{i})\dfrac{z - 2}{z + 2\mathrm{i}}$ 可以看作是映射 $w = 2(\mathrm{i} + \zeta)$ 与 $\zeta = \dfrac{z - 2\mathrm{i}}{z + 2\mathrm{i}}$ 复

合而成. 映射 $\zeta = \dfrac{z-2i}{z+2i}$ 先把上半平面 $\mathrm{Im}\,(z) > 0$ 映射成单位圆 $|\zeta| < 1$，映射 $w = 2(i+\zeta)$ 再把单位圆 $|\zeta| <$

1 映射成满足 $w(2i) = 2i$，$\arg w'(2i) = -\dfrac{\pi}{2}$ 的圆 $|w - 2i| < 2$.

例 6.7 试求将圆域 $|z| < R$ 映射成圆域 $|w| < 1$ 的分式线性映射.

分析 先把圆域 $|z| < R$ 映射成单位圆域 $|z_1| < 1$，再把单位圆 $|z_1| < 1$ 映射到单位圆 $|w| < 1$.

解 圆域 $|z| < R$ 经过伸缩映射 $z_1 = \dfrac{1}{R}z$ 后变为单位圆 $|z_1| < 1$，而单位圆 $|z_1| < 1$ 到单位圆 $|w| <$

1 的分式线性映射的一般表示式为

$$w = e^{i\varphi}\frac{z_1 - \alpha}{1 - \bar{\alpha}z_1} \quad (\varphi \text{ 为实数}, |\alpha| < 1)$$

复合上述两映射即得所求的分式线性映射为

$$w = e^{i\varphi}\frac{\dfrac{z}{R} - \alpha}{1 - \bar{\alpha}\dfrac{z}{R}} = e^{i\varphi}\frac{z - \alpha R}{R - \bar{\alpha}z}\,(|\alpha| < 1)$$

【评注】 复杂分式线性映射可由常见的分式线性映射（例如一般圆域到单位圆的伸缩映射、单位圆到单位圆的分式线性映射）复合而成.

例 6.8 求将 $|z-2| < 1$ 映射为 $|w-2i| < 2$，且满足 $f'(2) = i$，$\arg f'(2) = 0$ 的分式线性映射 $w = f(z)$.

分析 借助给定条件和分式线性映射的性质可确定所求的分式线性映射. 先将圆域 $|z-2| < 1$ 映射成圆域 $|\xi| < 1$，再将单位圆域 $|\xi| < 1$ 映射成单位圆域 $|w_1| < 1$，再将单位圆域 $|w_1| < 1$ 映射成满足 $f(2) = i$，$\arg f'(2) = 0$ 圆域 $|w-2i| < 2$.

解 令 $z - 2 = \xi$，$\dfrac{w-2i}{2} = w_1$，则映射 $w_1 = \varphi(\xi)$ 将 $|\xi| < 1$ 映射为 $|w_1| < 1$；将 $\xi = 0$ 映射为 $w = i$，

进而映射为 $w_1 = -\dfrac{i}{2}$.

由逆映射为 $\xi = \varphi^{-1}(w_1)$，得

$$\xi = e^{i\theta}\frac{w_1 + \dfrac{i}{2}}{1 - w_1\dfrac{i}{2}}$$

即

$$z = 2 + e^{i\theta}\frac{(w-2i)/2 + i/2}{1 - i/2(w-2i)/2} = 2\left(1 + e^{i\theta}\frac{w-i}{2-iw}\right) = g(w)$$

由已知条件知，$\arg g'(i) = \arg(1/f'(2)) = 0$，$g'(i) = \dfrac{2}{3}e^{i\theta}$，则 $\theta = 0$，$z = 2\left(1 + \dfrac{w-i}{2-iw}\right)$，故得

$$w = \frac{z - (2-i)}{iz/2 + (1-i)}$$

【评注】 当确定分式映射时，有时需注意映射与其逆映射的关系.

例 6.9 求把角形域 $0 < \arg z < \dfrac{\pi}{4}$ 映射成单位圆 $|w| < 1$ 的映射.

分析 先由幂函数把角形域 $0 < \arg z < \dfrac{\pi}{4}$ 映射成上半平面 $\mathrm{Im}\,(\zeta) > 0$，再把上半平面 $\mathrm{Im}\,(\zeta) > 0$ 映射成单位圆 $|w| < 1$.

解 $\zeta = z^4$ 将角形域 $0 < \arg z < \dfrac{\pi}{4}$ 映射成上半平面 $0 < \arg \zeta < \pi$，即 $\mathrm{Im}\,(\zeta) > 0$；而分式线性映射 $w = \dfrac{\zeta - i}{\zeta + i}$ 把上半平面 $\mathrm{Im}\,(\zeta) > 0$ 映射成单位圆 $|w| < 1$.

因此,复合映射 $w = \dfrac{z^4 - i}{z^4 + i}$ 把角形域 $0 < \arg z < \dfrac{\pi}{4}$ 映射成单位圆 $|w| < 1$(见图 6-18).

【评注】 复杂分式线性映射可由常见的分式线性映射、初等函数所构成的映射复合而成. 例如,一般圆域到单位圆的伸缩映射、单位圆到单位圆的分式线性映射,幂函数将角形域拉大或缩小,指数函数可把水平带形域映射成角形域,平移、缩放及旋转映射可把竖直带形域映射成水平带形域,等等.

例 6.10 求把角形域 $-\dfrac{\pi}{6} < \arg z < \dfrac{\pi}{6}$ 映射成单位圆 $|w| < 1$ 的映射.

分析 先由幂函数把角形域 $-\dfrac{\pi}{6} < \arg z < \dfrac{\pi}{6}$ 经旋转映射成张角不变的角形域 $0 < \arg \xi < \dfrac{\pi}{3}$,角形域 $0 < \arg \xi < \dfrac{\pi}{3}$ 再经幂函数映射成上半平面 $\text{Im}(\zeta) > 0$,再把上半平面 $\text{Im}(\zeta) > 0$ 映射成单位圆 $|w| < 1$.

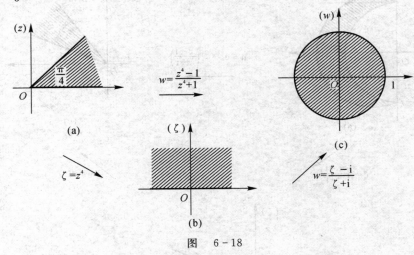

图 6-18

解 旋转变换 $\xi = e^{\frac{\pi}{6}i} z$ 把角形域 $-\dfrac{\pi}{6} < \arg z < \dfrac{\pi}{6}$ 经旋转映射成张角不变的角形域 $0 < \arg \xi < \dfrac{\pi}{3}$,而幂函数 $\zeta = \xi^3$ 将角形域 $0 < \arg \xi < \dfrac{\pi}{3}$ 映射成上半平面 $0 < \arg \zeta < \pi$,即 $\text{Im}(\zeta) > 0$;而分式线性映射 $w = \dfrac{\zeta - i}{\zeta + i}$ 把上半平面 $\text{Im}(\zeta) > 0$ 映射成单位圆 $|w| < 1$.

因此,复合映射 $w = \dfrac{(e^{\frac{\pi}{6}i} z)^3 - i}{(e^{\frac{\pi}{6}i} z)^3 + i} = \dfrac{z^3 - 1}{z^3 + 1}$ 把角形域 $-\dfrac{\pi}{6} < \arg z < \dfrac{\pi}{6}$ 映射成单位圆 $|w| < 1$.

【评注】 复杂分式线性映射可由常见的分式线性映射、初等函数所构成的映射复合而成.

例 6.11 求把下图中由二元弧 C_1 与 C_2 所围成的交角为 α 的月牙域映射成角形域 $\varphi_0 < \arg w < \varphi_0 + \alpha$ 的一个映射(见图 6-19).

分析 先把二元弧 C_1 与 C_2 的两个交点 $z = i, z = -i$ 分别映射为 $\xi = 0, \xi = \infty$,从而使月牙域映射成角形域 $0 < \arg \xi < \alpha$,再把角形域 $0 < \arg \xi < \alpha$ 经旋转映射成张角不变的角形域 $\varphi_0 < \arg w < \varphi_0 + \alpha$.

解 根据分式线性映射的保角性,将所给月牙域映射成角形域 $0 < \arg \xi < \alpha$ 的分式线性映射的形式为

$$\xi = k\left(\frac{z - i}{z + i}\right) \quad (\text{其中 } k \text{ 为待定的复常数})$$

设该映射应该把圆弧 C_1 上的点 $z = 1$ 映射成 ξ 平面的正实轴上的点

$$\xi(1) = k\left(\frac{1 - i}{1 + i}\right) = -ik = 1$$

则

$$k = i, \quad \xi = i\left(\frac{z - i}{z + i}\right)$$

这样,映射 $\xi = i\left(\dfrac{z-i}{z+i}\right)$ 就把圆弧 C_1 映射成 ξ 平面的正实轴,而把所给月牙域映射成角形域 $0 < \arg \xi < \alpha$.而旋转变换 $w = e^{i\varphi_0}\xi$ 将角形域 $0 < \arg \xi < \alpha$ 映射成角形域 $\varphi_0 < \arg w < \varphi_0 + \alpha$.

因此,复合映射

$$w = ie^{i\varphi_0}\left(\frac{z-i}{z+i}\right) = e^{i(\varphi_0 + \frac{\pi}{2})}\left(\frac{z-i}{z+i}\right)$$

把由二元弧 C_1 与 C_2 所围成的交角为 α 的月牙域映射成角形域 $\varphi_0 < \arg w < \varphi_0 + \alpha$.

【评注】 复杂分式线性映射可由常见的分式线性映射、初等函数所构成的映射复合而成.

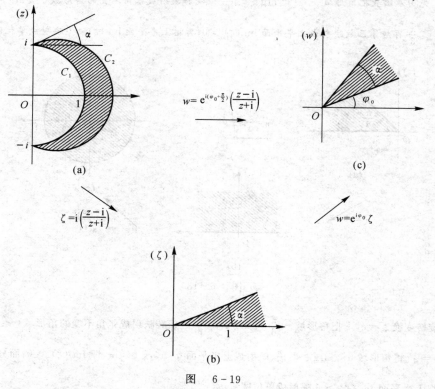

图 6-19

例 6.12 求把带形域 $0 < \mathrm{Im}(z) < \pi$ 映射成单位圆的一个映射.

分析 先把带形域 $0 < \mathrm{Im}(z) < \pi$ 映射成角形域 $0 < \arg \xi < \pi$,即上半平面 $\mathrm{Im}(\xi) > 0$;再把上半平面 $\mathrm{Im}(\xi) > 0$ 映射成单位圆 $|w| < 1$.

解 指数函数 $\xi = e^z$ 把带形域 $0 < \mathrm{Im}(z) < \pi$ 映射成角形域 $0 < \arg \xi < \pi$,即上半平面 $\mathrm{Im}(\xi) > 0$,而分式线性映射 $w = \dfrac{\xi - i}{\xi + i}$ 把上半平面 $\mathrm{Im}(\xi) > 0$ 映射成单位圆 $|w| < 1$.

故复合映射 $w = \dfrac{e^z - i}{e^z + i}$ 把带形域 $0 < \mathrm{Im}(z) < \pi$ 映射成单位圆.

【评注】 复杂分式线性映射可由常见的分式线性映射、初等函数所构成的映射复合而成.例如,一般圆域到单位圆的伸缩映射、单位圆到单位圆的分式线性映射,幂函数将角形域拉大或缩小,指数函数可把水平带形域映射成角形域,平移、缩放及旋转映射可把竖直带形域映射成水平带形域,等等.

例 6.13 求把带形域 $a < \mathrm{Re}(z) < b$ 映射成上半平面 $\mathrm{Im}(w) > 0$,再映射成单位圆 $|w| < 1$ 的一个映射.

分析 先把竖直带形域 $a < \mathrm{Re}(z) < b$ 平移、缩放及旋转映射成水平带形域 $0 < \mathrm{Im}(\xi) < \pi$,再把水平带形域 $0 < \mathrm{Im}(\xi) < \pi$ 映射成角形域 $0 < \arg \zeta < \pi$,即上半平面 $\mathrm{Im}(\zeta) > 0$;再把上半平面 $\mathrm{Im}(\zeta) > 0$ 映

射成单位圆 $|w| < 1$.

解 如图 6-20 所示映射 $\xi = \dfrac{\pi i}{b-a}(z-a)$ 把竖直带形域 $a < \mathrm{Re}(z) < b$ 平移、缩放及旋转映射成水平带形域 $0 < \mathrm{Im}(\xi) < \pi$；指数函数 $\zeta = e^{\xi}$ 把带形 $0 < \mathrm{Im}(\xi) < \pi$ 映射成角形域 $0 < \arg \zeta < \pi$，即上半平面 $\mathrm{Im}(\zeta) > 0$，而分式线性映射 $w = \dfrac{\zeta - i}{\zeta + i}$ 把上半平面 $\mathrm{Im}(\zeta) > 0$ 映射成单位圆 $|w| < 1$.

故，复合映射 $\zeta = e^{\frac{\pi i}{b-a}(z-a)}$ 把竖直带形域 $a < \mathrm{Re}(z) < b$ 映射成上半平面 $\mathrm{Im}(\zeta) > 0$（见图6-20），而复合映射 $w = \dfrac{e^{\frac{\pi i}{b-a}(z-a)} - i}{e^{\frac{\pi i}{b-a}(z-a)} + i}$ 把竖直带形域 $a < \mathrm{Re}(z) < b$ 映射成单位圆.

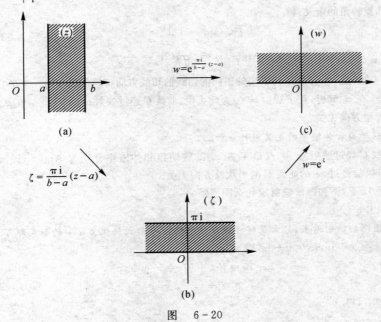

图　6-20

【**评注**】 复杂分式线性映射可由常见的分式线性映射、初等函数所构成的映射复合而成.

例 6.14 问 $w = e^{z}$ 将半带形域 $\begin{cases} -\infty < \mathrm{Re}(z) < 0 \\ 0 < \mathrm{Im}(z) < \pi \end{cases}$ 映射成什么区域?.

解 在 $w = e^{z}$ 的映射下：

直线 $\mathrm{Re}(z) = 0$ 映射成单位圆周 $\rho = |w| = e^{0} = 1$，$\mathrm{Re}(z) = 0$ 上的点 $z_0 = i\dfrac{\pi}{2}$ 映射成单位圆周上的 $\varphi_0 = \dfrac{\pi}{2}$ 的点；

直线 $\mathrm{Im}(z) = 0$ 映射成射线 $\varphi = 0$（正实轴），$\mathrm{Im}(z) = 0$ 上的点 $z_1 = -\infty$，$z_2 = 0$ 分别映射成正实轴上的点 $w_1 = 0$，$w_2 = 1$；

直线 $\mathrm{Im}(z) = \pi$ 映射成射线 $\varphi = \pi$（负实轴），$\mathrm{Im}(z) = \pi$ 上的点 $z_3 = \pi i$，$z_4 = \infty$ 分别映射成负实轴上的点 $w_3 = -1$，$w_4 = 0$.

故，$w = e^{z}$ 将半带形域 $\begin{cases} -\infty < \mathrm{Re}(z) < 0 \\ 0 < \mathrm{Im}(z) < \pi \end{cases}$ 映射成上半单位圆域 $|w| < 1$，$\mathrm{Im}(w) > 0$，且半带形域 $\begin{cases} -\infty < \mathrm{Re}(z) < 0 \\ 0 < \mathrm{Im}(z) < \pi \end{cases}$ 边界上的点依 $z_1 \to z_2 \to z_0 \to z_3 \to z_4$ 的顺序对应于上半圆周上的点依 $w_1 \to w_2 \to w_0 \to w_3 \to w_4$ 的顺序.

三导

【评注】 复杂分式线性映射可由常见的分式线性映射、初等函数所构成的映射复合而成.

6.4 习题精解

1. 求 $w = z^2$ 在 $z = i$ 处的伸缩率和旋转角. 问:$w = z^2$ 将经过点 $z = i$ 且平行于实轴正向的曲线的切线方向映射成 w 平面上哪一个方向?

分析 直接根据定义求,即伸缩率 $|f'(z_0)|$ 和旋转角 $\mathrm{Arg}f'(z_0)$.

解 对 $w = z^2$,显然有 $w' = 2z, w'|_{z=i} = 2i$.

根据伸缩率和旋转角的定义,得

伸缩率为
$$|w'(i)| = |2i| = 2$$

旋转角为
$$\mathrm{Arg}w'(i) = \mathrm{Arg}(2i) = \frac{\pi}{2}$$

由 $w(i) = -1$ 知,过 $z = i$ 且平行于实轴正向的曲线的切线方向将映射成 $u = -1$ 平行于虚轴的正向.

3. 设 $w = f(z)$ 在 z_0 解析,且 $f'(z_0) \neq 0$. 为什么说:曲线 C 经过映射 $w = f(z)$ 后在 z_0 的转动角与伸缩率跟曲线 C 的形式和方向无关?

分析 根据转动角和伸缩率的定义进行分析.

解 因为曲线 C 经过映射 $w = f(z)$ 后在 z_0 的转动角和伸缩率分别为 $\mathrm{Arg}(f'(z_0))$,$|f'(z_0)|$,只与 $w = f(z)$ 有关,所以与经过 z_0 的曲线 C 的形状及方向无关.

4. 在映射 $w = iz$ 下,下列图形映射成什么图形?

2) 圆域 $|z-1| \leqslant 1$.

分析 考察图形的映射结果,只需获得将原方程中的 x, y 形式转化为 u, v 的形式即可.

解 不妨设 $z = x + iy, w = u + iv$,则 $w = iz$,即
$$u + iv = i(x + iy) = -y + ix$$

即有
$$u = -y, \quad v = x$$

代入 $|z-1| \leqslant 1$,得
$$(x-1)^2 + y^2 \leqslant 1 \xrightarrow{\ w = iz\ } u^2 + (v-1)^2 \leqslant 1$$

故 $|w - i| \leqslant 1$.

6. 证明:在映射 $w = e^{iz}$ 下,互相正交的直线族 $\mathrm{Re}(z) = c_1$ 与 $\mathrm{Im}(z) = c_2$ 依次映射成互相正交的直线族 $v = u\tan c_1$ 与圆族 $u^2 + v^2 = e^{-2c_2}$.

分析 考察图形的映射结果,只需将 x, y 的方程形式转化为 u, v 的形式即可. 至于正交,只需说明映射具有保角性即可.

证明 不妨设 $z = x + iy, w = u + iv$,由 $\mathrm{Re}(z) = c_1$,可得
$$w = u + iv = e^{i(c_1+iy)} = e^{-y}(\cos c_1 + i\sin c_1)$$

则
$$u = e^{-y}\cos c_1, \quad v = e^{-y}\sin c_1$$

得 $v = u\tan c_1$ 为一直线族.

由 $\mathrm{Im}(z) = c_2$,得
$$w = u + iv = e^{iz} = e^{i(x+ic_2)} = e^{-c_2}(\cos x + i\sin x)$$

得
$$u = e^{-c_2}\cos x, \quad v = e^{-c_2}\sin x$$

$$u^2 + v^2 = (e^{-c_2})^2 = e^{-2c_2}$$ 为一圆族.

考虑到 $w' = ie^{iz} \neq 0$ 且 $w = e^{iz}$ 为解析函数,从而 $w = e^{iz}$ 是共形映射,满足保角性.

当 $\mathrm{Re}(z) = c_1$ 与 $\mathrm{Im}(z) = c_2$ 相互正交时,$v = u\tan c_1$ 与 $u^2 + v^2 = e^{-2c_2}$ 也相互正交.

8. 下列区域在指定的映射下映射成什么?

3)$0 < \text{Im}(z) < \dfrac{1}{2}, w = \dfrac{1}{z}$;　　　　　4)$\text{Re}(z) > 1, \text{Im}(z) > 0, w = \dfrac{1}{z}$;

5)$\text{Re}(z) > 0, 0 < \text{Im}(z) < 1, w = \dfrac{i}{z}$.

分析　考察图形的映射结果,只需根据已知方程建立 u, v 的表达式.

解　3)不妨设 $z = x + iy$,则

$$z = \frac{1}{w} = \frac{1}{u + iv} = \frac{u - iv}{u^2 + v^2}$$

从而有

$$x = \frac{u}{u^2 + v^2}, \quad y = \frac{-v}{u^2 + v^2}$$

由 $0 < \text{Im}(z) < \dfrac{1}{2}$,得 $0 < \dfrac{-v}{u^2 + v^2} < \dfrac{1}{2}$.

由 $\dfrac{-v}{u^2 + v^2} > 0 \Rightarrow v < 0$,得 $\text{Im}(w) < 0$.

由 $\dfrac{-v}{u^2 + v^2} < \dfrac{1}{2} \Rightarrow u^2 + v^2 + 2v > 0$,得 $u^2 + (v+1)^2 > 1$,得 $|w + i| > 1$,且 $\text{Im}(w) < 0$.

4)不妨设 $z = x + iy$,则

$$z = \frac{1}{w} = \frac{1}{u + iv} = \frac{u - iv}{u^2 + v^2}$$

从而有

$$x = \frac{u}{u^2 + v^2}, \quad y = \frac{-v}{u^2 + v^2}$$

由已知有

$$\frac{u}{u^2 + v^2} > 1, \frac{-v}{u^2 + v^2} > 0 \Rightarrow \begin{cases} (u - \frac{1}{2})^2 + v^2 < \left(\frac{1}{2}\right)^2 \\ v < 0 \end{cases}$$

得

$$\left| w - \frac{1}{2} \right| < \frac{1}{2} \quad 且 \quad \text{Im}(w) < 0$$

5)不妨设 $z = x + iy$,则

$$z = \frac{i}{w} = \frac{i}{u + iv} = \frac{v + iu}{u^2 + v^2}$$

从而有

$$x = \frac{v}{u^2 + v^2}, y = \frac{u}{u^2 + v^2}$$

因 $\text{Re}(z) > 0, 0 < \text{Im}(z) < 1$,即

$$\begin{cases} \dfrac{v}{u^2 + v^2} > 0 \\ 0 < \dfrac{u}{u^2 + v^2} < 1 \end{cases} \Rightarrow \begin{cases} u > 0 \\ v > 0 \\ \left(u - \dfrac{1}{2}\right)^2 + v^2 > \left(\dfrac{1}{2}\right)^2 \end{cases}$$

得

$$\left| w - \frac{1}{2} \right| > \frac{1}{2} \quad 且 \quad \begin{cases} \text{Im}(w) > 0 \\ \text{Re}(w) > 0 \end{cases}$$

10.如果分式线性映射 $w = \dfrac{az + b}{cz + d}$ 将上半平面的直线映射成 w 平面上的 $|w| < 1$,那么它的系数应满足什么条件?

分析　这是前面问题的逆问题,选择参数满足的条件使直线映射成圆域.

解　若 $w = \dfrac{az + b}{cz + d}$ 将直线映射成单位圆,则直线上的 $z = \infty$ 点必然被映射到单位圆 $|w| = 1$ 上,故将 $z = \infty$ 代入 $|w| = \left| \dfrac{az + b}{cz + d} \right|$,有

三导

$$\mid w \mid_{z=\infty} = \left| \frac{a + \dfrac{b}{z}}{c + \dfrac{d}{z}} \right|_{z=\infty} = \left| \frac{a}{c} \right| = 1$$

得

$$\mid a \mid = \mid c \mid$$

而 $w'_z = \dfrac{ad-bc}{(cz+d)^2} \neq 0$，得 $ad - bc \neq 0$，故条件为 $\mid a \mid = \mid c \mid$ 且 $ad - bc \neq 0$.

11. 试证：对任何一个分式线性映射 $w = \dfrac{az+b}{cz+d}$ 都可以认为 $ad - bc = 1$.

分析　任取另一分式线性映射，证明其系数满足给定的关系即可.

证明　考虑到 $ad - bc \neq 0$，则 $w = \dfrac{az+b}{cz+d}$ 可变为

$$w = \frac{\dfrac{a}{(ad-bc)^{\frac{1}{2}}} z + \dfrac{b}{(ad-bc)^{\frac{1}{2}}}}{\dfrac{c}{(ad-bc)^{\frac{1}{2}}} z + \dfrac{d}{(ad-bc)^{\frac{1}{2}}}} \tag{6.3}$$

式(6.3)与原式是等价的. 设

$$w = \frac{a'z + b'}{c'z + d'} \tag{6.4}$$

在式(6.4)中

$$a'd' - b'c' = \frac{ad}{ad-bc} - \frac{bc}{ad-bc} = 1$$

故对任何一个分式线性映射，$w = \dfrac{az+b}{cz+d}$ 都可认为 $ad - bc = 1$.

12. 试求将 $\mid z \mid < 1$ 映射成 $\mid w - 1 \mid < 1$ 的分式线性映射.

分析　采用常见的线性映射进行合成以达到映射目标.

解　将 $\mid z \mid < 1$ 映射成 $\mid w \mid < 1$ 的分式线性映射的表达式为

$$w_1 = e^{i\varphi}\left(\frac{z - \alpha}{1 - \bar{\alpha}z} \right), \quad \mid \alpha \mid < 1$$

$\mid w_1 \mid < 1$ 向右平移一个单位，即得 $\mid w - 1 \mid < 1$，即

$$w = 1 + w_1 = 1 + e^{i\varphi}\left(\frac{z - \alpha}{1 - \bar{\alpha}z} \right), \quad \mid \alpha \mid < 1$$

13. 设 $w = e^{i\varphi}\left(\dfrac{z - \alpha}{1 - \bar{\alpha}z} \right)$，试证：$\varphi = \arg w'(\alpha)$.

分析　对 w 求导后，由导数结果获得 φ.

证明　由

$$w' = e^{i\varphi} \frac{(1 - \bar{\alpha}z) - (z - \alpha)(-\bar{\alpha})}{(1 - \bar{\alpha}z)^2} = e^{i\varphi} \frac{1 - \overline{\alpha}\alpha}{(1 - \bar{\alpha}z)^2}$$

得

$$w'(\alpha) = e^{i\varphi} \frac{1 - \overline{\alpha}\alpha}{(1 - \overline{\alpha}\alpha)^2} = e^{i\varphi} \frac{1}{1 - \overline{\alpha}\alpha}$$

由于 $1 - \alpha\bar{\alpha}$ 是正实数，故 $\varphi = \arg w'(\alpha)$.

14. 试求将圆域 $\mid z \mid < R$ 映射成圆域 $\mid w \mid < 1$ 的分式线性映射.

分析　采用常用的线性映射进行合成.

解　首先把 $\mid z \mid < R$ 映射成 $\mid \xi \mid < 1$，作 $\xi = \dfrac{z}{R}$，因 $\mid z \mid < R$，所以 $\mid \xi \mid < 1$.

再把 $\mid \xi \mid < 1$ 映射到 $\mid w \mid < 1$.

得

$$w = e^{i\varphi}\left(\frac{\xi - \alpha}{1 - \bar{\alpha}\xi} \right) = e^{i\varphi}\left(\frac{\dfrac{z}{R} - \alpha}{1 - \bar{\alpha}\dfrac{z}{R}} \right) = e^{i\varphi}\left(\frac{z - R\alpha}{R - \bar{\alpha}z} \right), \quad \mid \alpha \mid < 1$$

15.求把上半平面 $\text{Im}(z)>0$ 映射成单位圆 $|w|<1$ 的分式线性映射 $w=f(z)$,并满足条件:

1) $f(i)=0, f(-1)=1$;   2) $f(i)=0, \arg f'(i)=0$;   3) $f(1)=1, f(i)=\dfrac{1}{\sqrt{5}}$.

分析 采用常见的分式线性映射合成.

证明 把上半平面 $\text{Im}(z)>0$ 映射成 $|w|<1$ 的分式线性映射的一般形式为

$$w=\text{e}^{i\theta}\left(\frac{z-\lambda}{z-\bar{\lambda}}\right), \quad \text{Im}(\lambda)>0, \quad \theta \in R$$

1) 因为 $f(i)=0$ 将 i 变换为 w 面上的原点,所以 $\lambda=i, \bar{\lambda}=-i$,故 $w=\text{e}^{i\theta}\left(\dfrac{z-i}{z+i}\right)$.

由 $f(-1)=1$ 可得

$$1=\text{e}^{i\theta}\left(\frac{-1-i}{-1+i}\right)=\text{e}^{i\theta}\frac{(-1-i)^2}{(-1+i)(-1-i)}=\text{e}^{i\theta}\frac{2i}{2}=\text{e}^{i\theta}i$$

有

$$\text{e}^{i\theta}=-i=\text{e}^{i\left(-\frac{\pi}{2}\right)}$$

故

$$w=-i\frac{z-i}{z+i}$$

2) 因 $f(i)=0$,所以 $\lambda=i, \bar{\lambda}=-i$,有

$$w=\text{e}^{i\theta}\left(\frac{z-i}{z+i}\right)$$

得

$$w'=\text{e}^{i\theta}\frac{(z+i)-(z-i)}{(z+i)^2}=\text{e}^{i\theta}\frac{2i}{(z+i)^2}$$

故

$$w'(i)=\text{e}^{i\theta}\frac{2i}{(1+i)^2}=\text{e}^{i\theta}\left(-\frac{i}{2}\right)=\frac{1}{2}\text{e}^{i\theta}\text{e}^{i\left(-\frac{\pi}{2}\right)}$$

因为 $\arg f'(i)=0$,所以 $\theta-\dfrac{\pi}{2}=0$,得 $\theta=\dfrac{\pi}{2}, w=i\dfrac{z-i}{z+i}$.

3) 设 $\lambda=x+iy$,由 $f(1)=1, f(i)=\dfrac{1}{\sqrt{5}}$ 可得

$$\begin{cases} 1=\text{e}^{i\theta}\left(\dfrac{1-\lambda}{1-\bar{\lambda}}\right) \\ \dfrac{1}{\sqrt{5}}=\text{e}^{i\theta}\left(\dfrac{i-\lambda}{i-\bar{\lambda}}\right) \end{cases}$$

将上面两式相除,得

$$\sqrt{5}=\left(\frac{1-\lambda}{1-\bar{\lambda}}\right)\left(\frac{i-\bar{\lambda}}{i-\lambda}\right)=\left(\frac{1-x-iy}{1-x+iy}\right)\left(\frac{i-x+iy}{i-x-iy}\right)$$

整理得

$$\begin{cases} \sqrt{5}(x^2+y^2-x-y)=x^2+y^2-x+y \\ \sqrt{5}(1-y-x)=1+y-x \end{cases}$$

将两式相减得 $x^2+y^2-1=0$,即 $x^2+y^2=1$.

联立得 $\begin{cases} x=1 \\ y=0 \end{cases}$(舍去,因 $w=\text{e}^{i\theta}$ 不合题意)及 $\begin{cases} y=\dfrac{2}{3} \\ x=-\dfrac{\sqrt{5}}{3} \end{cases}$.

将其带入,得 $\text{e}^{i\theta}=\dfrac{\sqrt{5}+2i}{3}$.

故

$$w=\frac{\sqrt{5}+2i}{3}\left(\frac{z+\dfrac{\sqrt{5}}{3}-\dfrac{2}{3}i}{z+\dfrac{\sqrt{5}}{3}+\dfrac{2}{3}i}\right)=\frac{3z+(\sqrt{5}-2i)}{(\sqrt{5}-2i)z+3}$$

18. 求出一个把右半平面 $\mathrm{Re}(z) > 0$ 映射成单位圆 $|w| < 1$ 的映射.

分析 采用常见的分式线性映射合成满足条件.

解 对 $\mathrm{Re}(z) > 0$ 内的任意一点 α, 作映射 w 使之对应 $w = 0$.

由分式线性映射的保对称性, 点 α 关于虚轴的对称点 $-\bar{\alpha}$ 应对应 $w = 0$ 关于单位圆周的对称点 ∞, 因此 w 应具有形式:

$$w = k\frac{z - \bar{\alpha}}{z - (-\bar{\alpha})} = k\frac{z - \bar{\alpha}}{z + \bar{\alpha}}$$

其中, k 为常数.

因为 $z = 0$ 对应着 $|w| = 1$ 上的一点, 所以由

$$|w| = |k|\left|\frac{0 - \bar{\alpha}}{0 + \bar{\alpha}}\right| = |k|\left|\frac{\bar{\alpha}}{\bar{\alpha}}\right| = 1$$

得 $|k| = 1$, 可令 $k = e^{i\theta}(\theta \in R) \Rightarrow w = e^{i\theta}\frac{z - \bar{\alpha}}{z + \bar{\alpha}}$.

19. 把图 6-21 中阴影部分所示(边界为直线段或圆弧)的域共形地且互为单值地映射成上半平面, 求出实现该映射的任一个函数.

分析 采用常见的分式线性映射综合即可.

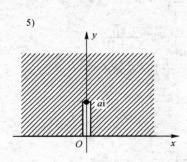

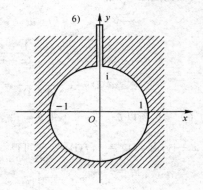

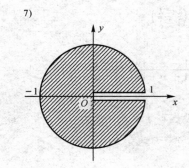

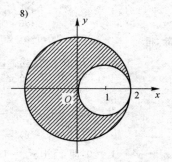

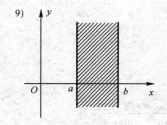

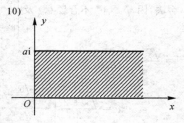

图 6-21

解　5) 采用映射 $\xi = z^2$,可得具有割痕 $-a^2 \leqslant \mathrm{Re}\,(\xi) < +\infty$, $\mathrm{Im}\,(\xi) = 0$ 的 ξ 平面,再把 ξ 平面向右作一距离为 a^2 的平移:$\zeta = \xi + a^2$,即得去掉正实轴的 ζ 平面,最后通过映射 $w = \sqrt{\zeta}$,便得到上半 w 平面.故所求映射为

$$w = \sqrt{\zeta} = \sqrt{\xi + a^2} = \sqrt{z^2 + a^2}$$

6) 先通过映射 $z_1 = \mathrm{i}\,\dfrac{z-\mathrm{i}}{z+\mathrm{i}}$ 将已知区域映射成一个具有割痕 $\mathrm{Re}\,(z_1) = 0, 0 \leqslant \mathrm{Im}\,(z_1) \leqslant 1$ 的上半平面,再应用映射 $z_2 = z_1^2$,便得到一个具有割痕 $-1 \leqslant \mathrm{Re}\,(z_2) < +\infty$, $\mathrm{Im}\,(z_2) = 0$ 的 z_2 平面,把 z_2 平面向右作一距离为 1 的平移:$z_3 = z_2 + 1$,便得到去掉了正实轴的 z_3 平面,最后通过 $z_4 = \sqrt{z_3}$,便得到上半 z_4 平面.故所求映射为

$$z_4 = \sqrt{z_3} = \sqrt{1 + z_2} = \sqrt{1 + z_1^2} = \sqrt{1 - \left(\frac{z-\mathrm{i}}{z+\mathrm{i}}\right)^2}$$

7) 先通过 $z_1 = z^{\frac{1}{2}}$ 将已知域映射成 z_1 平面上的上半单位圆,再应用 $z_2 = -\dfrac{z_1 + 1}{z_1 - 1}$ 将上半单位圆映射成角形域 $0 < \mathrm{Arg}\,z_2 < \dfrac{\pi}{2}$,最后用 $z_3 = z_2^2$ 将角形域 $0 < \mathrm{Arg}\,z_2 < \dfrac{\pi}{2}$ 映射成上半平面,故所求映射为

$$w = z_3 = z_2^2 = \left(-\frac{z_1 + 1}{z_1 - 1}\right)^2 = \left(\frac{\sqrt{z} + 1}{\sqrt{z} - 1}\right)^2$$

8) 先应用 $z_1 = \dfrac{1}{z-2}$ 将切点 $z = 2, z = 0, z = -2$ 分别映射成 $\infty, -\dfrac{1}{2}, -\dfrac{1}{4}$,则 $|z| < 2, |z - 1| < 1$ 映射成带形域 $-\dfrac{1}{2} < \mathrm{Re}\,(z) < -\dfrac{1}{4}$;

平移:$z_2 = z_1 + \dfrac{1}{2}$;

旋转:$z_3 = \mathrm{e}^{\frac{\pi}{2}\mathrm{i}} z_2 = \mathrm{i} z_2$;

放大:$z_4 = 4\pi z_3$;

最后借助 $z_5 = \mathrm{e}^{z_4}$ 将水平带形域 $0 < \mathrm{Im}\,(z_4) < \pi$ 映射成角形域 $0 < \mathrm{Arg}\,(z_5) < \pi$,即为上半平面.

9) 平移:$z_1 = z - a$;

旋转:$z_2 = \mathrm{i} z_1$;

放大(缩小):$z_3 = \dfrac{\pi}{b-a} z_2$;

最后借助 $z_4 = \mathrm{e}^{z_3}$ 将水平带形域 $0 < \mathrm{Im}\,(z_3) < \pi$ 映射成上半平面.

10) 放缩:$z_1 = \dfrac{\pi}{a} z$;

借助 $z_2 = -\mathrm{e}^{-z_1}$ 将 $\mathrm{Re}\,(z_1) > 0, 0 < \mathrm{Im}\,(z_1) < \pi$ 映射成上半单位圆;

再借助 $z_3 = -\dfrac{z_2 + 1}{z_2 - 1}$ 便得到角形域 $0 < \mathrm{Arg}\,z_3 < \dfrac{\pi}{2}$;

最后应用 $z_4 = z_3^2$ 便得到上半平面.

第二部分 积分变换

第7章 Fourier 变换

7.1 内容导教

(1)首先通过介绍简单含参变量积分问题让学生初步了解:

1)所谓积分变换,实际上是一种变换手段,其实质就是通过某种特定的含有参变量的积分运算,把某一个运算和性质较为复杂函数类 A 中的函数转化为另一个运算和性质较为简单的函数类中的函数.

2)积分变换的理论和方法不仅在数学的许多分支中,而且在其他自然科学和工程技术领域中均有着广泛的应用,它已成为不可缺少的运算工具.

(2)通过对 Fourier 级数的回顾,让学生了解到 Fourier 变换的主要作用在于:在信号分析中,它是实现时域函数 $f(t)$ 与频域函数 $F(\omega)$ 之间的转换的一种重要且有效的积分运算.

(3)教学中要强调 Fourier 变换的思想来源、实质与应用方法;强调其与 Fourier 级数的区别与联系.

7.2 内容导学

7.2.1 内容要点精讲

一、教学基本要求

(1)了解 Fourier 积分公式和 Fourier 积分定理;比较 Fourier 积分与 Fourier 级数的联系与区别.

(2)理解 Fourier 变换的概念实质及其与频谱概念之间的密切关系,熟悉工程上常用函数的 Fourier 变换对(例如,指数衰减函数、钟形脉冲函数、单位脉冲函数、单位阶跃函数、正弦函数、余弦函数等);了解单位脉冲函数(δ-函数)的定义与性质(特别是筛选性质).

(3)了解并熟练运用 Fourier 变换的性质,理解卷积的概念与卷积定理;了解相关函数的概念与性质.

(4)掌握 Fourier 变换在求解(偏)微分、积分方程中的应用方法.

二、主要内容精讲

(一)Fourier 积分

Fourier 积分是对 Fourier 级数的推广. Fourier 级数是针对周期函数而言的,而 Fourier 积分是针对非周期函数而言的.

1. 周期函数的 Fourier 级数的复指数形式

在高等数学中,Dirichlet 定理告诉我们:一个以 T 为周期的函数 $f_T(t)$,如果在一个周期 $\left[-\dfrac{T}{2}, \dfrac{T}{2}\right]$ 上满足 Dirichlet 条件,那么在 $\left[-\dfrac{T}{2}, \dfrac{T}{2}\right]$ 上就可以展开成 Fourier 级数,在 $f_T(t)$ 的连续点处,$f_T(t)$ 的 Fourier 级数的三角形式为

$$f_T(t) = \frac{a_0}{2} + \sum_{n=1}^{\infty} (a_n \cos n\omega t + b_n \sin n\omega t) \tag{7.1}$$

其中

$$\omega = \frac{2\pi}{T}, \quad a_0 = \frac{2}{T}\int_{-\frac{T}{2}}^{\frac{T}{2}} f_T(t)\,\mathrm{d}t$$

$$a_n = \frac{2}{T}\int_{-\frac{T}{2}}^{\frac{T}{2}} f_T(t)\cos n\omega t\,\mathrm{d}t \quad (n=1,2,3,\cdots)$$

$$b_n = \frac{2}{T}\int_{-\frac{T}{2}}^{\frac{T}{2}} f_T(t)\sin n\omega t\,\mathrm{d}t \quad (n=1,2,3,\cdots)$$

利用 Euler 公式,有

$$\cos \varphi = \frac{\mathrm{e}^{\mathrm{i}\varphi}+\mathrm{e}^{-\mathrm{i}\varphi}}{2}, \quad \sin \varphi = \frac{\mathrm{e}^{\mathrm{i}\varphi}-\mathrm{e}^{-\mathrm{i}\varphi}}{2\mathrm{i}}$$

式(7.1) 可写为

$$f_T(t) = \frac{a_0}{2} + \sum_{n=1}^{\infty}\left(a_n \frac{\mathrm{e}^{\mathrm{i}n\omega t}+\mathrm{e}^{-\mathrm{i}n\omega t}}{2} + b_n \frac{\mathrm{e}^{\mathrm{i}n\omega t}-\mathrm{e}^{-\mathrm{i}n\omega t}}{2\mathrm{i}}\right) = \frac{c_0}{2} + \sum_{n=1}^{\infty}\left(\frac{a_n-\mathrm{i}b_n}{2}\mathrm{e}^{\mathrm{i}n\omega t} + \frac{a_n+\mathrm{i}b_n}{2}\mathrm{e}^{-\mathrm{i}n\omega t}\right) \stackrel{\triangle}{=}$$

$$\stackrel{\triangle}{=} c_0 + \sum_{n=1}^{\infty}(c_n \mathrm{e}^{\mathrm{i}n\omega t}+c_{-n}\mathrm{e}^{-\mathrm{i}n\omega t})$$

其中

$$\mathrm{e}^{\mathrm{i}n\omega t} = \cos n\omega t + \mathrm{i}\sin n\omega t, \quad \mathrm{e}^{\mathrm{i}n\omega t} = \cos n\omega t - \mathrm{i}\sin n\omega t$$

$$c_0 = \frac{a_0}{2} = \frac{1}{T}\int_{-\frac{T}{2}}^{\frac{T}{2}} f_T(t)\,\mathrm{d}t$$

$$c_n = \frac{a_n-\mathrm{i}b_n}{2} = \frac{1}{T}\int_{-\frac{T}{2}}^{\frac{T}{2}} f_T(t)\mathrm{e}^{-\mathrm{i}n\omega t}\,\mathrm{d}t \quad (n=1,2,3,\cdots)$$

$$c_{-n} = \frac{a_n+\mathrm{i}b_n}{2} = \frac{1}{T}\int_{-\frac{T}{2}}^{\frac{T}{2}} f_T(t)\mathrm{e}^{\mathrm{i}n\omega t}\,\mathrm{d}t \quad (n=1,2,3,\ldots)$$

即得 $f_T(t)$ 的 Fourier 级数的指数形式为

$$f_T(t) \stackrel{\triangle}{=} \sum_{n=-\infty}^{+\infty} c_n \mathrm{e}^{\mathrm{i}n\omega t} = \sum_{n=-\infty}^{+\infty} c_n \mathrm{e}^{\mathrm{i}\omega_n t} = \frac{1}{T}\sum_{n=-\infty}^{+\infty}\left[\int_{-\frac{T}{2}}^{\frac{T}{2}} f_T(t)\mathrm{e}^{-\mathrm{i}\omega_n \tau}\,\mathrm{d}\tau\right]\mathrm{e}^{\mathrm{i}\omega_n t} \tag{7.2}$$

其中

$$c_n = \frac{1}{T}\int_{-\frac{T}{2}}^{\frac{T}{2}} f_T(t)\mathrm{e}^{-\mathrm{i}n\omega t}\,\mathrm{d}t \quad (n=\pm 1,\pm 2,\pm 3,\ldots), \quad \omega_n = n\omega \quad (n=\pm 1,\pm 2,\pm 3,\cdots)$$

2. 非周期函数的 Fourier 积分公式

任何一个非周期函数 $f(t)$ 都可以看作是由某个周期函数 $f_T(t)$ 当周期 $T\to+\infty$ 时的极限(见图7-1),则

$$f(t) = \lim_{T\to+\infty} f_T(t) \stackrel{\triangle}{=} \lim_{T\to+\infty}\frac{1}{T}\sum_{n=-\infty}^{+\infty}\left[\int_{-\frac{T}{2}}^{\frac{T}{2}} f_T(t)\mathrm{e}^{-\mathrm{i}\omega_n \tau}\,\mathrm{d}\tau\right]\mathrm{e}^{\mathrm{i}\omega_n t}$$

其中

$$\omega_n = n\omega = \frac{2n\pi}{T} \quad (n=\pm 1,\pm 2,\pm 3,\cdots)$$

从而有

$$\Delta\omega_n = \omega = \frac{2\pi}{T} \quad (n=\pm 1,\pm 2,\pm 3,\cdots), \quad T = \frac{2\pi}{\Delta\omega_n} \quad (n=\pm 1,\pm 2,\pm 3,\cdots)$$

故得

$$f(t) = \lim_{T\to+\infty} f_T(t) \stackrel{\triangle}{=} \lim_{T\to+\infty}\frac{1}{2\pi}\sum_{n=-\infty}^{+\infty}\left[\int_{-\frac{T}{2}}^{\frac{T}{2}} f_T(t)\mathrm{e}^{-\mathrm{i}\omega_n \tau}\,\mathrm{d}\tau\right]\mathrm{e}^{\mathrm{i}\omega_n t}\Delta\omega_n \tag{7.3}$$

如图 7-2 所示.

从而得非周期函数 $f(t)$ 的 Fourier 积分公式的复指数形式为

$$f(t) = \frac{1}{2\pi}\int_{-\infty}^{+\infty}\left[\int_{-\infty}^{+\infty} f_T(t)\mathrm{e}^{-\mathrm{i}\omega \tau}\,\mathrm{d}\tau\right]\mathrm{e}^{\mathrm{i}\omega t}\,\mathrm{d}\omega \tag{7.4}$$

由 Euler 公式,可得到非周期函数 $f(t)$ 的 Fourier 积分公式的三角形式为

$$f(t) = \frac{1}{\pi}\int_{0}^{+\infty}\left[\int_{-\infty}^{+\infty} f_T(t)\cos \omega(t-\tau)\,\mathrm{d}\tau\right]\mathrm{d}\omega \tag{7.5}$$

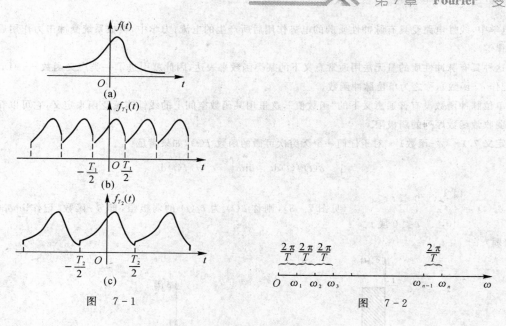

图 7-1

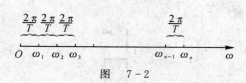

图 7-2

且有 $f(t)$ 的 Fourier 余弦积分展开式和 Fourier 正弦积分展开式：

$$f(t) = \begin{cases} \dfrac{2}{\pi}\int_0^{+\infty}\left[\int_0^{\infty}f_T(t)\cos\omega\tau\,\mathrm{d}\tau\right]\cos\omega t\,\mathrm{d}\omega, & f(-t)=f(t) \\ \dfrac{1}{\pi}\int_0^{+\infty}\left[\int_{-\infty}^{\infty}f_T(t)\sin\omega\tau\,\mathrm{d}\tau\right]\sin\omega t\,\mathrm{d}\omega, & f(-t)=-f(t) \end{cases} \tag{7.6}$$

3. 函数展开成 Fourier 积分的条件 —— Fourier 积分定理

定理 7.1 （Fourier 积分存在定理） 若 $f(t)$ 在 $(-\infty,+\infty)$ 上满足下列条件：① $f(t)$ 在任一有限区间上满足 Dirichlet 条件；② $f(t)$ 在无限区间 $(-\infty,+\infty)$ 上绝对可积（即 $\int_{-\infty}^{+\infty}|f(t)|\,\mathrm{d}t<+\infty$ ），则有

$$\frac{1}{2\pi}\int_{-\infty}^{+\infty}\left[\int_{-\infty}^{\infty}f_T(t)\mathrm{e}^{-i\omega\tau}\,\mathrm{d}\tau\right]\mathrm{e}^{i\omega t}\,\mathrm{d}\omega = \begin{cases} f(t), & f(t)\text{ 在 }t\text{ 点连续} \\ \dfrac{f(t+0)+f(t-0)}{2}, & f(t)\text{ 在 }t\text{ 点间断} \end{cases}$$

[注] （1）Fourier 积分表明：当函数 $f(t)$ 在 $(-\infty,+\infty)$ 上满足 Fourier 积分存在定理条件时，在其连续点处，可以展开成 Fourier 积分.

（2）如果 $f(t)$ 仅在 $(0,+\infty)$ 上有定义，且满足 Fourier 积分存在定理条件，则对其分别进行偶延拓和奇延拓，则可得到相应的 Fourier 余弦积分展开式和 Fourier 正弦积分展开式.

（二）Fourier 变换

1. Fourier 变换的概念

在 Fourier 积分公式 (7.4) 中，令

$$F(\omega)=\int_{-\infty}^{\infty}f_T(t)\mathrm{e}^{-i\omega t}\,\mathrm{d}t$$

则有

$$f(t)=\frac{1}{2\pi}\int_{-\infty}^{+\infty}F(\omega)\mathrm{e}^{i\omega t}\,\mathrm{d}\omega$$

则称 $F(\omega)$ 为 $f(t)$ 的 Fourier 变换（或象函数），记作 $F(\omega)=\mathscr{F}[f(t)]$；而 $f(t)$ 称为 $F(\omega)$ 的 Fourier 逆变换（或原像函数），记作 $f(t)=\mathscr{F}^{-1}[F(\omega)]$，并称 $F(\omega)$ 和 $f(t)$ 构成了一个 Fourier 变换对，它们具有相同的奇偶性.

2. 单位脉冲函数及其 Fourier 变换

单位脉冲函数是物理和工程技术中常常遇到的一类特殊函数，主要是用来描述具有脉冲性质的量. 例

三导

如,电学中,线性电路受具有脉冲性质的的电势作用后所产生的电流;力学中,机械系统受冲击力作用后的运动规律等.

这种具有脉冲性质的量无法用通常意义下的某类函数来表达,因此就引进了一类广义函数——Dirac 函数(记作 δ-函数),称之为单位脉冲函数,

单位脉冲函数没有普通意义下的"函数值",这里用某函数空间上的线性连续泛函来定义,它可以看作是一个弱收敛函数序列的弱极限.

定义 7.1 (δ-函数) 对于任何一个无穷次可微的函数 $f(t)$,如果满足:

$$\int_{-\infty}^{+\infty} \delta(t) f(t) \mathrm{d}t = \lim_{\varepsilon \to 0} \int_{-\infty}^{+\infty} \delta_\varepsilon(t) f(t) \mathrm{d}t$$

其中 $\delta_\varepsilon(t) = \begin{cases} \dfrac{1}{\varepsilon}, & 0 \leqslant t \leqslant \varepsilon \\ 0, & t < 0 \text{ 或 } t > \varepsilon \end{cases}$ (见图 7-3),则称 $\delta(t)$ 为 $\delta_\varepsilon(t)$ 的弱极限,即 δ-函数. 记作 $\lim\limits_{\varepsilon \to 0} \delta_\varepsilon(t) = \delta(t)$(弱).

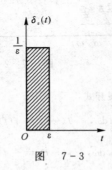

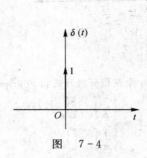

图 7-3　　　　　　　图 7-4

(1) δ-函数的性质.

1) $\int_{-\infty}^{+\infty} \delta(t) \mathrm{d}t = 1$. 事实上, $\int_{-\infty}^{+\infty} \delta(t) \mathrm{d}t = \lim\limits_{\varepsilon \to 0} \int_{-\infty}^{+\infty} \delta_\varepsilon(t) \mathrm{d}t = \lim\limits_{\varepsilon \to 0} \int_0^\varepsilon \dfrac{1}{\varepsilon} \mathrm{d}t = 1$.

2)(筛选性质) 若 $f(t)$ 为无穷次可微的函数,则有 $\int_{-\infty}^{+\infty} \delta(t) f(t) \mathrm{d}t = f(0)$. 事实上,有

$$\int_{-\infty}^{+\infty} \delta(t) f(t) \mathrm{d}t = \lim_{\varepsilon \to 0} \int_{-\infty}^{+\infty} \delta_\varepsilon(t) f(t) \mathrm{d}t = \lim_{\varepsilon \to 0} \frac{1}{\varepsilon} \int_0^\varepsilon f(t) \mathrm{d}t = f(0)$$

一般地,有 $\int_{-\infty}^{+\infty} \delta(t - t_0) f(t) \mathrm{d}t = f(t_0)$.

3)(微分性质) 若 $f(t)$ 为无穷次可微的函数,则有

$$\int_{-\infty}^{+\infty} \delta^{(n)}(t) f(t) \mathrm{d}t = (-1)^n f^{(n)}(0)$$

4)(奇偶性) δ-函数是偶函数,即 $\delta(-t) = \delta(t)$.

5) 与单位阶跃函数的关系为

$$\int_{-\infty}^{t} \delta(\tau) \mathrm{d}\tau = u(t) = \begin{cases} 0, & t < 0 \\ 1, & t > 0 \end{cases}, \quad \frac{\mathrm{d}}{\mathrm{d}t} u(t) = \delta(t)$$

(2) δ-函数的几何意义:工程上,将 δ-函数用一个长度等于 1 的有向线段来表示(见图 7-4).

(3) δ-函数的 Fourier 变换对:

$$F(\omega) = \mathscr{F}[\delta(t)] = \int_{-\infty}^{+\infty} \delta(t) \mathrm{e}^{-\mathrm{i}\omega t} \mathrm{d}t = \mathrm{e}^{-\mathrm{i}\omega t}\big|_{t=0} = 1, \quad f(t) = \mathscr{F}^{-1}[\delta(w)] = \frac{1}{2\pi} \int_{-\infty}^{+\infty} \delta(w) \mathrm{e}^{\mathrm{i}\omega t} \mathrm{d}w = \frac{1}{2\pi}$$

$$F(\omega) = \mathscr{F}[\delta(t - t_0)] = \int_{-\infty}^{+\infty} \delta(t - t_0) \mathrm{e}^{-\mathrm{i}\omega t} \mathrm{d}t = \mathrm{e}^{-\mathrm{i}\omega t}\big|_{t=t_0} = \mathrm{e}^{-\mathrm{i}\omega t_0}, \quad f(t) = \mathscr{F}^{-1}[\delta(w - w_0)] = \frac{1}{2\pi} \mathrm{e}^{\mathrm{i}w_0 t}$$

可见,得到了 4 个 Fourier 变换对: $\delta(t) \leftrightarrow 1$, $\delta(t - t_0) \leftrightarrow \mathrm{e}^{-\mathrm{i}\omega t_0}$, $1 \leftrightarrow 2\pi\delta(w)$, $\mathrm{e}^{\mathrm{i}w_0 t} \leftrightarrow 2\pi\delta(w - w_0)$.

3.非周期函数的频谱

在频谱分析中,非周期函数 $f(t)$ 的 Fourier 变换 $F(\omega)$ 称为 $f(t)$ 的频谱函数,而频谱函数的模 $|F(\omega)|$ 称为 $f(t)$ 的振幅频谱(简称频谱或连续频谱,因为 ω 是连续变化的).

例如,$\delta(t-t_0)$ 的频谱函数为 $e^{-i\omega t_0}$,振幅频谱为 $|e^{-i\omega t_0}|=1$.物理学工程技术中常遇到的一些函数及其 Fourier 变换(或频谱)见教材附录 I.

(三)Fourier 变换的性质

设 $F(\omega)=\mathscr{F}[f(t)]$,$F_i(\omega)=\mathscr{F}[f_i(t)]$,$i=1,2,\alpha,\beta$ 是常数.

1.线性性质

$$\mathscr{F}[\alpha f_1(t)+\beta f_2(t)]=\alpha F_1(\omega)+\beta F_2(\omega)$$
$$\mathscr{F}^{-1}[\alpha F_1(t)+\beta F_2(t)]=\alpha f_1(t)+\beta f_2(t)$$

2.位移性质

$$\mathscr{F}[f(t\pm t_0)]=e^{\pm i\omega t_0}F(\omega),\quad \mathscr{F}^{-1}[F(\omega\mp\omega_0)]=f(t)e^{\pm i\omega_0 t},\quad \mathscr{F}[f(t)e^{\pm i\omega_0 t}]=F(\omega\mp\omega_0)$$

3.微分性质

如果 $f(t)$ 在 $(-\infty,+\infty)$ 上连续或只有有限个可去间断点,且 $\lim\limits_{t\to\infty}f(t)=0$,则

$$\mathscr{F}[f'(t)]=i\omega\mathscr{F}[f(t)]$$

推论7.1 如果 $f^{(k)}(t)(k=0,1,2,\cdots,n-1)$ 在 $(-\infty,+\infty)$ 上连续或只有有限个可去间断点,且 $\lim\limits_{t\to\infty}f^{(k)}(t)=0(k=0,1,2,\cdots,n-1)$,则

$$\mathscr{F}[f^{(n)}(t)]=(i\omega)^n\mathscr{F}[f(t)]$$

推论7.2 (像函数的导数公式)

$$\frac{d}{d\omega}F(\omega)=-i\mathscr{F}[tf(t)],\quad \frac{d^n}{d\omega^n}F(\omega)=(-i)^n\mathscr{F}[t^n f(t)]$$

[注] 像函数的导数公式常用来计算 $\mathscr{F}[t^n f(t)]$：$\mathscr{F}[t^n f(t)]=i^n\dfrac{d^n}{d\omega^n}F(\omega)$.

4.积分性质

令 $g(t)=\displaystyle\int_{-\infty}^{t}f(t)dt$：

(1)如果 $\lim\limits_{t\to+\infty}g(t)=0$,则 $\quad\mathscr{F}\left[\displaystyle\int_{-\infty}^{t}f(t)dt\right]=\dfrac{1}{i\omega}F[\omega]=\dfrac{1}{i\omega}\mathscr{F}[f(t)]$

(2)如果 $\lim\limits_{t\to+\infty}g(t)\neq0$,则 $\quad\mathscr{F}\left[\displaystyle\int_{-\infty}^{t}f(t)dt\right]=\dfrac{1}{i\omega}F[\omega]+\pi F(0)\delta(\omega)$

5.相似性质

$$\mathscr{F}[f(at)]=\frac{1}{|a|}F\left|\frac{\omega}{a}\right|$$

6.翻转性质

$$F(-\omega)=\mathscr{F}[f(-t)]$$

7.对称性质

$$\mathscr{F}[F(\mp t)]=2\pi f(\pm\omega)$$

8.乘积定理

$$\int_{-\infty}^{+\infty}\overline{f_1(t)}f_2(t)dt=\frac{1}{2\pi}\int_{-\infty}^{+\infty}\overline{F_1(\omega)}F_2(\omega)d\omega\xrightarrow{\Delta}S_{12}(\omega)$$

$$\int_{-\infty}^{+\infty}f_1(t)\overline{f_2(t)}dt=\frac{1}{2\pi}\int_{-\infty}^{+\infty}F_1(\omega)\overline{F_2(\omega)}d\omega\xrightarrow{\Delta}S_{21}(\omega)$$

其中,$\overline{f_i(t)}$,$\overline{F_i(\omega)}$ 分别是 $f_i(t)$,$F_i(\omega)(i=1,2)$ 的共轭函数,而称 $S_{12}(\omega)=\overline{F_1(\omega)}F_2(\omega)$ 为函数 $f_1(t)$,$f_2(t)$

的互能量密度函数(或互能量谱密度).

　　[注] 互能量谱密度满足:$S_{21}(\omega) = \overline{S_{12}(\omega)}$.

　　9.能量积分(Parseval 等式)

$$\int_{-\infty}^{+\infty} [f(t)]^2 \mathrm{d}t = \frac{1}{2\pi} \int_{-\infty}^{+\infty} |F(\omega)|^2 \mathrm{d}\omega \xrightarrow{\Delta} \frac{1}{2\pi} \int_{-\infty}^{+\infty} S(\omega) \mathrm{d}\omega$$

其中,$S(\omega) = |F(\omega)|^2$ 称为函数 $f(t)$ 的能量密度函数(或能量谱密度),而 $\int_{-\infty}^{+\infty} [f(t)]^2 \mathrm{d}t$ 称为 $f(t)$ 的总能量.

　　[注] (1)函数 $f(t)$ 的能量谱密度 $S(\omega)$ 可以决定 $f(t)$ 的能量分布规律,函数 $f(t)$ 的总能量可以通过其能量谱密度 $S(\omega)$ 对所有频率积分来得到.

　　(2)能量谱密度 $S(\omega)$ 是 ω 的偶函数,即 $S(-\omega) = S(\omega)$.

　　(3)能量积分可以用来计算某些积分的值,例如 $\int_{-\infty}^{+\infty} \frac{\sin^2 x}{x^2} \mathrm{d}x$,$\int_{-\infty}^{+\infty} \frac{\sin^2 \omega}{\omega^2} \mathrm{d}\omega$ 等.

(四)卷积与相关函数

　　卷积与相关函数是 Fourier 变换的另一类重要性质,它们都是分析线性系统极为有用的重要工具.

　　1.卷积的概念与卷积定理

　　定义 7.2 (卷积) 对于两个函数 $f_1(t)$,$f_2(t)$,称积分 $\int_{-\infty}^{+\infty} f_1(\tau) f_2(t-\tau) \mathrm{d}\tau \xrightarrow{\Delta} f_1(t) * f_2(t)$ 为函数 $f_1(t)$ 与 $f_2(t)$ 的卷积.

　　[注] 卷积的运算规律:

　　(1)交换律:$f_1(t) * f_2(t) = f_2(t) * f_1(t)$.

　　(2)分配律:$f_1(t) * [f_2(t) + f_3(t)] = f_1(t) * f_2(t) + f_1(t) * f_3(t)$.

　　(3)不等式关系:$|f_1(t) * f_2(t)| \leqslant |f_1(t)| * |f_2(t)|$.

　　定理 7.2 (卷积定理) 设 $F_i(\omega) = \mathscr{F}[f_i(t)]$,$i = 1, 2$,则

$$\mathscr{F}[f_1(t) * f_2(t)] = F_1(\omega) \cdot F_2(\omega)$$

或

$$\mathscr{F}^{-1}[F_1(\omega) \cdot F_2(\omega)] = [f_1(t) * f_2(t)]$$

　　推论 7.3 $\mathscr{F}[f_1(t) \cdot f_2(t)] = \frac{1}{2\pi} F_1(\omega) * F_2(\omega)$

　　[注] (1)卷积定理及其推论表明:两个函数卷积的 Fourier 变换等于这两个函数 Fourier 变换的乘积;而两个函数乘积的 Fourier 变换则等于这两个函数 Fourier 变换的卷积除以 2π.

　　(2)卷积定理及其推论可以推广到 n 个函数上去:

$$\mathscr{F}[f_1(t) * f_2(t) * \cdots * f_n(t)] = F_1(\omega) \cdot F_2(\omega) \cdot \cdots \cdot F_n(\omega)$$

$$\mathscr{F}[f_1(t) \cdot f_2(t) \cdot \cdots \cdot f_n(t)] = \frac{1}{(2\pi)^{n-1}} F_1(\omega) * F_2(\omega) * \cdots * F_n(\omega)$$

　　(3)应用卷积定义计算卷积并不总是很容易计算的,但是卷积定理提供了卷积计算的简便方法,即化卷积运算为乘积运算. 这就使得卷积在线性系统分析中成为特别有用的方法.

　　2.相关函数

　　定义 7.3 (相关函数) (1)对于两个不同的函数 $f_1(t)$,$f_2(t)$,称积分 $\int_{-\infty}^{+\infty} f_1(t) f_2(t+\tau) \mathrm{d}t \xrightarrow{\Delta} R_{12}(\tau)$ 为两个函数 $f_1(t)$ 与 $f_2(t)$ 的互相关函数.

　　(2)对于一个函数 $f(t)$,称积分 $\int_{-\infty}^{+\infty} f(t) f(t+\tau) \mathrm{d}t \xrightarrow{\Delta} R(\tau)$ 为函数 $f(t)$ 的自相关函数.

　　[注] (1)自相关函数 $R(\tau)$ 是 τ 的偶函数,即 $R(-\tau) = R(\tau)$.

（2）互相关函数满足：$R_{21}(\tau) = R_{12}(-\tau)$.

定理 7.3 （相关函数与能量谱密度的关系） （1）两个函数 $f_1(t)$ 与 $f_2(t)$ 的互相关函数 $R_{12}(\tau)$ 与互能量谱密度 $S_{12}(\omega)$ 构成一个 Fourier 变换对：

$$S_{12}(\omega) = \int_{-\infty}^{+\infty} R_{12}(\tau) e^{-i\omega t} d\tau$$

$$R_{12}(\tau) = \frac{1}{2\pi} \int_{-\infty}^{+\infty} S_{12}(\omega) e^{i\omega t} d\omega$$

（2）函数 $f(t)$ 的自相关函数 $R(\tau)$ 与能量谱密度 $S(\omega)$ 构成一个 Fourier 变换对：

$$S(\omega) = \int_{-\infty}^{+\infty} R(\tau) e^{-i\omega t} d\tau = \int_{-\infty}^{+\infty} R(\tau) \cos \omega\tau d\tau$$

$$R(\tau) = \frac{1}{2\pi} \int_{-\infty}^{+\infty} S(\omega) e^{i\omega t} d\omega = \frac{1}{2\pi} \int_{-\infty}^{+\infty} S(\omega) \cos \omega\tau d\omega$$

特别地,有

$$R(0) = \frac{1}{2\pi} \int_{-\infty}^{+\infty} S(\omega) d\omega$$

即 Parseval 等式：

$$\int_{-\infty}^{+\infty} [f(t)]^2 dt = \frac{1}{2\pi} \int_{-\infty}^{+\infty} |F(\omega)|^2 d\omega$$

（五）Fourier 变换的应用

Fourier 变换可以把线性微分方程、积分方程、微分积分方程以及偏微分方程化为关于像函数的代数方程来求解. 这种思想在许多工程技术和科学研究领域中有着广泛的应用,特别在力学系统、电学系统、自动控制系统、可靠性系统以及随即服务系统等系统科学中都起着重要作用.

1. 微分、积分方程的 Fourier 变换解法

基本步骤（见图 7-5）：

第一步:对原方程及定解条件两边取 Fourier 变换,得到像函数的代数方程;

第二步:求解代数方程,得到未知函数的像函数;

第三步:对像函数取 Fourier 逆变换,得到原定解问题的解.

2. 偏微分方程的 Fourier 变换解法

基本步骤（见图 7-5）：

第一步:先将偏微分方程中的未知函数看作是某一个自变量的函数,对原方程两边及定解条件关于该自变量取 Fourier 变换,得到像函数的常微分方程方程的定解问题;

第二步:求解上述常微分方程的定解问题,得到未知函数的像函数;

第三步:对像函数取 Fourier 逆变换,得到原定解问题的解.

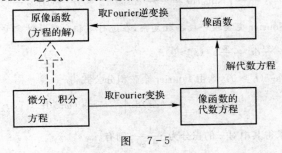

图 7-5

7.2.2 重点、难点解析

1. 重点

（1）Fourier 积分定理、对 Fourier 变换与逆变换的概念的深刻理解.

（2）应用 Fourier 变换求解微分、积分方程.

 2. 难点

（1）对 Fourier 变换、逆变换的性质的熟练应用.

（2）对卷积概念的理解和卷积定理的熟练运用.

7.3 典型例题解析

例 7.1 设 $F(\omega) = \mathscr{F}[f(t)]$，证明：函数 $f(t)$ 为实值函数的充要条件为 $\overline{F(\omega)} = F(-\omega)$.

分析 利用 Fourier 变换中共轭与积分可以交换的性质.

证明 必要性. 若函数 $f(t)$ 为实值函数，由 $F(\omega) = \int_{-\infty}^{+\infty} f(t) \mathrm{e}^{-\mathrm{i}\omega t} \mathrm{d}t$，有

$$\overline{F(\omega)} = \overline{\int_{-\infty}^{+\infty} f(t) \mathrm{e}^{-\mathrm{i}\omega t} \mathrm{d}t} = \int_{-\infty}^{+\infty} f(t) \, \overline{\mathrm{e}^{-\mathrm{i}\omega t}} \, \mathrm{d}t = \int_{-\infty}^{+\infty} f(t) \mathrm{e}^{-\mathrm{i}(-\omega)t} \mathrm{d}t = F(-\omega)$$

充分性. 若 $\overline{F(\omega)} = F(-\omega)$，由 $f(t) = \dfrac{1}{2\pi} \int_{-\infty}^{+\infty} F(\omega) \mathrm{e}^{\mathrm{i}\omega t} \mathrm{d}\omega$，有

$$\overline{f(t)} = \frac{1}{2\pi} \int_{-\infty}^{+\infty} \overline{F(\omega) \mathrm{e}^{\mathrm{i}\omega t}} \, \mathrm{d}\omega = \frac{1}{2\pi} \int_{-\infty}^{+\infty} F(-\omega) \mathrm{e}^{-\mathrm{i}\omega t} \mathrm{d}\omega$$

令 $-\omega = \xi$，得

$$\frac{1}{2\pi} \int_{-\infty}^{+\infty} F(\xi) \mathrm{e}^{\mathrm{i}\xi t} \mathrm{d}\xi = f(t)$$

即函数 $f(t)$ 为实值函数.

【评注】 实值函数的共轭即为函数本身，该例题揭示了实值函数的 Fourier 变换结果与其共轭的关系.

例 7.2 求函数 $f(t) = \begin{cases} 1+t, & -1 < t < 0 \\ 1-t, & 0 < t < 1 \\ 0, & |t| > 1 \end{cases}$ 的 Fourier 变换.

分析 直接按照 Fourier 变换的定义进行计算，需要对分段函数根据定义区间划分积分区间.

解 由 Fourier 变换的定义有

$$F(\omega) = \mathscr{F}[f(t)] = \int_{-\infty}^{+\infty} f(t) \mathrm{e}^{-\mathrm{i}\omega t} \mathrm{d}t = \int_{-1}^{0} (1+t) \mathrm{e}^{-\mathrm{i}\omega t} \mathrm{d}t + \int_{0}^{1} (1-t) \mathrm{e}^{-\mathrm{i}\omega t} \mathrm{d}t =$$

$$\int_{0}^{1} (1-t) \mathrm{e}^{\mathrm{i}\omega t} \mathrm{d}t + \int_{0}^{1} (1-t) \mathrm{e}^{-\mathrm{i}\omega t} \mathrm{d}t = 2 \int_{0}^{1} (1-t) \cos \omega t \, \mathrm{d}t = \frac{2}{\omega} \int_{0}^{1} (1-t) \mathrm{d}(\sin \omega t) =$$

$$\frac{2}{\omega} (1-t) \sin \omega t \, |_{0}^{1} + \frac{2}{\omega} \int_{0}^{1} \sin \omega t \, \mathrm{d}t = -\frac{2}{\omega^2} \cos \omega t \, |_{0}^{1} = -\frac{2}{\omega^2} (\cos \omega - 1)$$

【评注】 分段函数的 Fourier 变换较一般函数复杂，在进行定积分计算时需要考虑所有的非零区间段.

例 7.3 证明 $\displaystyle\int_{0}^{+\infty} \frac{\cos(\omega t)}{1+\omega^2} \mathrm{d}t = \frac{\pi}{2} \mathrm{e}^{-t} \ (t \geqslant 0)$.

证明 不妨设 $f(t) = \mathrm{e}^{-t} \ (t \geqslant 0)$，则由 Fourier 余弦积分公式得

$$\mathrm{e}^{-t} = \frac{2}{\pi} \int_{0}^{+\infty} \cos(\omega t) \mathrm{d}\omega \int_{0}^{+\infty} \mathrm{e}^{\tau} \cos(\omega \tau) \mathrm{d}\tau$$

利用两次分部积分，可求得其中对 τ 的积分为 $\dfrac{1}{1+\omega^2}$. 则有

$$\mathrm{e}^{-t} = \frac{2}{\pi} \int_{0}^{+\infty} \frac{\cos(\omega t)}{1+\omega^2} \mathrm{d}\omega$$

故

$$\int_{0}^{+\infty} \frac{\cos(\omega t)}{1+\omega^2} \mathrm{d}t = \frac{\pi}{2} \mathrm{e}^{-t} \quad (t \geqslant 0)$$

【评注】 等式 $\mathrm{e}^{-t} = \dfrac{2}{\pi} \displaystyle\int_{0}^{+\infty} \cos(\omega t) \mathrm{d}\omega \int_{0}^{+\infty} \mathrm{e}^{\tau} \cos(\omega \tau) \mathrm{d}\tau$ 右边的积分为累次积分.

例 7.4　图 7.6 是一 R-C 串联电路,输入端电压为 $f(t)$,输出端电压为 $u(t)$,由电学知识,这里的 $u(t)$ 满足微分方程:

$$RC\frac{\mathrm{d}u(t)}{\mathrm{d}t}+u(t)=f(t)$$

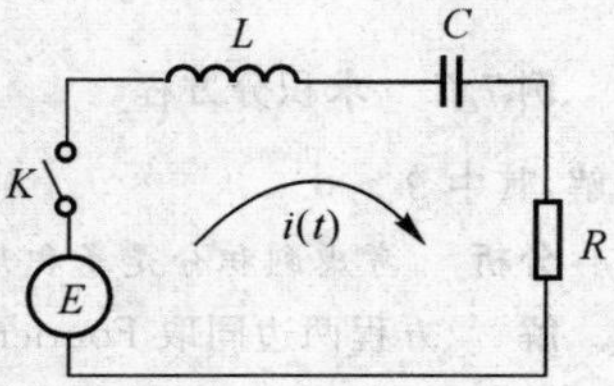

其中,R,C 为常数,求 $u(t)$.

分析　借助 Fourier 变换的微分性质,并由逆变换获得输出端电压.

解　方程两端进行 Fourier 变换,得

$$\mathscr{F}\left[RC\frac{\mathrm{d}u(t)}{\mathrm{d}t}+u(t)\right]=\mathscr{F}[f(t)]$$

即

$$RC(\mathrm{i}\omega)\mathscr{F}[u(t)]+\mathscr{F}[u(t)]=\mathscr{F}[f(t)]$$

则可得 $u(t)$ 的 Fourier 变换为

$$\mathscr{F}[u(t)]=\frac{\mathscr{F}[f(t)]}{1+\mathrm{i}\omega RC}=\frac{F(\omega)}{1+\mathrm{i}\omega RC}$$

再由其 Fourier 逆变换,得

$$u(t)=\frac{1}{2\pi}\int_{-\infty}^{+\infty}\frac{F(\omega)}{1+\mathrm{i}\omega RC}\mathrm{e}^{\mathrm{i}\omega t}\mathrm{d}\omega$$

图 7-6　R-C 串联电路

【评注】　Fourier 变换应用于实际问题求解时,可能涉及常用的物理、化学、电学规律.

例 7.5　求 $\int_{0}^{+\infty}\frac{\sin^2 x}{x^2}\mathrm{d}x$.

分析　考虑到被积函数的形式,可以采用 Fourier 变换中的乘积定理和能量积分求解.

解　由于函数

$$f(t)=\begin{cases}1, & |t|<c\\ 0, & |t|>c\end{cases}$$

的 Fourier 变换为

$$F(\omega)=\begin{cases}2\dfrac{\sin\omega c}{\omega}, & \omega\neq 0\\ 2c, & \omega=0\end{cases}$$

令 $c=1$,得

$$\int_{-\infty}^{+\infty}\left(\frac{2\sin\omega}{\omega}\right)^2\mathrm{d}\omega=2\pi\int_{-1}^{1}1^2\mathrm{d}\omega=4\pi$$

考虑到被积函数是偶函数,则有

$$2\int_{0}^{+\infty}\frac{\sin^2\omega}{\omega^2}\mathrm{d}\omega=\pi\ \Rightarrow\ \int_{0}^{+\infty}\frac{\sin^2 x}{x^2}\mathrm{d}x=\frac{\pi}{2}$$

【评注】　Fourier 变换的性质可用来求某些特殊积分,该题后面根据定积分与积分变量无关求解.

例 7.6　解积分方程

$$\int_{-\infty}^{+\infty}\frac{y(u)}{(x-u)^2+a^2}\mathrm{d}u=\frac{1}{x^2+b^2},\quad 0<a<b$$

分析　考虑到 $\int_{-\infty}^{+\infty}\frac{y(u)}{(x-u)^2+a^2}\mathrm{d}u=y(x)*\frac{1}{x^2+a^2}$,对方程两边进行 Fourier 变换,并应用卷积定理.

解　原方程可写成

$$y(x)*\frac{1}{x^2+a^2}=\frac{1}{x^2+b^2}$$

对上式两边进行 Fourier 变换,根据卷积定理得

$$\mathscr{F}[y(x)]\cdot\mathscr{F}\left[\frac{1}{x^2+a^2}\right]=\mathscr{F}\left[\frac{1}{x^2+b^2}\right]$$

即

$$Y(\omega)=\mathscr{F}\left[\frac{1}{x^2+b^2}\right]\bigg/\mathscr{F}\left[\frac{1}{x^2+a^2}\right]$$

其中

$$\mathscr{F}\left[\frac{1}{x^2+a^2}\right]=\int_{-\infty}^{+\infty}\frac{\mathrm{e}^{-\mathrm{i}\omega x}}{x^2+a^2}\mathrm{d}x=2\int_{0}^{+\infty}\frac{\cos\omega x}{x^2+a^2}\mathrm{d}x=\frac{2}{a}\int_{0}^{+\infty}\frac{\cos\omega at}{t^2+1}\mathrm{d}t=\frac{\pi}{a}\mathrm{e}^{-\omega a}$$

同理可得

$$\mathscr{F}\left\{\frac{1}{x^2+b^2}\right\}=\frac{\pi}{b}\mathrm{e}^{-\omega b}$$

故得

$$Y(\omega)=\frac{\pi}{b}\mathrm{e}^{-\omega b}\bigg/\frac{\pi}{a}\mathrm{e}^{-\omega a}=\frac{a}{b}\mathrm{e}^{-(b-a)\omega}$$

从而由 Fourier 逆变换,得

$$y(x) = \frac{a}{b}\mathscr{F}^{-1}\{e^{-(b-a)\omega}\} = \frac{a}{b} \cdot \frac{b-a}{\pi} \cdot \frac{1}{x^2+(b-a)^2} = \frac{a(b-a)}{b\pi[x^2+(b-a)^2]}$$

例 7.7 求积分方程

$$x(t) + \int_{-\infty}^{+\infty} e^{-|t-\tau|}x(\tau)d\tau = e^{-\beta|t|}$$

的解,其中 $\beta > 0$.

分析 考虑到积分是卷积形式,因此 Fourier 变换可利用卷积定理求其像函数,并取 Fourier 逆变换即可.

解 方程两边同取 Fourier 变换,并记 $\mathscr{F}[x(t)] = X(\omega)$,则

$$\mathscr{F}[x(t)] + \mathscr{F}[x(t) * e^{-|t|}] = \mathscr{F}[e^{-\beta|t|}]$$
$$X(\omega) + X(\omega)\mathscr{F}[e^{-|t|}] = \mathscr{F}[e^{-\beta|t|}]$$

解之得

$$X(\omega) = \frac{\mathscr{F}[e^{-\beta|t|}]}{1 + \mathscr{F}[e^{-|t|}]}$$

其中

$$\mathscr{F}[e^{-\beta|t|}] = \int_{-\infty}^{+\infty} e^{-\beta|t|}e^{-i\omega t}dt = \int_{-\infty}^{0} e^{(\beta-i\omega)t}dt + \int_{0}^{+\infty} e^{-(\beta+i\omega)t}dt = \frac{1}{\beta-i\omega} + \frac{1}{\beta+i\omega} = \frac{2\beta}{\omega^2+\beta^2} \tag{7.7}$$

因此有

$$X(\omega) = \frac{\dfrac{2\beta}{\omega^2+\beta^2}}{1 + \dfrac{2}{\omega^2+1}} = \frac{2\beta(\omega^2+1)}{(\omega^2+3)(\omega^2+\beta^2)}$$

(1) 当 $\beta \neq \sqrt{3}$ 时,有

$$X(\omega) = \frac{\beta^2-1}{\beta^2+3} \frac{2\beta}{\omega^2+\beta^2} - \frac{2\sqrt{3}\beta}{3(\beta^2-3)} \frac{2\sqrt{3}}{\omega^2+(\sqrt{3})^2}$$

由式(7.7),得

$$x(t) = \mathscr{F}^{-1}[X(\omega)] = \frac{\beta^2-1}{\beta^2-3}\mathscr{F}^{-1}\left[\frac{2\beta}{\omega^2+\beta^2}\right] - \frac{2\sqrt{3}\beta}{3(\beta^2-3)}\mathscr{F}^{-1}\left[\frac{2\sqrt{3}}{\omega^2+(\sqrt{3})^2}\right] =$$

$$\frac{\beta^2-1}{\beta^2-3}e^{-\beta|t|} - \frac{2\sqrt{3}\beta}{3(\beta^2-3)}e^{-\sqrt{3}|t|}$$

(2) 当 $\beta = \sqrt{3}$ 时,有

$$x(t) = \mathscr{F}^{-1}[X(\omega)] = \mathscr{F}^{-1}\left[\frac{2\sqrt{3}(\omega^2+1)}{(\omega^2+3)^2}\right] = \frac{2\sqrt{3}}{2\pi}\int_{-\infty}^{+\infty}\frac{\omega^2+1}{(\omega^2+3)^2}e^{i\omega t}d\omega \tag{7.8}$$

1) 当 $t > 0$ 时,有

$$x(t) = \frac{\sqrt{3}}{\pi} \times 2\pi i \cdot \text{Res}\left[\frac{z^2+1}{(z^2+3)^2}e^{izt}, \sqrt{3}i\right] = 2\sqrt{3}i\frac{i(3t-2\sqrt{3})}{18}e^{-\sqrt{3}t} = \frac{2-\sqrt{3}t}{3}e^{-\sqrt{3}t}$$

2) 当 $t = 0$ 时,有

$$x(t) = \frac{\sqrt{3}}{\pi} \times 2\pi i \cdot \text{Res}\left[\frac{z^2+1}{(z^2+3)^2}, \sqrt{3}i\right] = 2\sqrt{3}i \times \frac{-\sqrt{3}i}{9} = \frac{2}{3}$$

3) 当 $t < 0$ 时,令式(7.8)中 $\omega = -x$,得

$$x(t) = \frac{\sqrt{3}}{\pi}\int_{-\infty}^{+\infty}\frac{x^2+1}{(x^2+3)^2}e^{i(-t)x}dx = \frac{\sqrt{3}}{\pi} \times 2\pi i \cdot \text{Res}\left[\frac{z^2+1}{(z^2+3)^2}e^{(-t)z}, \sqrt{3}i\right] = \frac{2+\sqrt{3}t}{3}e^{\sqrt{3}t}$$

7.4 习题精解

习题一

1.试证:若 $f(t)$ 满足 Fourier 积分定理的条件,则有

$$f(t) = \int_0^{+\infty} a(\omega)\cos \omega t\, d\omega + \int_0^{+\infty} b(\omega)\sin \omega t\, d\omega$$

其中,$a(\omega) = \dfrac{1}{\pi}\int_{-\infty}^{+\infty} f(\tau)\cos \omega\tau\, d\tau, b(\omega) = \dfrac{1}{\pi}\int_{-\infty}^{+\infty} f(\tau)\sin \omega\tau\, d\tau.$

分析 根据 Fourier 积分定理,并利用欧拉公式,即可获得要证明的结论.

证明 $f(t) = \dfrac{1}{2\pi}\int_{-\infty}^{+\infty}\left[\int_{-\infty}^{+\infty} f(\tau)e^{-i\omega\tau}\, d\tau\right]e^{i\omega t}\, d\omega = \dfrac{1}{2\pi}\int_{-\infty}^{+\infty}\int_{-\infty}^{+\infty} f(\tau)(\cos \omega\tau - i\sin \omega\tau)\cos \omega t\, d\tau d\omega +$

$\dfrac{1}{2\pi}\int_{-\infty}^{+\infty}\int_{-\infty}^{+\infty} f(\tau)(\cos \omega\tau - i\sin \omega\tau)i\sin \omega t\, d\tau d\omega =$

$\int_0^{+\infty}\left[\dfrac{1}{\pi}\int_{-\infty}^{+\infty} f(\tau)\cos \omega\tau\, d\tau\right]\cos \omega t\, d\omega + \int_0^{+\infty}\left[\dfrac{1}{\pi}\int_{-\infty}^{+\infty} f(\tau)\sin \omega\tau\, d\tau\right]\sin \omega t\, d\omega =$

$\int_0^{+\infty} a(\omega)\cos \omega t\, d\omega + \int_0^{+\infty} b(\omega)\sin \omega t\, d\omega$

2.求下列函数的 Fourier 积分.

$(2) f(t) = \begin{cases} 0, & t < 0 \\ e^{-t}\sin 2t, & t \geqslant 0 \end{cases};$ 　　 (3) 函数 $f(t) = \begin{cases} 0, & -\infty < t < -1 \\ -1, & -1 < t < 0 \\ 1, & 0 < t < 1 \\ 0, & 1 < t < +\infty \end{cases}.$

分析 按照分段函数的定义区间,对 Fourier 积分进行计算.

解 $(2) f(t) = \dfrac{1}{2\pi}\int_{-\infty}^{+\infty}\int_{-\infty}^{+\infty} f(t)e^{-i\omega t}\, dt e^{i\omega t}\, d\omega = \dfrac{1}{2\pi}\int_{-\infty}^{+\infty}\int_0^{+\infty} e^{-t}\sin 2t e^{-i\omega t}\, dt e^{i\omega t}\, d\omega =$

$\dfrac{1}{2\pi}\int_{-\infty}^{+\infty}\int_0^{+\infty} e^{-t}\dfrac{e^{i2t}-e^{-i2t}}{2i}e^{-i\omega t}\, dt e^{i\omega t}\, d\omega = \dfrac{1}{4\pi i}\int_{-\infty}^{+\infty}\int_0^{+\infty}(e^{-t+i(2-\omega)t}-e^{-t-i(2+\omega)t})\, dt e^{i\omega t}\, d\omega =$

$\dfrac{1}{4\pi i}\int_{-\infty}^{+\infty}\left[\dfrac{e^{[-1+i(2-\omega)]}}{-1+i(2-\omega)}-\dfrac{e^{[-1-i(2-\omega)]}}{-1-i(2+\omega)}\right]_0^{+\infty}e^{i\omega t}\, d\omega =$

$\dfrac{2}{\pi}\int_0^{+\infty}\dfrac{(5-\omega^2)\cos \omega t + 2\omega\sin \omega t}{25-6\omega^2+\omega^4}\, d\omega$

(3) 显然函数 $f(t)$ 是奇函数,满足 Fourier 积分定理的条件,其 Fourier 积分公式为

$f(t) = \dfrac{1}{2\pi}\int_{-\infty}^{+\infty}\int_{-\infty}^{+\infty} f(t)e^{-i\omega t}\, dt e^{i\omega t}\, d\omega = \dfrac{1}{\pi i}\int_{-\infty}^{+\infty}\int_0^{+\infty} f(t)\sin \omega t\, dt e^{i\omega t}\, d\omega = \dfrac{1}{\pi i}\int_{-\infty}^{+\infty}\int_0^{+1}\sin \omega t\, dt e^{i\omega t}\, d\omega =$

$\dfrac{1}{\pi i}\int_{-\infty}^{+\infty}\dfrac{1-\cos \omega}{\omega}e^{i\omega t}\, d\omega = \dfrac{2}{\pi}\int_0^{+\infty}\dfrac{1-\cos \omega}{\omega}\sin \omega t\, d\omega$

在 $f(t)$ 的间断点 $t_0 = -1, 0, 1$ 处以 $\dfrac{f(t_0+0)+f(t_0-0)}{2}$ 代替.

3.求下列函数的 Fourier 变换,并推证下列积分结果.

$(2) f(t) = e^{-|t|}\cos t$,证明 $\int_0^{+\infty}\dfrac{\omega^2+2}{\omega^4+4}\cos \omega t\, d\omega = \dfrac{\pi}{2}e^{-|t|}\cos t;$

$(3) f(t) = \begin{cases} \sin t, & |t| \leqslant \pi \\ 0, & |t| > \pi \end{cases}$,证明:$\int_0^{+\infty}\dfrac{\sin \omega\pi\sin \omega t}{1-\omega^2}\, d\omega = \begin{cases} \dfrac{\pi}{2}\sin t, & |t| \leqslant \pi \\ 0, & |t| > \pi \end{cases}.$

分析 直接根据 Fourier 变换的定义计算,并利用 Fourier 积分公式.

解 $(2) F(\omega) = \mathscr{F}[f(t)] = \int_{-\infty}^{+\infty} e^{-|t|}\cos t e^{-i\omega t}\, dt = \int_{-\infty}^{+\infty} e^{-|t|}\dfrac{e^{it}+e^{-it}}{2}e^{-i\omega t}\, dt =$

$\dfrac{1}{2}\left\{\int_{-\infty}^0 e^{[1+i(1-\omega)]t}\, dt + \int_{-\infty}^0 e^{[1-i(1+\omega)]t}\, dt + \int_0^{+\infty} e^{[-1+i(1-\omega)]t}\, dt + \int_0^{+\infty} e^{[-1-i(1+\omega)]t}\, dt\right\} =$

$\dfrac{1}{2}\left\{\dfrac{e^{[1+i(1-\omega)]t}\big|_{-\infty}^0}{1+i(1-\omega)} + \dfrac{e^{[1-i(1-\omega)]t}\big|_{-\infty}^0}{1-i(1+\omega)} + \dfrac{e^{[-1+i(1-\omega)]t}\big|_0^{-\infty}}{-1+i(1-\omega)} + \dfrac{e^{[-1-i(1+\omega)]t}\big|_0^{+\infty}}{-1-i(1+\omega)}\right\} =$

$\dfrac{1}{2}\left[\dfrac{1}{1+i(1-\omega)} + \dfrac{1}{1-i(1+\omega)} + \dfrac{1}{1-i(1-\omega)} + \dfrac{1}{1+i(1+\omega)}\right] = \dfrac{2\omega^2+4}{\omega^4+4}$

$f(t)$ 的积分表达式为

$$f(t) = \frac{1}{2\pi}\int_{-\infty}^{+\infty} F(\omega)e^{i\omega t}d\omega = \frac{1}{2\pi}\int_{-\infty}^{+\infty}\frac{2\omega^2+4}{\omega^4+4}e^{i\omega t}d\omega = \frac{1}{\pi}\int_0^{+\infty}\frac{2\omega^2+4}{\omega^4+4}\cos\omega t\,d\omega$$

故有

$$\int_0^{+\infty}\frac{2\omega^2+4}{\omega^4+4}\cos\omega t\,d\omega = \frac{\pi}{2}f(t) = \frac{\pi}{2}e^{-|t|}\cos t$$

(3) $F(\omega) = \mathscr{F}[f(t)] = \int_{-\infty}^{+\infty}f(t)e^{-i\omega t}dt = \int_{-\pi}^{+\pi}\sin t\,e^{-i\omega t}dt = \int_{-\pi}^{+\pi}\sin t(\cos\omega t - i\sin\omega t)dt =$

$$-2i\int_0^\pi \sin t\sin\omega t\,dt = i\int_0^\pi[\cos(1+\omega)t - \cos(1-\omega)t]dt =$$

$$i\left[\frac{\sin(1+\omega)t\,|_0^\pi}{1+\omega} - \frac{\sin(1-\omega)t\,|_0^\pi}{1-\omega}\right] = -2i\frac{\sin\omega\pi}{1-\omega^2}$$

从而 $f(t)$ 的积分表达式为

$$f(t) = \frac{1}{2\pi}\int_{-\infty}^{+\infty}F(\omega)e^{i\omega t}d\omega = \frac{1}{2\pi}\int_{-\infty}^{+\infty}\left(-2i\frac{\sin\omega\pi}{1-\omega^2}\right)e^{i\omega t}d\omega = \frac{-i}{\pi}\int_{-\infty}^{+\infty}\frac{\sin\omega\pi}{1-\omega^2}(\cos\omega t + i\sin\omega t)d\omega =$$

$$\frac{2}{\pi}\int_0^{+\infty}\frac{\sin\omega\pi\sin\omega t}{1-\omega^2}d\omega$$

故有

$$\int_0^{+\infty}\frac{\sin\omega\pi\sin\omega t}{1-\omega^2}d\omega = \frac{\pi}{2}f(t) = \begin{cases}\frac{\pi}{2}\sin t, & |t|\leqslant\pi \\ 0, & |t|>\pi\end{cases}$$

习题二

1. 求矩形脉冲函数 $f(t) = \begin{cases} A, & 0\leqslant t\leqslant\tau \\ 0, & else\end{cases}$ 的 Fourier 变换.

分析 直接采用 Fourier 变换的定义，并按照分段函数的定义区间进行积分计算.

解 $F(\omega) = \mathscr{F}[f(t)] = \int_{-\infty}^{+\infty}f(t)e^{-i\omega t}dt = \int_0^\tau Ae^{-i\omega t}dt = A\frac{e^{-i\omega t}\,|_0^\tau}{-i\omega} = A\frac{e^{-i\omega\tau}-1}{-i\omega} = A\frac{1-e^{-i\omega\tau}}{i\omega}$

6. 已知某函数的 Fourier 变换为 $F(\omega) = \dfrac{\sin\omega}{\omega}$，求该函数 $f(t)$.

分析 利用 Fourier 逆变换和欧拉公式以简化定积分计算.

解 $f(t) = \frac{1}{2\pi}\int_{-\infty}^{+\infty}F(\omega)e^{i\omega t}d\omega = \frac{1}{2\pi}\int_{-\infty}^{+\infty}\frac{\sin\omega}{\omega}(\cos\omega t + i\sin\omega t)d\omega =$

$$\frac{1}{2\pi}\int_{-\infty}^{+\infty}\frac{\sin\omega}{\omega}\cos\omega t\,d\omega = \frac{1}{2\pi}\int_{-\infty}^{+\infty}\frac{\sin(1+t)\omega + \sin(1-t)\omega}{\omega}d\omega =$$

$$\frac{1}{2\pi}\int_0^{+\infty}\frac{\sin(1+t)\omega}{\omega}d\omega + \frac{1}{2\pi}\int_0^{+\infty}\frac{\sin(1-t)\omega}{\omega}d\omega \qquad (7.9)$$

由 $\int_0^{+\infty}\dfrac{\sin x}{x}dx = \dfrac{\pi}{2}$，得

(1) 当 $u>0$ 时，有 $\int_0^{+\infty}\dfrac{\sin u\omega}{\omega}d\omega = \int_0^{+\infty}\dfrac{\sin u\omega}{u\omega}d(u\omega) = \int_0^{+\infty}\dfrac{\sin x}{x}dx = \dfrac{\pi}{2}$；

(2) 当 $u<0$ 时，有 $\int_0^{+\infty}\dfrac{\sin u\omega}{u\omega}d\omega = -\int_0^{+\infty}\dfrac{\sin(-u)\omega}{u\omega}d(u\omega) = -\dfrac{\pi}{2}$；

(3) 当 $u=0$ 时，有 $\int_0^{+\infty}\dfrac{\sin u\omega}{\omega}d\omega = 0$，由式(7.9)，得

$$f(t) = \begin{cases}\frac{1}{2}, & |t|<1 \\ \frac{1}{4}, & |t|=1 \\ 0, & |t|>1\end{cases}$$

8.求符号函数(又称正负号函数)sgn $t = \dfrac{t}{|t|} = \begin{cases} -1, & t < 0 \\ 1, & t > 0 \end{cases}$ 的 Fourier 变换.

分析 不符合 Fourier 积分定理的函数,可通过构造收敛的函数序列,研究其 Fourier 变换结果的极限.

解 显然,符号函数不满足 Fourier 积分定理的条件.可取

$$f_n(t) = \begin{cases} e^{-\frac{t}{n}}, & t > 0 \\ 0, & t = 0 \\ -e^{\frac{t}{n}}, & t < 0 \end{cases}$$

且 sgn $t = \lim\limits_{n \to \infty} f_n(t)$,$\mathscr{F}[\text{sgn } t] \xlongequal{\Delta} \lim\limits_{n \to \infty} \mathscr{F}[f_n(t)]$,而 $f_n(t)$ 满足 Fourier 积分定理的条件,且

$$F_n[\omega] = \mathscr{F}[f_n(t)] = \int_{-\infty}^{+\infty} f(t) e^{-\mathrm{i}\omega t}\, \mathrm{d}t = \int_0^{+\infty} e^{-\frac{t}{n}} e^{-\mathrm{i}\omega t}\, \mathrm{d}t - \int_{-\infty}^0 e^{\frac{t}{n}} e^{-\mathrm{i}\omega t}\, \mathrm{d}t =$$

$$\frac{1}{\frac{1}{n} + \mathrm{i}\omega} - \frac{1}{\frac{1}{n} - \mathrm{i}\omega} = \frac{-2\omega\mathrm{i}}{\left(\frac{1}{n}\right)^2 + \omega^2}$$

故 $$F[\omega] = \mathscr{F}[f(t)] = \lim_{n \to \infty} F_n[\omega] = \frac{-2\omega\mathrm{i}}{\left(\frac{1}{n}\right)^2 + \omega^2} = \begin{cases} \dfrac{2}{\mathrm{i}\omega}, & \omega \neq 0 \\ 0, & \omega = 0 \end{cases}$$

12.求函数 $f(t) = \sin\left(5t + \dfrac{\pi}{3}\right)$ 的 Fourier 变换.

分析 直接利用 Fourier 变换的定义以及常见函数的 Fourier 变换结果.

解 $F(\omega) = \int_{-\infty}^{+\infty} f(t) e^{-\mathrm{i}\omega t}\, \mathrm{d}t = \int_{-\infty}^{+\infty} \sin\left(5t + \dfrac{\pi}{3}\right) e^{-\mathrm{i}\omega t}\, \mathrm{d}t = \dfrac{1}{2} \int_{-\infty}^{+\infty} (\sin 5t + \sqrt{3}\cos 5t) e^{-\mathrm{i}\omega t}\, \mathrm{d}t =$

$$\frac{1}{2}\mathrm{i}\pi[\delta(\omega + 5) - \delta(\omega - 5)] + \frac{\sqrt{3}}{2}\pi[\delta(\omega + 5) - \delta(\omega - 5)] =$$

$$\frac{\pi}{2}[(\sqrt{3} + \mathrm{i})\delta(\omega + 5) + (\sqrt{3} - \mathrm{i})\delta(\omega - 5)]$$

13.证明 δ-函数的性质:

(1)δ-函数是偶函数,即 $\delta(t) = \delta(-t)$.

证明 不妨设 $f(x)$ 为任意一个在 $(-\infty, +\infty)$ 无穷次可微的函数,则

$$\int_{-\infty}^{+\infty} \delta(-t) f(t)\, \mathrm{d}t = \int_{-\infty}^{+\infty} \delta(u) f(-u)\, \mathrm{d}u = f(0)$$

又由 δ-函数的筛选性质 $\int_{-\infty}^{+\infty} \delta(t) f(t)\, \mathrm{d}t = f(0)$,可得

$$\int_{-\infty}^{+\infty} \delta(-t) f(t)\, \mathrm{d}t = \int_{-\infty}^{+\infty} \delta(t) f(t)\, \mathrm{d}t$$

从而可知 δ-函数是偶函数.

14.证明:若 $\mathscr{F}[e^{\mathrm{i}\varphi(t)}] = F(\omega)$,其中 $\varphi(t)$ 为一实函数,则

$$\mathscr{F}[\cos\varphi(t)] = \frac{1}{2}\left[F(\omega) + \overline{F(-\omega)}\right], \quad \mathscr{F}[\sin\varphi(t)] = \frac{1}{2\mathrm{i}}\left[F(\omega) - \overline{F(-\omega)}\right]$$

其中,$\overline{F(-\omega)}$ 为 $F(-\omega)$ 的共轭函数.

证明 考虑到 $e^{\mathrm{i}\varphi(t)} = \cos\varphi(t) + \mathrm{i}\sin\varphi(t)$,$e^{-\mathrm{i}\varphi(t)} = \cos\varphi(t) - \mathrm{i}\sin\varphi(t)$

则有 $\cos\varphi(t) = \dfrac{e^{\mathrm{i}\varphi(t)} + e^{-\mathrm{i}\varphi(t)}}{2}$, $\sin\varphi(t) = \dfrac{e^{\mathrm{i}\varphi(t)} - e^{-\mathrm{i}\varphi(t)}}{2\mathrm{i}}$

又 $\mathscr{F}[e^{-\mathrm{i}\varphi(t)}] = \int_{-\infty}^{+\infty} e^{-\mathrm{i}\varphi(t)} e^{-\mathrm{i}\omega t}\, \mathrm{d}t = \overline{\int_{-\infty}^{+\infty} e^{\mathrm{i}\varphi(t)} e^{-\mathrm{i}(-\omega)t}\, \mathrm{d}t} = \overline{F(-\omega)}$

故得 $\mathscr{F}[\cos\varphi(t)] = \dfrac{1}{2}\left[F(\omega) + \overline{F(-\omega)}\right]$, $\mathscr{F}[\sin\varphi(t)] = \dfrac{1}{2\mathrm{i}}\left[F(\omega) - \overline{F(-\omega)}\right]$

三导

15.证明周期为 T 的非正弦函数 $f(t)$ 的频谱函数为 $F(\omega) = 2\pi \sum\limits_{n=-\infty}^{+\infty} c_n \delta(\omega - \omega_0)$，其中 c_n 为 $f(t)$ 的 Fourier 级数中的系数.

证明 设 $\omega_0 = \dfrac{2\pi}{T}$，则周期为 T 的非正弦函数 $f(t)$ 的 Fourier 级数的复指数形式为

$$f(t) = \sum_{-\infty}^{+\infty} c_n e^{in\omega_0 t}$$

$$F(\omega) = \mathscr{F}[f(t)] = \int_{-\infty}^{+\infty} f(t) e^{-i\omega t}\, dt = \int_{-\infty}^{+\infty} \sum_{-\infty}^{+\infty} c_n e^{in\omega_0 t} e^{-i\omega t}\, dt = \sum_{-\infty}^{+\infty} c_n \int_{-\infty}^{+\infty} e^{-i(\omega - n\omega_0)t}\, dt =$$

$$\sum_{-\infty}^{+\infty} c_n 2\pi \delta(\omega - n\omega_0) = 2\pi \sum_{-\infty}^{+\infty} c_n \delta(\omega - n\omega_0)$$

18.求 Gauss 分布函数 $f(t) = \dfrac{1}{\sqrt{2\pi}\,\sigma} e^{-\frac{t^2}{2\sigma^2}}$ 的频谱函数.

分析 利用 Fourier 变换的定义和常见函数的 Fourier 变换结果.

解 考虑到钟形脉冲函数 $A e^{-\beta t^2}$ 的 Fourier 变换为 $A\sqrt{\dfrac{\pi}{\beta}} e^{-\frac{\omega^2}{4\beta}}$，这里 $A = \dfrac{1}{\sqrt{2\pi}\,\sigma}$，$\beta = \dfrac{1}{2\sigma^2}$，故有

$$F(\omega) = \mathscr{F}[f(t)] = \int_{-\infty}^{+\infty} \frac{1}{\sqrt{2\pi}\,\sigma} e^{-\frac{t^2}{2\sigma^2}} e^{-i\omega t}\, dt = e^{-\frac{\sigma^2 \omega^2}{2}}$$

习题三

2.若 $F(\omega) = \mathscr{F}[f(t)]$，证明(对称性质)：$f(\pm\omega) = \dfrac{1}{2\pi}\int_{-\infty}^{+\infty} F(\mp t) e^{-i\omega t}\, dt$，即 $\mathscr{F}[F(\mp t)] = 2\pi f(\pm\omega)$.

证明 考虑到

$$f(t) = \frac{1}{2\pi}\int_{-\infty}^{+\infty} F(\omega) e^{i\omega t}\, d\omega$$

令

$$t = -t, \quad f(-t) = \frac{1}{2\pi}\int_{-\infty}^{+\infty} F(\omega) e^{-i\omega t}\, d\omega \tag{7.10}$$

将 t 和 ω 互换，则

$$f(-\omega) = \frac{1}{2\pi}\int_{-\infty}^{+\infty} F(t) e^{-i\omega t}\, dt = \frac{1}{2\pi}\mathscr{F}[F(t)]$$

即

$$\mathscr{F}[F(t)] = 2\pi f(-\omega)$$

在式(7.10)中，将 $\omega = -t$，则

$$f(\omega) = \frac{1}{2\pi}\int_{-\infty}^{+\infty} F(-t) e^{-i\omega t}\, d(-t) = \frac{1}{2\pi}\int_{-\infty}^{+\infty} F(-t) e^{-i\omega t}\, dt = \frac{1}{2\pi}\mathscr{F}[F(t)]$$

故得 $\mathscr{F}[F(-t)] = 2\pi f(\omega)$.

3.若 $F(\omega) = \mathscr{F}[f(t)]$，$a$ 为非零常数，证明(相似性质)：

$$\mathscr{F}[f(at)] = \frac{1}{|a|} F\left(\frac{\omega}{a}\right)$$

证明 不妨设 $a > 0$，则有

$$\mathscr{F}[f(at)] = \int_{-\infty}^{+\infty} f(at) e^{-i\frac{\omega}{a} at} \frac{1}{a} d(at) = \frac{1}{a}\int_{-\infty}^{+\infty} f(u) e^{-i\frac{\omega}{a} u}\, du = \frac{1}{a} F\left(\frac{\omega}{a}\right)$$

同理可证，当 $a < 0$ 时，$\mathscr{F}[f(at)] = = -\dfrac{1}{a} F\left(\dfrac{\omega}{a}\right)$.

4.若 $F(\omega) = \mathscr{F}[f(t)]$，证明(像函数的微分性质)：

$$\mathscr{F}^{-1}[F(\omega \mp \omega_0)] = e^{\pm i\omega_0 t} f(t)$$

即

$$F(\omega \mp \omega_0) = \mathscr{F}[e^{\pm i\omega_0 t} f(t)]$$

证明 $\mathscr{F}[e^{\pm i\omega_0 t} f(t)] = \int_{-\infty}^{+\infty} e^{\pm i\omega_0 t} f(t) e^{-i\omega t}\, dt = \int_{-\infty}^{+\infty} f(t) e^{-i(\omega \mp \omega_0)t}\, dt = F(\omega \mp \omega_0)$

5.若 $F(\omega) = \mathscr{F}[f(t)]$，证明(像函数的微分性质)：$\dfrac{d}{d\omega} F(\omega) = \mathscr{F}[-itf(t)]$.

证明 $\dfrac{\mathrm{d}}{\mathrm{d}\omega}F(\omega) = \dfrac{\mathrm{d}}{\mathrm{d}\omega}\displaystyle\int_{-\infty}^{+\infty}f(t)\mathrm{e}^{-\mathrm{i}\omega t}\,\mathrm{d}t = \int_{-\infty}^{+\infty}f(t)\dfrac{\mathrm{d}}{\mathrm{d}\omega}\mathrm{e}^{-\mathrm{i}\omega t}\,\mathrm{d}t = \int_{-\infty}^{+\infty}-\mathrm{i}tf(t)\mathrm{e}^{-\mathrm{i}\omega t}\,\mathrm{d}t = \mathscr{F}[-\mathrm{i}tf(t)]$

6.若 $F(\omega) = \mathscr{F}[f(t)]$,证明(翻转性质):$F(-\omega) = \mathscr{F}[f(-t)]$.

证明 $F(-\omega) = \displaystyle\int_{-\infty}^{+\infty}f(t)\mathrm{e}^{-\mathrm{i}(-\omega)t}\,\mathrm{d}t.$ 用 $-t$ 代替 t,则有

$$F(-\omega) = -\int_{-\infty}^{+\infty}f(-t)\mathrm{e}^{-\mathrm{i}(-\omega)(-t)}\,\mathrm{d}(-t) = \int_{-\infty}^{+\infty}f(-t)\mathrm{e}^{-\mathrm{i}\omega t}\,\mathrm{d}t = \mathscr{F}[f(-t)]$$

7.若 $F(\omega) = \mathscr{F}[f(t)]$,证明:

$$\mathscr{F}[f(t)\cos\omega_0 t] = \frac{1}{2}[F(\omega-\omega_0) + F(\omega+\omega_0)]$$

$$\mathscr{F}[f(t)\sin\omega_0 t] = \frac{1}{2}[F(\omega-\omega_0) - F(\omega+\omega_0)]$$

证明 $\mathscr{F}[f(t)\cos\omega_0 t] = \displaystyle\int_{-\infty}^{+\infty}f(t)\dfrac{\mathrm{e}^{\mathrm{i}\omega_0 t}+\mathrm{e}^{-\mathrm{i}\omega_0 t}}{2}\mathrm{e}^{-\mathrm{i}\omega t} =$

$$\frac{1}{2}\left[\int_{-\infty}^{+\infty}f(t)\mathrm{e}^{-\mathrm{i}(\omega-\omega_0)t}\,\mathrm{d}t + \int_{-\infty}^{+\infty}f(t)\mathrm{e}^{-\mathrm{i}(\omega+\omega_0)t}\,\mathrm{d}t\right] =$$

$$\frac{1}{2}[F(\omega-\omega_0) + F(\omega+\omega_0)]$$

$\mathscr{F}[f(t)\sin\omega_0 t] = \displaystyle\int_{-\infty}^{+\infty}f(t)\dfrac{\mathrm{e}^{\mathrm{i}\omega_0 t}-\mathrm{e}^{-\mathrm{i}\omega_0 t}}{2\mathrm{i}}\mathrm{e}^{-\mathrm{i}\omega t} =$

$$\frac{1}{2\mathrm{i}}\left[\int_{-\infty}^{+\infty}f(t)\mathrm{e}^{-\mathrm{i}(\omega-\omega_0)t}\,\mathrm{d}t - \int_{-\infty}^{+\infty}f(t)\mathrm{e}^{-\mathrm{i}(\omega+\omega_0)t}\,\mathrm{d}t\right] = \frac{1}{2\mathrm{i}}[F(\omega-\omega_0) - F(\omega+\omega_0)]$$

12.利用能量积分 $\displaystyle\int_{-\infty}^{+\infty}[f(t)]^2\,\mathrm{d}t = \frac{1}{2\pi}\int_{-\infty}^{+\infty}|F(\omega)|^2\,\mathrm{d}\omega$,求下列积分的值.

(2) $\displaystyle\int_{-\infty}^{+\infty}\dfrac{\sin^4 x}{x^2}\,\mathrm{d}x$; 　　　　　　(4) $\displaystyle\int_{-\infty}^{+\infty}\dfrac{x^2}{(1+x^2)^2}\,\mathrm{d}x$

解 (2) $\displaystyle\int_{-\infty}^{+\infty}\dfrac{\sin^4 x}{x^2}\,\mathrm{d}x = \int_{-\infty}^{+\infty}\dfrac{\sin^2 x - \frac{1}{4}\sin^2 2x}{x^2}\,\mathrm{d}x = \int_{-\infty}^{+\infty}\left(\dfrac{\sin x}{x}\right)^2\mathrm{d}x - \dfrac{1}{2}\int_{-\infty}^{+\infty}\left(\dfrac{\sin x}{x}\right)^2\mathrm{d}x =$

$$\frac{1}{2}\int_{-\infty}^{+\infty}\left(\frac{\sin x}{x}\right)^2\mathrm{d}x = \frac{1}{2}\times\frac{1}{2\pi}\int_{-\infty}^{+\infty}\left|\mathscr{F}\left[\frac{\sin x}{x}\right]\right|^2\mathrm{d}\omega = \frac{1}{4\pi}\int_{-1}^{1}\pi^2\,\mathrm{d}\omega = \frac{\pi}{2}$$

(4) $\displaystyle\int_{-\infty}^{+\infty}\dfrac{x^2}{(1+x^2)^2}\,\mathrm{d}x = \int_{-\infty}^{+\infty}\dfrac{x^2+1-1}{(1+x^2)^2}\,\mathrm{d}x = \int_{-\infty}^{+\infty}\dfrac{1}{1+x^2}\,\mathrm{d}x - \int_{-\infty}^{+\infty}\dfrac{1}{(1+x^2)^2}\,\mathrm{d}x$

$$\int_{-\infty}^{+\infty}\frac{1}{(1+x^2)^2}\,\mathrm{d}x = \arctan x\Big|_{-\infty}^{+\infty} = \frac{\pi}{2}-\left(-\frac{\pi}{2}\right) = \pi$$

$$\int_{-\infty}^{+\infty}\frac{1}{(1+x^2)^2}\,\mathrm{d}x = \frac{1}{2\pi}\int_{-\infty}^{+\infty}\left|\mathscr{F}\left[\frac{1}{1+x^2}\right]\right|^2\mathrm{d}\omega$$

又 $\mathscr{F}\left[\dfrac{1}{1+x^2}\right] = \displaystyle\int_{-\infty}^{+\infty}\dfrac{1}{1+x^2}\mathrm{e}^{-\mathrm{i}\omega x}\,\mathrm{d}x = \int_{-\infty}^{+\infty}\dfrac{\cos\omega x}{1+x^2}\,\mathrm{d}x$

由留数定理有 $\displaystyle\int_{-\infty}^{+\infty}\dfrac{1}{(1+t^2)^2}\,\mathrm{d}t = \dfrac{1}{2\pi}\int_{-\infty}^{+\infty}\pi^2\mathrm{e}^{-2|\omega|}\,\mathrm{d}\omega = \pi\int_{0}^{+\infty}\mathrm{e}^{-2\omega}\,\mathrm{d}\omega = \pi\dfrac{\mathrm{e}^{-2\omega}\big|_0^{+\infty}}{-2} = \dfrac{\pi}{2}$

故得 $\displaystyle\int_{-\infty}^{+\infty}\dfrac{t^2}{(1+t^2)^2}\,\mathrm{d}t = \pi - \dfrac{\pi}{2} = \dfrac{\pi}{2}$

习题四

1.证明下列各式.

(3) $a[f_1(t) * f_2(t)] = [af_1(t)] * f_2(t) = f_1(t) * [af_2(t)]$($a$ 为常数);

(4) $\mathrm{e}^{at}[f_1(t) * f_2(t)] = [\mathrm{e}^{at}f_1(t)] * [\mathrm{e}^{at}f_2(t)]$($a$ 为常数);

(5) $[f_1(t) + f_2(t)] * [g_1(t) + g_2(t)] = f_1(t) * g_1(t) + f_2(t) * g_1(t) + f_1(t) * g_2(t) + f_2(t) * g_2(t)$;

(6) $\dfrac{d}{dt}[f_1(t)*f_2(t)]=\dfrac{d}{dt}f_1(t)*f_2(t)=f_1(t)*\dfrac{d}{dt}f_2(t)$.

证明　$(3)a[f_1(t)*f_2(t)]=a\displaystyle\int_{-\infty}^{+\infty}f_1(\tau)f_2(t-\tau)d\tau=\int_{-\infty}^{+\infty}[af_1(\tau)]f_2(t-\tau)d\tau=$

$$\int_{-\infty}^{+\infty}f_1(\tau)[af_2(t-\tau)]d\tau=[af_1(t)]*f_2(t)=af_1(t)*[af_2(t)]$$

$(4)[e^{at}f_1(t)]*[e^{at}f_2(t)]=\displaystyle\int_{-\infty}^{+\infty}e^{a\tau}f_1(\tau)e^{a(t-\tau)}f_2(t-\tau)d\tau=$

$$e^{at}\int_{-\infty}^{+\infty}f_1(\tau)f_2(t-\tau)d\tau=e^{at}[f_1(t)*f_2(t)]$$

$(5)[f_1(t)+f_2(t)]*[g_1(t)+g_2(t)]=\displaystyle\int_{-\infty}^{+\infty}[f_1(\tau)+f_2(\tau)]\cdot[g_1(t-\tau)+g_2(t-\tau)]d\tau=$

$$\int_{-\infty}^{+\infty}f_1(\tau)g_1(t-\tau)d\tau+\int_{-\infty}^{+\infty}f_1(\tau)g_2(t-\tau)d\tau+$$

$$\int_{-\infty}^{+\infty}f_2(\tau)g_1(t-\tau)d\tau+\int_{-\infty}^{+\infty}f_2(\tau)g_2(t-\tau)d\tau=$$

$$f_1(t)*g_1(t)+f_2(t)*g_1(t)+f_1(t)*g_2(t)+f_2(t)*g_2(t)$$

$(6)\dfrac{d}{dt}[f_1(t)*f_2(t)]=\dfrac{d}{dt}\displaystyle\int_{-\infty}^{+\infty}f_1(\tau)f_2(t-\tau)d\tau=\int_{-\infty}^{+\infty}f_1(\tau)\left[\dfrac{d}{dt}f_2(t-\tau)\right]d\tau=$

$$f_1(t)*\left[\dfrac{d}{dt}f_2(t)\right]$$

$$\dfrac{d}{dt}[f_1(t)*f_2(t)]=\dfrac{d}{dt}[f_2(t)*f_1(t)]=f_2(t)*\dfrac{d}{dt}[f_1(t)]=\left[\dfrac{d}{dt}f_1(t)\right]*f_2(t)$$

故得

$$\dfrac{d}{dt}[f_1(t)*f_2(t)]=\dfrac{d}{dt}f_1(t)*f_2(t)=f_1(t)*\dfrac{d}{dt}f_2(t)$$

3.若 $f_1(t)=\begin{cases}0,&t<0\\e^{-t},&t\geqslant0\end{cases}$ 与 $f_2(t)=\begin{cases}\sin t,&0\leqslant t\leqslant\dfrac{\pi}{2}\\0,&\text{else}\end{cases}$，求 $f_1(t)*f_2(t)$.

分析　直接利用卷积的定义并结合分段函数的定义区间计算定积分.

解　$f_1(t)*f_2(t)=\displaystyle\int_{-\infty}^{+\infty}f_1(\tau)f_2(t-\tau)d\tau=\int_0^{+\infty}e^{-\tau}f_2(t-\tau)d\tau$ 　　　(7.11)

(1) 当 $0<t\leqslant\dfrac{\pi}{2}$ 时,式(7.11) 为

$$f_1(t)*f_2(t)=\int_0^t e^{-\tau}\sin(t-\tau)d\tau=\int_0^t e^{-\tau}\dfrac{e^{i(t-\tau)}-e^{-i(t-\tau)}}{2i}d\tau=\dfrac{1}{2}(\sin t-\cos t+e^{-t})$$

(2) 当 $t>\dfrac{\pi}{2}$ 时,式(7.11) 为

$$f_1(t)*f_2(t)=\int_{t-\frac{\pi}{2}}^t e^{-\tau}\sin(t-\tau)d\tau=\dfrac{e^{-t}}{2}(1+e^{\frac{\pi}{2}})$$

(3) 当 $t<0$ 时,式(7.11) 为 $f_1(t)*f_2(t)=0$.

从而有

$$f_1(t)*f_2(t)=\begin{cases}0,&t\leqslant0\\\dfrac{1}{2}(\sin t-\cos t+e^{-t}),&0<t\leqslant\dfrac{\pi}{2}\\\dfrac{e^{-t}}{2}(1+e^{\frac{\pi}{2}}),&t>\dfrac{\pi}{2}\end{cases}$$

4.若 $F_1(\omega)=\mathscr{F}[f_1(t)],F_2(\omega)=\mathscr{F}[f_2(t)]$,证明 $\mathscr{F}[f_1(t)\cdot f_2(t)]=\dfrac{1}{2\pi}F_1(\omega)*F_2(\omega)$.

证明 $\mathscr{F}^{-1}\bigl[F_1(\omega)*F_2(\omega)\bigr]=\dfrac{1}{2\pi}\displaystyle\int_{-\infty}^{+\infty}\left[\int_{-\infty}^{+\infty}F_1(\tau)F_2(\omega-\tau)\mathrm{d}\tau\right]\mathrm{e}^{\mathrm{i}\omega t}\,\mathrm{d}\omega=$

$$\dfrac{1}{2\pi}\int_{-\infty}^{+\infty}\int_{-\infty}^{+\infty}F_2(\omega-\tau)\mathrm{e}^{\mathrm{i}(\omega-\tau)t}\mathrm{d}(\omega-\tau)\mathrm{e}^{\mathrm{i}\tau t}F_1(\tau)\mathrm{d}\tau=2\pi f_1(t)\cdot f_2(t)$$

5.求下列函数的 Fourier 变换.

$(2)\,f(t)=\mathrm{e}^{-\beta t}\sin\omega_0 t\cdot u(t)(\beta>0)$; $\qquad(4)\,f(t)=\mathrm{e}^{\mathrm{i}\omega_0 t}u(t)$; $\qquad(5)\,f(t)=\mathrm{e}^{\mathrm{i}\omega_0 t}u(t-t_0)$.

解 $(2)\,F(\omega)=\mathscr{F}[f(t)]=\displaystyle\int_{-\infty}^{+\infty}\mathrm{e}^{-\beta t}u(t)\sin\omega_0 t\,\mathrm{e}^{-\mathrm{i}\omega t}\,\mathrm{d}t=\int_{0}^{+\infty}\mathrm{e}^{-\beta t}\dfrac{\mathrm{e}^{\mathrm{i}\omega_0 t}-\mathrm{e}^{-\mathrm{i}\omega_0 t}}{2\mathrm{i}}\mathrm{e}^{-\mathrm{i}\omega t}\,\mathrm{d}t=$

$$\dfrac{1}{2\mathrm{i}}\int_{0}^{+\infty}(\mathrm{e}^{-[\beta+\mathrm{i}(\omega-\omega_0)]t}-\mathrm{e}^{-[\beta+\mathrm{i}(\omega+\omega_0)]t})\mathrm{d}t=\dfrac{\omega_0}{(\beta+\mathrm{i}\omega)^2+\omega_0^2}$$

(4)根据像函数的位移性质及 $\mathscr{F}[u(t)]=\dfrac{1}{\mathrm{i}\omega}+\pi\delta(\omega)$,得

$$\mathscr{F}[\mathrm{e}^{\mathrm{i}\omega_0 t}u(t)]=\dfrac{1}{\mathrm{i}(\omega-\omega_0)}+\pi\delta(\omega-\omega_0)$$

(5)由 Fourier 变换的位移性质,有

$$\mathscr{F}[u(t-t_0)]=\mathrm{e}^{-\mathrm{i}\omega t_0}\mathscr{F}[u(t)]=\mathrm{e}^{-\mathrm{i}\omega t_0}\left[\dfrac{1}{\mathrm{i}\omega}+\pi\delta(\omega)\right]$$

又由象函数的位移性质,有

$$\mathscr{F}[\mathrm{e}^{\mathrm{i}\omega t_0}u(t-t_0)]=\mathrm{e}^{-\mathrm{i}(\omega-\omega_0)t_0}\left[\dfrac{1}{\mathrm{i}(\omega-\omega_0)}+\pi\delta(\omega-\omega_0)\right]=\dfrac{\mathrm{e}^{-\mathrm{i}(\omega-\omega_0)t_0}}{\mathrm{i}(\omega-\omega_0)}+\pi\delta(\omega-\omega_0)$$

6.证明互相关函数和互能量谱密度的下列性质:

$$S_{21}(\omega)=\overline{S_{12}(\omega)}$$

证明 $R_{21}(\tau)=\displaystyle\int_{-\infty}^{+\infty}f_1(t+\tau)f_2(t)\mathrm{d}t=\int_{-\infty}^{+\infty}f_1(u)f_2(u-\tau)\mathrm{d}u=R_{12}(-\tau)$

$$S_{21}(\omega)=\int_{-\infty}^{+\infty}R_{21}(\tau)\mathrm{e}^{-\mathrm{i}\omega\tau}\mathrm{d}\tau=\int_{-\infty}^{+\infty}R_{12}(-\tau)\mathrm{e}^{-\mathrm{i}\omega\tau}\mathrm{d}\tau=\int_{-\infty}^{+\infty}R_{12}(\tau)\mathrm{e}^{\mathrm{i}\omega\tau}\mathrm{d}\tau=$$

$$\overline{\int_{-\infty}^{+\infty}R_{12}(\tau)\mathrm{e}^{-\mathrm{i}\omega\tau}\mathrm{d}\tau}=\overline{S_{12}(\omega)}$$

8.已知某波形的相关函数 $R(\tau)=\dfrac{1}{2}\cos\omega_0\tau(\omega_0$ 为常数),求这个波形的能量谱密度.

解 波形的能量谱密度

$$S(\omega)=\int_{-\infty}^{+\infty}R(\tau)\mathrm{e}^{-\mathrm{i}\omega\tau}\mathrm{d}\tau=\int_{-\infty}^{+\infty}\dfrac{1}{2}\cos\omega_0\tau\cdot\mathrm{e}^{-\mathrm{i}\omega\tau}\mathrm{d}\tau=\dfrac{1}{2}\mathscr{F}[\cos\omega_0 t]=\dfrac{\pi}{2}[\delta(\omega+\omega_0)+\delta(\omega-\omega_0)]$$

10.若函数 $f_1(t)=\begin{cases}\dfrac{b}{a}t,&0\leqslant t\leqslant a\\[2mm]0,&\text{else}\end{cases}$ 与 $f_2(t)=\begin{cases}1,&0\leqslant t\leqslant a\\0,&\text{else}\end{cases}$,求 $f_1(t)$ 和 $f_2(t)$ 的互相关函

数 $R_{12}(\tau)$.

解 当 $|\tau|>a$ 时,有 $R_{12}(\tau)=\displaystyle\int_{-\infty}^{+\infty}f_1(t)f_2(t+\tau)\mathrm{d}t=0$;

当 $0<\tau\leqslant a$ 时,有 $R_{12}(\tau)=\displaystyle\int_{-\infty}^{+\infty}f_1(t)f_2(t+\tau)\mathrm{d}t=\int_{0}^{a-\tau}\dfrac{b}{a}t\mathrm{d}t=\dfrac{b}{2a}(a-\tau)^2$;

当 $-a\leqslant\tau\leqslant 0$ 时,有 $R_{12}(\tau)=\displaystyle\int_{-\infty}^{+\infty}f_1(t)f_2(t+\tau)\mathrm{d}t=\int_{-\tau}^{a}\dfrac{b}{a}t\mathrm{d}t=\dfrac{b}{2a}(a^2-\tau^2)$.

习题五

1.求微分方程 $x'(t)+x(t)=\delta(t)(-\infty<t<+\infty)$ 的解.

分析 两边同取 Fourier 变换,获得像函数的表达式,最后采用逆变换即可获得原微分方程的解.

解 不妨设 $x(t)$ 的 Fourier 变换为 $X(\omega)$.两边同取 Fourier 变换,并由微分性质,得

$$\mathrm{i}\omega X(\omega)+X(\omega)=1$$

则有
$$X(\omega) = \frac{1}{i\omega + 1}$$

故得
$$x(t) = \mathscr{F}^{-1}[X(\omega)] = \mathscr{F}^{-1}\left[\frac{1}{i\omega + 1}\right] = \begin{cases} 0, & t < 0 \\ e^{-t}, & t \geq 0 \end{cases}$$

3.利用 Fourier 变换,解下列积分方程.

$$(3)\int_0^{+\infty} g(\omega)\cos\omega t\,d\omega = \begin{cases} 1-t, & 0 \leq t \leq 1 \\ 0, & t > 1 \end{cases}; \qquad (4)\int_0^{+\infty} g(\omega)\sin\omega t\,d\omega = \begin{cases} \dfrac{\pi}{2}\cos t, & 0 \leq t < \pi \\ -\dfrac{\pi}{4}, & t = \pi \\ 0, & t > \pi \end{cases}$$

分析 考虑到被积函数的形式,利用正、余弦逆变换式的定义进行求解.

解 (3) 不妨设 $f(t) = \begin{cases} 1-t, & 0 \leq t \leq 1 \\ 0, & t > 1 \end{cases}$,则原积分方程可改写为

$$\frac{2}{\pi}\int_0^{+\infty} g(\omega)\cos\omega t\,d\omega = \frac{2}{\pi}f(t)$$

由此可知,$\dfrac{2}{\pi}f(t)$ 是 $g(\omega)$ 的余弦逆变换式.从而得

$$g(\omega) = \int_0^{+\infty} \frac{2}{\pi}f(t)\cos\omega t\,dt = \int_0^1 \frac{2}{\pi}(1-t)\cos\omega t\,dt = \frac{2}{\pi}\left[\int_0^1\cos\omega t\,dt - \int_0^1 t\cos\omega t\,dt\right] =$$

$$\frac{2}{\pi\omega^2}(1-\cos\omega)$$

(4) 不妨设 $f(t) = \begin{cases} \dfrac{\pi}{2}\cos t, & 0 \leq t < \pi \\ -\dfrac{\pi}{4}, & t = \pi \\ 0, & t > \pi \end{cases}$,则原积分方程可改写为

$$\frac{2}{\pi}\int_0^{+\infty} g(\omega)\sin\omega t\,d\omega = \frac{2}{\pi}f(t)$$

由此可知,$\dfrac{2}{\pi}f(t)$ 是 $g(\omega)$ 的正弦逆变换式.从而得

$$g(\omega) = \int_0^{+\infty} \frac{2}{\pi}f(t)\sin\omega t\,dt = \int_0^{\pi}\cos t\sin\omega t\,dt = \int_0^{\pi} \frac{1}{2}\left[\sin(\omega+1)t + \sin(\omega-1)t\right]dt =$$

$$\frac{\omega}{\omega^2 - 1}(1 + \cos\omega\pi)$$

4.求解下列积分方程. $(2)\displaystyle\int_{-\infty}^{+\infty} e^{-|t-\tau|}y(\tau)\,d\tau = \sqrt{2\pi}\,e^{-\frac{t^2}{2}}$.

分析 考虑到被积函数的形式,可以借助卷积定理进行求解.

解 两边同取 Fourier 变换,并由卷积定理,得

$$\mathscr{F}[e^{-|t|}] \cdot \mathscr{F}[y(t)] = 2\pi\mathscr{F}\left[\frac{1}{\sqrt{2\pi}}e^{-\frac{t^2}{2}}\right]$$

由 Fourier 变换,得
$$\frac{2}{\omega^2 + 1}Y(\omega) = 2\pi e^{-\frac{\omega^2}{2}}$$

$$Y(\omega) = \pi(\omega^2 + 1)e^{-\frac{\omega^2}{2}}$$

$$y(t) = \mathscr{F}^{-1}[Y(\omega)] = \mathscr{F}^{-1}\left[\pi(\omega^2+1)e^{-\frac{\omega^2}{2}}\right] = \pi\mathscr{F}^{-1}\left[\omega^2 e^{-\frac{\omega^2}{2}}\right] + \mathscr{F}^{-1}\left[e^{-\frac{\omega^2}{2}}\right] \qquad (7.12)$$

现在求 $\mathscr{F}^{-1}\left[\omega^2 e^{-\frac{\omega^2}{2}}\right]$ 的结果.

不妨设 $f(t) = e^{-\frac{t^2}{2}}$,显然有

$$f'(t) = -te^{-\frac{t^2}{2}}, \quad f''(t) = (-te^{-\frac{t^2}{2}})' = (t^2-1)e^{-\frac{t^2}{2}}$$

则 $f''(t)$ 的 Fourier 变换

$$\mathscr{F}[f''(t)] = (\mathrm{i}\omega)^2 \mathscr{F}[f(t)] = -\sqrt{2\pi}\,\omega^2 e^{-\frac{\omega^2}{2}}$$

从而得

$$\mathscr{F}^{-1}[-\sqrt{2\pi}\,\omega^2 e^{-\frac{\omega^2}{2}}] = -\frac{1}{\sqrt{2\pi}}e^{-\frac{t^2}{2}}t^2$$

又

$$\mathscr{F}^{-1}[e^{-\frac{\omega^2}{2}}] = \frac{1}{\sqrt{2\pi}}e^{-\frac{t^2}{2}}$$

代入式(7.12),得

$$y(t) = \sqrt{2\pi}\left(1-\frac{t^2}{2}\right)e^{-\frac{t^2}{2}}$$

5.求下列微分积分方程的解 $x(t)$.

(2) $ax'(t) + b\displaystyle\int_{-\infty}^{+\infty} x(\tau)f(t-\tau)\mathrm{d}\tau = \cosh(t)$,其中 $f(t),h(t)$ 为已知函数,a,b,c 均为已知常数.

分析 由 Fourier 变换和卷积定理获得像函数表达式,再借助 Fourier 逆变换获得原方程的解.

解 不妨设 $\mathscr{F}[x(t)] = X(\omega),\mathscr{F}[f(t)] = F(\omega),\mathscr{F}[h(t)] = H(\omega)$.

方程两边同取 Fourier 变换,并由微分性质,得

$$a\mathrm{i}\omega X(\omega) + b[X(\omega)F(\omega)] = cH(\omega)$$

则有

$$X(\omega) = \frac{cH(\omega)}{a\mathrm{i}\omega + bF(\omega)}$$

从而得

$$x(t) = \mathscr{F}^{-1}[X(\omega)] = \frac{1}{2\pi}\int_{-\infty}^{+\infty} X(\omega)e^{\mathrm{i}\omega t}\mathrm{d}\omega$$

第8章 Laplace 变换

8.1 内容导教

(1)教学组织中,先从 Fourier 变换的不足出发启发说明改进 Fourier 变换引进 Laplace 变换的必要性和重要性.

(2)注意强调两种变换的联系与区别.Laplace 变换是对 Fourier 变换的改进,克服了 Fourier 变换要求高、局限性大、适用范围小的缺点.

8.2 内容导学

8.2.1 内容要点精讲

一、教学基本要求

(1)理解 Laplace 变换的概念及其存在定理,了解 Laplace 变换与 Fourier 变换的联系与区别.

(2)掌握并熟练运用 Laplace 变换的性质.

(3)理解卷积的概念与卷积定理;掌握卷积的计算方法.

(4)了解 Laplace 逆变换的概念;掌握 Laplace 逆变换的计算方法.

(5)掌握 Laplace 变换在求解(偏)微分、积分方程中的应用方法.

(6)了解线性系统的传递函数的概念.

二、主要内容详解

(一)Laplace 变换的概念

1.问题的提出

我们知道,一个函数 $f(t)$ 存在 Fourier 变换的条件是:① $f(t)$ 在 $(-\infty,+\infty)$ 上有定义;② $f(t)$ 在任一有限区间上满足 Dirichlet 条件;③ $f(t)$ 在 $(-\infty,+\infty)$ 上绝对可积.

问题:Fourier 变换的局限性很大,其应用范围受到相当大的限制,

主要原因在于:①上述绝对可积的条件比较强,许多函数即使是很简单的函数(如单位阶跃函数、正弦函数、余弦函数以及线性函数等)都不满足这个条件;②物理、无线电技术等实际应用中,许多以时间 t 为自变量的函数往往只在 $(0,+\infty)$ 上有定义,因而都不能取 Fourier 变换.

解决办法:借助于单位阶跃函数 $u(t)$ 和指数衰减函数 $e^{-\beta t}(\beta>0)$ 所具有的特点,对任意一个函数 $\varphi(t)$,求函数 $\varphi(t)u(t)e^{-\beta t}(\beta>0)$ 的 Fourier 变换(只要 β 选区适当,该 Fourier 变换总是存在的):

$$G_\beta(t)=\int_{-\infty}^{+\infty}\varphi(t)u(t)e^{-\beta t}e^{-i\omega t}\,dt=\int_0^{+\infty}f(t)e^{-(\beta+i\omega)t}\,dt=\int_0^{+\infty}f(t)e^{-st}\,dt\xlongequal{\Delta}F(s)$$

其中

$$s=\beta+i\omega,\quad f(t)=\varphi(t)u(t)$$

2. Laplace 变换的定义

定义 8.1　(Laplace 变换)　设函数 $f(t)$ 当 $t \geqslant 0$ 时有定义,而且积分 $\int_0^{+\infty} f(t)e^{-st}dt$ 在 $s = \beta + i\omega$ 的某邻域内收敛,并记

$$F(s) = \int_0^{+\infty} f(t)e^{-st}dt \tag{8.1}$$

则称 $F(s)$ 为函数 $f(t)$ 的 Laplace 变换(或像函数),并记作 $F(s) = \mathscr{L}[f(t)]$.

而称函数 $f(t)$ 为 $F(s)$ 的 Laplace 逆变换(或原像函数),并记作 $f(t) = \mathscr{L}^{-1}[F(s)]$.

[注]　(1) $f(t)$ 的 Laplace 变换的实质是 $f(t)u(t)e^{-\beta t}$ 的 Fourier 变换;

(2)Laplace 变换克服了 Fourier 变换的不足,扩大了积分变换方法的应用范围.

3. Laplace 变换的存在定理

定理 8.1　(Laplace 变换的存在定理)　若函数 $f(t)$ 满足下列条件:.

(1) 在 $t \geqslant 0$ 的任一有限区间上分段连续;

(2) 当 $t \to +\infty$ 时,存在 $M > 0, c \geqslant 0$,使得 $|f(t)| \leqslant Me^{ct}, 0 \leqslant t < +\infty$ 成立($f(t)$ 的增长速度不超过指数级的,c 称为其增长指数).

则在半平面 $\mathrm{Re}(s) = \beta > c$ 上,$f(t)$ 的 Laplace 变换 $F(s)$ 一定存在,且为解析函数;而在 $\mathrm{Re}(s) \geqslant c_1 > c$ 积分 $\int_0^{+\infty} f(t)e^{-st}dt$ 绝对收敛且一致收敛.

[注]　定理的条件是充分的,物理学和工程技术中常见的函数大都能满足 Laplace 变换存在定理的条件.

4. 常见函数的 Laplace 变换

$$\mathscr{L}[u(t)] = \frac{1}{s} \quad (\mathrm{Re}(s) > 0); \qquad \mathscr{L}[\delta(t)] = 1$$

$$\mathscr{L}[e^{kt}] = \frac{1}{s-k} \quad (\mathrm{Re}(s) > k); \qquad \mathscr{L}[\sin kt] = \frac{k}{s^2 + k^2} \quad (\mathrm{Re}(s) > 0)$$

$$\mathscr{L}[\cos kt] = \frac{s}{s^2 + k^2} \quad (\mathrm{Re}(s) > 0); \qquad \mathscr{L}[t^m] = \frac{\Gamma(m+1)}{s^{m+1}} \quad (\mathrm{Re}(s) > 0)$$

$$\mathscr{L}[f(t)] = \frac{1}{1 - e^{sT}} \int_0^T f(t)e^{-st}dt \quad (f(t+T) = f(t), t > 0, \mathrm{Re}(s) > 0)$$

[注]　工程实际中常用函数及其 Laplace 变换见教材附录 Ⅱ.

(二)Laplace 变换的性质

设 $\mathscr{L}[f(t)] = F(s), \mathscr{L}[f_i(t)] = F_i(s)(i = 1, 2), \alpha, \beta$ 为常数:

1. 线性性质

$$\mathscr{L}[\alpha f_1(t) + \beta f_2(t)] = \alpha F_1(s) + \beta F_2(s)$$

$$\mathscr{L}^{-1}[\alpha F_1(s) + \beta F_2(s)] = \alpha f_1(t) + \beta f_2(t)$$

2. 位移性质

$$\mathscr{L}[e^{at}f(t)] = F(s-a) \quad (\mathrm{Re}(s-a) > c)$$

$$\mathscr{L}^{-1}[F(s-a)] = e^{at}f(t)$$

3. 延迟性质

$$\mathscr{L}[f(t-\tau)] = e^{-s\tau}F(s) \quad (\mathrm{Re}(s) > c)$$

$$\mathscr{L}^{-1}[e^{-s\tau}F(s)] = f(t-\tau)$$

其中,当 $t < 0$ 时,$f(t) = 0$,τ 为任一非负实数.

[注]　函数 $f(t-\tau)$ 与 $f(t)$ 相比,$f(t)$ 从 $t = 0$ 开始有非零数值.$f(t-\tau)_M = \tau$ 开始有非零数值,即延迟了一个时间 τ,几何上 $f(t-\tau)$ 的图像是由 $f(t)$ 的图像沿 t 轴向右平移距离 τ 而得(见图 8-1).

4. 微分性质

(1) 原像函数的微分性质

$$\mathscr{L}[f'(t)] = sF(s) - f(0) \quad (\mathrm{Re}(s) > c)$$

$$\mathscr{L}[f''(t)] = s^2F(s) - sf(0) - f'(0) \quad (\mathrm{Re}(s) > c)$$

······

$$\mathscr{L}[f^{(n)}(t)] = s^nF(s) - \sum_{i=0}^{n-1} s^{n-1-i}f^{(i)}(0) \quad (\mathrm{Re}(s) > c)$$

特别地,当初值 $f(0) = f'(0) = f''(0) = \cdots = f^{(n-1)}(0) = 0$ 时,

有

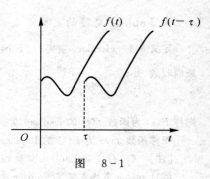

图 8-1

$$\mathscr{L}[f'(t)] = sF(s) \quad (\mathrm{Re}(s) > c)$$

$$\mathscr{L}[f''(t)] = s^2F(s) \quad (\mathrm{Re}(s) > c)$$

$$\mathscr{L} = s^nF(s) \quad (\mathrm{Re}(s) > c)$$

微分性质能将 $f(t)$ 的微分方程转化为 $F(s)$ 的代数方程,因此它对分析线性系统有着重要的作用.

(2) 像函数的微分性质.

$$F'(s) = -\mathscr{L}[tf(t)] \quad (\mathrm{Re}(s) > c), \quad f(t) = -\frac{1}{t}\mathscr{L}^{-1}[F'(t)]$$

$$F^{(n)}(s) = (-1)^n\mathscr{L}[t^nf(t)] \quad (\mathrm{Re}(s) > c)$$

[注] 像函数的导数公式常用来计算 $\mathscr{L}[t^nf(t)]$:

$$\mathscr{L}[t^nf(t)] = (-1)^nF^{(n)}(s) \quad (n = 1, 2, \cdots)$$

5. 积分性质

(1) 原像函数的积分性质.

$$\mathscr{L}\left[\int_0^t f(t)\mathrm{d}t\right] = \frac{1}{s}F(s) \quad (\mathrm{Re}(s) > c)$$

$$\mathscr{L}\left[\int_0^t \mathrm{d}t\int_0^t \mathrm{d}t\cdots\int_0^t f(t)\mathrm{d}t\right] = \frac{1}{s^n}F(s) \quad (\mathrm{Re}(s) > c)$$

(2) 像函数的积分性质.

$$\mathscr{L}^{-1}\left[\int_s^\infty F(s)\mathrm{d}s\right] = \frac{f(t)}{t}, \quad f(t) = t\mathscr{L}^{-1}\left[\int_s^{+\infty} F(s)\mathrm{d}s\right]$$

或

$$\mathscr{L}\left[\frac{f(t)}{t}\right] = \int_s^\infty F(s)\mathrm{d}s$$

$$\mathscr{L}^{-1}\left[\int_s^\infty \mathrm{d}s\int_s^\infty \mathrm{d}s\cdots\int_s^\infty F(s)\mathrm{d}s\right] = \frac{f(t)}{t^n}$$

或

$$\mathscr{L}\left[\frac{f(t)}{t^n}\right] = \int_s^\infty \mathrm{d}s\int_s^\infty \mathrm{d}s\cdots\int_s^\infty F(s)\mathrm{d}s$$

[注] 像函数的积分公式常用来计算 $\mathscr{L}\left(\frac{f(t)}{tn}\right)$.

6. 相似性质

$$\mathscr{L}[f(at)] = \frac{1}{a}F\left(\frac{s}{a}\right) \quad (a \text{ 为正实数})$$

(三) Laplace 逆变换(反演积分) 公式与计算

1. Laplace 逆变换(反演积分) 公式

类似于 Fourier 逆变换中由一个像函数 $F(\omega)$ 求得原像函数 $f(t)$ 的问题,在实际应用当中,也经常会遇到求一个像函数 $F(s)$ 的原像函数 $f(t)$ 这样的 Laplace 逆变换的问题.

而由 Laplace 变换的概念可知,函数 $f(t)$ 的 Laplace 变换,实际上就是 $f(t)u(t)\mathrm{e}^{-\beta t}$ 的 Fourier 变换. 因此,当 $f(t)u(t)\mathrm{e}^{-\beta t}$ 满足 Fourier 积分定理的条件时,由 Fourier 积分公式,在 $f(t)u(t)\mathrm{e}^{-\beta t}$ 的连续点处,有

$$f(t)u(t)\mathrm{e}^{-\beta t} = \frac{1}{2\pi}\int_{-\infty}^{+\infty}\left[\int_{-\infty}^{+\infty}f(\tau)u(\tau)\mathrm{e}^{-\beta\tau}\,\mathrm{e}^{-j\omega\tau}\,\mathrm{d}\tau\right]\mathrm{e}^{\mathrm{i}\omega t}\,\mathrm{d}\omega =$$

$$\frac{1}{2\pi}\int_{-\infty}^{+\infty}\mathrm{e}^{\mathrm{i}\omega t}\,\mathrm{d}\omega\left[\int_{0}^{+\infty}f(\tau)\mathrm{e}^{-(\beta+\mathrm{i}\omega)\tau}\,\mathrm{d}\tau\right] = \frac{1}{2\pi}\int_{-\infty}^{+\infty}F(\beta+\mathrm{i}\omega)\mathrm{e}^{\mathrm{i}\omega t}\,\mathrm{d}\omega,\quad t>0$$

从而有
$$f(t) = \frac{1}{2\pi}\int_{-\infty}^{+\infty}F(\beta+\mathrm{i}\omega)\mathrm{e}^{(\beta+\mathrm{i}\omega)t}\,\mathrm{d}\omega,\quad t>0$$

令 $\beta+\mathrm{i}\omega = s$,故得
$$f(t) = \frac{1}{2\pi\mathrm{i}}\int_{\beta-\mathrm{i}\infty}^{\beta+\mathrm{i}\infty}F(s)\mathrm{e}^{st}\,\mathrm{d}s,\quad t>0$$

称之为 Laplace 反演积分公式,也称为 Laplace 逆变换,它和 $F(s) = \int_{0}^{+\infty}f(t)\mathrm{e}^{-st}\,\mathrm{d}t$ 构成了一对互逆的积分变换公式,而称 $f(t)$ 和 $F(s)$ 构成了一个 Laplace 变换对.

2. Laplace 逆变换计算

Laplace 反演积分是一个复变函数的积分,直接计算通常比较困难,但当 $F(s)$ 满足一定条件时,可以用留数方法来计算. 特别当 $F(s)$ 为有理函数时应用留数法计算更为简单.

定理 8.2 (Laplace 逆变换计算公式) 若 $s_1,s_2,\cdots,s_n$ 是函数 $F(s)$ 的所有奇点(适当选取 β,使这些奇点全在 $\mathrm{Re}(s)<\beta$ 的范围内),且 $\lim\limits_{s\to\infty}F(s) = 0$,则有

$$f(t) = \frac{1}{2\pi\mathrm{i}}\int_{\beta-\mathrm{i}\infty}^{\beta+\mathrm{i}\infty}F(s)\mathrm{e}^{st}\,\mathrm{d}s = \sum_{k=1}^{n}\mathop{\mathrm{Res}}\limits_{s=s_k}[F(s)\mathrm{e}^{st}],\quad t>0$$

特别地,当 $F(s) = \dfrac{A(s)}{B(s)}$(其中 $A(s),B(s)$ 为不可约的多项式,$A(s)$ 的次数 n 小于 $B(s)$ 的次数) 时,则有下列 Heaviside 展开式:

(1)
$$f(t) = \sum_{k=1}^{n}\mathop{\mathrm{Res}}\limits_{s=s_k}\left[\frac{A(s)}{B(s)}\mathrm{e}^{st}\right] = \sum_{k=1}^{n}\frac{A(s_k)}{B'(s_k)}\mathrm{e}^{s_k t},\quad t>0$$

其中,$s_1,s_2,\cdots,s_n$ 是 $B(s)$ 的 n 个单级零点.

(2) $f(t) = \displaystyle\sum_{k=1}^{n}\mathop{\mathrm{Res}}\limits_{s=s_k}\left[\frac{A(s)}{B(s)}\mathrm{e}^{st}\right] = \sum_{k=m+1}^{n}\frac{A(s_k)}{B'(s_k)}\mathrm{e}^{s_k t} + \frac{1}{(m-1)!}\lim_{s\to s_1}\frac{\mathrm{d}^{m-1}}{\mathrm{d}s^{m-1}}\left[(s-s_1)^m\frac{A(s)}{B(s)}\mathrm{e}^{st}\right]$, $\quad t>0$

其中,s_1 是 $B(s)$ 的一个 m 级零点,$s_{m+1},s_{m+2},\cdots,s_n$ 是 $B(s)$ 的 $n-m$ 个单级零点.

[注] Laplace 逆变换的求法:

(1) 部分分式法. 第一步:把 $F(s)$ 拆成部分分式之和. 第二步:应用常用 Laplace 变换公式,求出各项逆变换及其和.

(2) 应用 Heariside 展开式.

例如
$$F(s) = \frac{1}{s^2(s+1)} = -\frac{1}{s} + \frac{1}{s^2} + \frac{1}{s+1}$$

故
$$f(t) = \mathcal{L}^{-1}[F(s)] = -1 + t + \mathrm{e}^{t}$$

或者
$$f(t) = \lim_{s\to-1}\left[(s+1)\cdot\frac{1}{s^2(s+1)}\mathrm{e}^{st}\right] + \lim_{s\to0}\frac{\mathrm{d}}{\mathrm{d}s}\left[s^2\frac{1}{s^2(s+1)}\mathrm{e}^{st}\right] = -1 + t + \mathrm{e}^{t}$$

(四) Laplace 变换的卷积

Laplace 变换的卷积性质,实际上是 $f_1(t) = f_2(t) = 0(t<0)$ 时的 Fourier 变换的卷级,不仅被用来求某些函数的 Laplace 逆变换及一些积分值,而且在线性系统的分析中起着重要的作用.

1. Laplace 变换的卷积定义

定义 8.2 (卷积) 若 $f_1(t) = f_2(t) = 0(t<0)$,则称 $f_1(t)*f_2(t) = \displaystyle\int_{0}^{t}f_1(\tau)f_2(t-\tau)\mathrm{d}\tau$ 为函数 $f_1(t)$ 与 $f_2(t)$ 的卷积.

定理 8.3 (卷积定理) 假定 $f_1(t),f_2(t)$ 满足 Laplace 变换存在定理中的条件,且设 $\mathcal{L}[f_i(t)] = F_i(s)(i=1,2)$,则 $f_1(t)*f_2(t)$ 的 Laplace 变换一定存在,且

$$\mathscr{L}[f_1(t) * f_2(t)] = F_1(s) \cdot F_2(s)$$

或

$$\mathscr{L}^{-1}[F_1(s) \cdot F_2(s)] = f_1(t) * f_2(t)$$

推广 假定 $f_i(t)(i = 1, 2, \cdots, n)$ 满足 Laplace 变换存在定理中的条件，且设 $\mathscr{L}[f_i(t)] = F_i(s)(i = 1, 2, \cdots, n)$，则 $f_1(t) * f_2(t) * \cdots * f_n(t)$ 的 Laplace 变换一定存在，且

$$\mathscr{L}[f_1(t) * f_2(t) * \cdots * f_n(t)] = F_1(s) \cdot F_2(s) \cdot \cdots \cdot F_n(s)$$

或

$$\mathscr{L}^{-1}[F_1(s) \cdot F_2(s) \cdot \cdots \cdot F_n(s)] = f_1(t) * f_2(t) * \cdots * f_n(t)$$

（五）Laplace 变换的应用

Laplace 变换和 Fourier 变换一样，可以把线性微分方程、积分方程、微分积分方程以及偏微分方程化为关于像函数的代数方程来求解. 这种思想在许多工程技术和科学研究领域中有着广泛的应用，特别在力学系统、电学系统、自动控制系统、可靠性系统以及随即服务系统等系统科学中都起着重要作用.

1. 微分、积分方程的 Laplace 变换解法

基本步骤（见图 8 - 2）：

第一步：对原方程及定解条件两边取 Laplace 变换，得到像函数的代数方程；

第二步：求解代数方程，得到未知函数的像函数；

第三步：对像函数取 Laplace 逆变换，得到原定解问题的解.

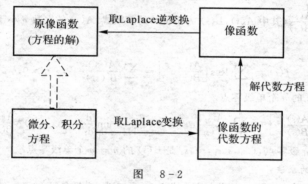

图　8 - 2

2. 偏微分方程的 Laplace 变换解法

基本步骤：

第一步：先将偏微分方程中的未知函数看作是某一个自变量的函数，对原方程两边及定解条件关于该自变量取 Laplace 变换，得到像函数的常微分方程的定解问题；

第二步：求解上述常微分方程的定解问题，得到未知函数的像函数；

第三步：对像函数取 Laplace 逆变换，得到原定解问题的解.

3. 线性系统的传递函数

（1）线性系统的激励和响应. 一个线性系统（见图 8 - 3）的输入函数称为该系统的激励，而其输出函数称为该系统的响应.

一个线性系统的响应是由激励函数与系统本身的特征（包括元件的参量和联结方式）所决定. 对于不同的线性系统，即使在同一激励下，其响应也是不同的.

研究一个线性系统，主要是研究其激励和响应同系统本身之间的联系. 而这种联系的描述要借助于所谓的传递函数.

（2）线性系统的传递函数. 假设一个线性系统，在一般情况下，其激励函数 $x(t)$ 与响应函数 $y(t)$ 满足微分方程：

图　8 - 3

$$a_n y^{(n)} + a_{n-1} y^{(n-1)} + \cdots + a_1 y' + a_0 y = b_m x^{(n)} + b_{m-1} x^{(m-1)} + \cdots + bx' + b_0 x$$

其中，$a_0, a_1, \cdots, a_n, b_0, b_1, \cdots, b_m$ 均为常数，m, n 均为正整数，$n \geqslant m$.

设 $\mathscr{L}[y(t)] = Y(s), \mathscr{L}[x(t)] = X(s)$，则对上述微分方程两边取 Laplace 变换，并整理，得

$$Y(s) = G(s)X(s) + G_h(s)$$

其中，$G(s) = \dfrac{b_m s^m + b_{m-1} s^{m-1} + \cdots + b_1 s + b_0}{a_n s^n + a_{n-1} s^{n-1} + \cdots + a_1 s + a_0}$ 称为线性系统的传递函数(见图 8-4).

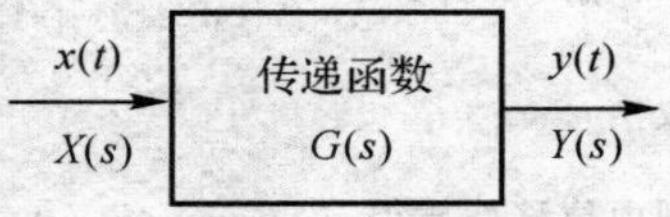

[注] 1) 一个线性系统的传递函数表达了系统本身的特性，而与激励及系统的初始状态无关.

2) 而 $G_h(s)$ 则由激励和系统本身的初始条件所决定. 若这些初始条件全为零，$G_h(s) = 0, Y(s) = G(s)X(s)$ 或 $G(s) = \dfrac{Y(s)}{X(s)}$.

```
        x(t)   ┌──────────┐   y(t)
    ───────────│  传递函数  │──────────▶
        X(s)   │   G(s)   │   Y(s)
               └──────────┘
            图    8-4
```

3) 当系统的传递函数已知时，可由系统的激励 $x(t)$ 按上述关系求出其响应的 Laplace 变换 $Y(s)$，再通过求逆变换可得其相应 $y(t)$.

(3) 脉冲响应函数. 假设某线性系统的传递函数为

$$G_h(s) = 0, Y(s) = G(s)X(s) \quad \text{或} \quad G(s) = \dfrac{Y(s)}{X(s)}$$

则称 $g(t) = \mathscr{L}^{-1}[G(s)]$ 为系统的脉冲响应函数.

由卷积定理有

$$y(t) = g(t) * x(t) = \int_0^t g(\tau) x(t-\tau) \mathrm{d}\tau$$

可见，一个线性系统既可以用传递函数来表征，也可以用其脉冲响应函数来表征.

8.2.2 重点、难点解析

1. 重点

(1) 对 Laplace 变换的概念、存在条件的深刻理解.

(2) Laplace 逆变换的求法.

(3) 应用 Laplace 变换求解微分、积分方程.

2. 难点

对 Laplace 变换、逆变换的性质的熟练应用.

8.3 典型例题解析

例 8.1 求 $\dfrac{e^{-bt}}{\sqrt{2}}(\cos bt - \sin bt)$ 的 Laplace 变换.

分析 考虑到该函数具有 bt 余弦和正弦之差，因此可以采用和差化积公式首先简化该函数，再采用 Laplace 变换的定义或常见函数的 Laplace 变换结果进行求解.

解
$$\frac{e^{-bt}}{\sqrt{2}}(\cos bt - \sin bt) = \frac{e^{-bt}}{\sqrt{2}}\left[\cos bt - \cos\left(\frac{\pi}{2} - bt\right)\right] = \frac{e^{-bt}}{\sqrt{2}}\left[-2\sin\frac{\pi}{4}\sin\left(bt - \frac{\pi}{4}\right)\right] =$$
$$e^{-bt}\sin\left(-bt + \frac{\pi}{4}\right)$$

$$\mathscr{L}\left[\frac{e^{-bt}}{\sqrt{2}}(\cos bt - \sin bt)\right] = \mathscr{L}\left[e^{-bt}\sin\left(-bt + \frac{\pi}{4}\right)\right] = \frac{(s+b)\sin\dfrac{\pi}{4} + (-4)\cos\dfrac{\pi}{4}}{(s+b)^2 + (-b)^2} =$$
$$\frac{\sqrt{2}\,s}{2(s^2 + 2bs + 2b^2)}$$

【评注】 本题如果事先不对函数进行简化,直接使用 Laplace 变换的定义较为复杂. 另外,对给定函数进行 Laplace 变换时,常见的变换结果需要识记.

例 8.2 求 $F(s) = \dfrac{1}{(s^2+4s+13)^2}$ 的 Laplace 逆变换.

分析 直接利用 Laplace 逆变换的性质和卷积定理.

解 由 $F(s) = \dfrac{1}{(s^2+4s+13)^2} = \dfrac{1}{[(s+2)^2+3^2]^2} = \dfrac{1}{9}\dfrac{3}{(s+2)^2+3^2}\dfrac{3}{(s+2)^2+3^2}$

取
$$F_1(s) = F_2(s) = \frac{3}{(s+2)^2+3^2}$$

则由位移性质得
$$f_1(t) = f_2(t) = e^{-2t}\sin 3t \tag{8.2}$$

则有

$$f(t) = \frac{1}{9}(e^{-2t}\sin 3t) * (e^{-2t}\sin 3t) = \frac{1}{9}\int_0^t e^{-2\tau}\sin 3\tau \cdot e^{-2(t-\tau)}\sin 3(t-\tau)\,\mathrm{d}\tau =$$

$$\frac{1}{9}e^{-2t}\int_0^t \sin 3\tau \sin 3(t-\tau)\,\mathrm{d}\tau = \frac{1}{9}e^{-2t}\int_0^t \frac{1}{2}[\cos(6\tau-3t)-\cos 3t]\,\mathrm{d}\tau =$$

$$\frac{1}{18}e^{-2t}\left[\frac{\sin(6\tau-3t)}{6}-\tau\cos 3t\right]\Big|_0^t = \frac{1}{54}e^{-2t}(\sin 3t - 3t\cos 3t)$$

【评注】 式 (8.2) 是由常见函数的 Laplace 变换结果直接获得的.

例 8.3 解积分方程 $y(t) = g(t) + \displaystyle\int_0^t y(u)r(t-u)\,\mathrm{d}u$,其中 $g(t),r(t)$ 为已知函数.

分析 考虑到积分恰为两个函数的卷积,因此可对两边进行 Laplace 变换,整理后进行逆变换即可.

解 对方程两边同取 Laplace 变换,并由卷积定理得
$$Y(s) = G(s) + Y(s)R(s)$$

整理可得
$$Y(s) = \frac{G(s)}{1-R(s)}$$

故
$$y(t) = \mathscr{L}^{-1}\left[\frac{G(s)}{1-R(s)}\right]$$

【评注】 这里仅以 Laplace 逆变换的形式给出原方程的解,这是因为函数 $g(t),r(t)$ 是已知函数.

例 8.4 求积分 $I = \displaystyle\int_0^{+\infty}\frac{\sin x}{x(1+x^2)}\,\mathrm{d}x$.

分析 对实变量的广义积分,可以通过引进参变量 t 使其成为 t 的函数,并借助 Laplace 变换和逆变换选取合适的 t 值以获得积分结果.

解 不妨设 $f(t) = \displaystyle\int_0^{+\infty}\frac{\sin tx}{x(1+x^2)}\,\mathrm{d}x$,取 Laplace 变换并交换积分次序,得

$$F(s) = \mathscr{L}[f(t)] = \int_0^{+\infty}\int_0^{+\infty}\frac{\sin tx}{x(1+x^2)}\,\mathrm{d}x\,e^{-st}\,\mathrm{d}t = \int_0^{+\infty}\frac{1}{x(1+x^2)}\int_0^{+\infty}\sin tx\,e^{-st}\,\mathrm{d}t\,\mathrm{d}x =$$

$$\int_0^{+\infty}\frac{1}{(1+x^2)(s^2+x^2)}\,\mathrm{d}x = \frac{1}{s^2-1}\int_0^{+\infty}\left(\frac{1}{1+x^2}-\frac{1}{s^2+x^2}\right)\,\mathrm{d}x =$$

$$\frac{1}{s^2-1}\frac{\pi}{2}\left(1-\frac{1}{s}\right) = \frac{\pi}{2}\left(\frac{1}{s}-\frac{1}{s+1}\right)$$

由 Laplace 逆变换,得

$$f(t) = \mathscr{L}^{-1}[F(s)] = \frac{\pi}{2}\left(\mathscr{L}^{-1}\left[\frac{1}{s}\right]-\mathscr{L}^{-1}\left[\frac{1}{s+1}\right]\right) = \frac{\pi}{2}(1-e^{-t})$$

因 $I = f(1)$,故得

$$\int_0^{+\infty}\frac{\sin x}{x(1+x^2)}\,\mathrm{d}x = \frac{\pi}{2}(1-e^{-1})$$

【评注】 这里的技巧是通过对定积分中的被积函数进行处理,从而引入另一函数,最终为引入 Laplace

变换求解该问题提供可能.

例 8.5 若 $f(t) = \mathcal{L}^{-1}[F(s)]$,证明 $\mathcal{L}^{-1}[s^2 F''(s)] = t^2 f''(t) + 4t f'(t) + 2f(t)$.

分析 只需对待证结论稍作变形,即两边同取 Laplace 变换,则容易采用 Laplace 变换的微分性质.

证明 $\mathcal{L}[t^2 f''(t) + 4t f'(t) + 2f(t)] = \mathcal{L}[t^2 f''(t)] + 4\mathcal{L}[t f'(t)] + 2\mathcal{L}[f(t)] =$

$$\frac{\mathrm{d}^2}{\mathrm{d}s^2}(\mathcal{L}[f''(t)]) - 4\frac{\mathrm{d}}{\mathrm{d}s}(\mathcal{L}[f'(t)]) + 2F(s) =$$

$$\frac{\mathrm{d}^2}{\mathrm{d}s^2}(s^2 F(s) - sf(0) - f'(0)) - 4\frac{\mathrm{d}}{\mathrm{d}s}(sF(s) - f(0)) =$$

$$2F(s) + 2sF'(s) + 2sF'(s) + s^2 F''(s) - 4F(s) - 4sF'(s) +$$

$$2F(s) = s^2 F''(s)$$

【评注】 Laplace 变换的常见性质例如位移性质、微分性质等需要识记.

8.4 习题精解

习题一

1.求下列函数的 Laplace 变换,并给出其收敛域,再用查表的方法来验证结果.

(2) $f(t) = \mathrm{e}^{-2t}$;

(4) $f(t) = \sin t \cos t$;

(6) $f(t) = \cosh kt$(k 为复数);

(8) $f(t) = \sin^2 t$.

分析 函数的 Laplace 变换根据其定义计算,收敛域主要是根据 Labplace 变换存在定理中的增长指数确定.

解 (2) $\mathcal{L}[f(t)] = \int_0^{+\infty} \mathrm{e}^{-2t} \mathrm{e}^{-st} \mathrm{d}t = \int_0^{+\infty} \mathrm{e}^{-(s+2)t} \mathrm{d}t = \frac{\mathrm{e}^{-(s+2)t}}{-(s+2)} \Big|_0^{+\infty} = \frac{1}{s+2}$ (Re $(s) > -2$)

(4) $\mathcal{L}[f(t)] = \int_0^{+\infty} \sin t \cos t \, \mathrm{e}^{-st} \mathrm{d}t = \frac{1}{2}\int_0^{+\infty} \sin 2t \mathrm{e}^{-st} \mathrm{d}t =$

$$\frac{1}{4\mathrm{i}}\int_0^{+\infty} [\mathrm{e}^{-(s-2\mathrm{i})t} - \mathrm{e}^{-(s+2\mathrm{i})t}] \mathrm{d}t = \frac{1}{4\mathrm{i}}\left(\frac{1}{s-2\mathrm{i}} - \frac{1}{s+2\mathrm{i}}\right) = \frac{1}{s^2+4} \quad (\text{Re } (s) > 0)$$

(6) $\mathcal{L}[f(t)] = \int_0^{+\infty} \cosh kt \mathrm{e}^{-st} \mathrm{d}t = \int_0^{+\infty} \frac{\mathrm{e}^{kt} + \mathrm{e}^{-kt}}{2} \mathrm{e}^{-st} \mathrm{d}t = \frac{1}{2}\left(\int_0^{-\infty} \mathrm{e}\mathrm{i} - (s-k)t \mathrm{d}t + \int_0^{-\infty} \mathrm{e}^{-(s+k)t} \mathrm{d}t\right) =$

$$\frac{1}{2}\left(\frac{1}{s-k} + \frac{1}{s+k}\right) = \frac{s}{s^2-k^2} \quad (\text{Re } (s) > \max\{k, -k\})$$

(8) $\mathcal{L}[f(t)] = \int_0^{+\infty} \sin^2 t \cdot \mathrm{e}^{-st} \mathrm{d}t = \frac{1}{2}\int_0^{+\infty} (1 - \cos 2t)\mathrm{e}^{-st} \mathrm{d}t =$

$$\frac{1}{2}\left(\int_0^{+\infty} \mathrm{e}^{-st} \mathrm{d}t - \int_0^{+\infty} \cos 2t \cdot \mathrm{e}^{-st} \mathrm{d}t\right) = \frac{1}{2}\left(\frac{1}{s} - \frac{s}{s^2+4}\right) = \frac{2}{s(s^2+4)} \quad (\text{Re } (s) > 0)$$

2.求下列函数的 Laplace 变换.

(2) $f(t) = \begin{cases} 3, & t < \dfrac{\pi}{2} \\ \cos t, & t > \dfrac{\pi}{2} \end{cases}$;

(4) $f(t) = \cos t \cdot \delta(t) - \sin t \cdot u(t)$.

分析 分段函数的 Laplace 变换需要对函数的积分区间进行划分处理,另外涉及特殊函数的 Laplace 变换可以直接应用相关结论.

解 (2) $\mathcal{L}[f(t)] = \int_0^{+\infty} f(t)\mathrm{e}^{-st} \mathrm{d}t = \int_0^{\frac{\pi}{2}} 3\mathrm{e}^{-st} \mathrm{d}t + \int_{\frac{\pi}{2}}^{+\infty} \cos t \cdot \mathrm{e}^{-st} \mathrm{d}t =$

$$\frac{3}{-s}\mathrm{e}^{-st} \Big|_0^{\frac{\pi}{2}} + \int_{\frac{\pi}{2}}^{+\infty} \frac{\mathrm{e}^{\mathrm{i}t} + \mathrm{e}^{-\mathrm{i}t}}{2}\mathrm{e}^{-st} \mathrm{d}t = \frac{3}{s} - \frac{3}{s}\mathrm{e}^{-\frac{\pi}{2}s} + \frac{1}{2}\int_{\frac{\pi}{2}}^{+\infty} (\mathrm{e}^{-(s-\mathrm{i})t} + \mathrm{e}^{-(s+\mathrm{i})t}) \mathrm{d}t =$$

$$\frac{3}{s} - \frac{3}{s}\mathrm{e}^{-\frac{\pi}{2}s} - \frac{1}{s^2+1}\mathrm{e}^{-\frac{\pi}{2}s}$$

三导

(4) $\mathscr{L}[f(t)] = \int_{-\infty}^{+\infty} \delta(t)\cos t\,e^{-st}dt - \int_0^{+\infty} \sin t\,e^{-st}dt = 1 - \frac{1}{s^2+1} = \frac{s^2}{s^2+1}$

3. 设 $f(t)$ 是以 2π 为周期的函数, 且在一个周期内的表达式为

$$f(t) = \begin{cases} \sin t, & 0 < t \leqslant \pi \\ 0, & \pi < t < 2\pi \end{cases}$$

求 $\mathscr{L}[f(t)]$.

分析 直接应用周期函数的 Laplace 变换函数.

解 周期为 T 的函数 $f(t)$ 的 Laplace 变换为

$$\mathscr{L}[f(t)] = \frac{1}{1-e^{-sT}}\int_0^T f(t)e^{-st}dt \quad (\mathrm{Re}(s) > 0)$$

故有

$$\mathscr{L}[f(t)] = \frac{1}{1-e^{-2\pi s}}\int_0^{2\pi} f(t)e^{-st}dt = \frac{1}{1-e^{-2\pi s}}\int_0^{\pi} \sin t \cdot e^{-st}dt =$$

$$\frac{1}{1-e^{-2\pi s}}\int_0^{\pi} \frac{e^{it}-e^{-it}}{2i}e^{-st}dt = \frac{1}{1-e^{-2\pi s}}\frac{1}{2i}\left[\frac{e^{-(s-i)t}}{-(s-i)}\Big|_0^{\pi} - \frac{e^{-(s+i)t}}{-(s+i)}\Big|_0^{\pi}\right] =$$

$$\frac{1}{1-e^{-2\pi s}}\frac{1}{2i}\left(\frac{1-e^{-(s-i)\pi}}{s-i} - \frac{1-e^{-(s+i)\pi}}{s+i}\right) = \frac{1}{1-e^{-2\pi s}}\frac{1+e^{-\pi s}}{s^2+1} = \frac{1}{(1-e^{-\pi s})(s^2+1)}$$

习题二

1. 求下列函数的 Laplace 变换式.

(2) $f(t) = 1 - te^t$;   (4) $f(t) = \dfrac{t}{2a}\sin at$;   (6) $f(t) = 5\sin 2t - 3\cos 2t$;

(8) $f(t) = e^{-4t}\cos 4t$;   (10) $f(t) = u(3t-5)$;   (12) $f(t) = \dfrac{e^{3t}}{\sqrt{t}}$.

分析 较为复杂的函数进行 Laplace 变换时, 结合性质能简化变换步骤.

解 (2) $\mathscr{L}[f(t)] = \mathscr{L}[1-te^t] = \mathscr{L}[1] - \mathscr{L}[te^t] = \dfrac{1}{s} + \dfrac{d}{ds}\mathscr{L}[e^t] = \dfrac{1}{s} - \dfrac{1}{(s-1)^2}$

(4) $\mathscr{L}[f(t)] = \mathscr{L}\left[\dfrac{t}{2a}\sin at\right] = \dfrac{1}{2a}\mathscr{L}[t\sin at] = -\dfrac{1}{2a}\dfrac{d}{ds}\mathscr{L}[\sin at] = -\dfrac{1}{2a}\left(\dfrac{a}{s^2+a^2}\right)' = \dfrac{s}{(s^2+a^2)^2}$

(6) $\mathscr{L}[f(t)] = \mathscr{L}[5\sin 2t - 3\cos 2t] = -\dfrac{d}{ds}\mathscr{L}[\cos at] = 5\mathscr{L}[\sin 2t] - 3\mathscr{L}[\cos 2t] =$

$$\dfrac{10}{s^2+4} - \dfrac{3s}{s^2+4} = \dfrac{10-3s}{s^2+4}$$

(8) 由 $\mathscr{L}[\cos 4t] = \dfrac{s}{s^2+16}$ 及位移性质得 $\mathscr{L}[f(t)] = \mathscr{L}[e^{-4t}\cos 4t] = \dfrac{s+4}{(s+4)^2+16}$

(10) 由相似性质 $\qquad\qquad \mathscr{L}[u(3t)] = \dfrac{1}{3}\dfrac{1}{\dfrac{s}{3}} = \dfrac{1}{s}$

由位移性质有 $\qquad \mathscr{L}[u(3t-5)] = \mathscr{L}\left\{u\left[3\left(t-\dfrac{5}{3}\right)\right]\right\} = e^{-\frac{5}{3}s}\mathscr{L}[u(3t)] = \dfrac{e^{-\frac{5}{3}s}}{s}$

(12) 利用 $\mathscr{L}[t^{\frac{1}{2}}] = \dfrac{\Gamma\left(\dfrac{1}{2}\right)}{s^{\frac{1}{2}}} = \dfrac{\sqrt{\pi}}{s^{\frac{1}{2}}}$ 及位移性质可得 $\mathscr{L}[f(t)] = \mathscr{L}\left[\dfrac{e^{3t}}{\sqrt{t}}\right] = \sqrt{\dfrac{\pi}{s-3}}$

2. 若 $\mathscr{L}[f(t)] = F(s)$, a 为正实数, 证明(相似性质) $\mathscr{L}[f(at)] = \dfrac{1}{a}F\left(\dfrac{s}{a}\right)$, 并利用此结论, 计算下列各式.

(2) 求 $\mathscr{L}[f(at-b)u(at-b)]$, b 为正实数; (4) 求 $\mathscr{L}\left[e^{-at}f\left(\dfrac{t}{a}\right)\right]$.

分析 相似性质的证明, 可以直接根据拉氏变换的定义.

证明 $\mathscr{L}[f(at)] = \int_0^{+\infty} f(at) e^{-st} dt = \frac{1}{a} \int_0^{+\infty} f(at) e^{-\frac{s}{a}at} d(at) = \frac{1}{a} F\left(\frac{s}{a}\right)$

(2) 由延迟性质和上述相似性质,得

$$\mathscr{L}[f(at-b)u(at-b)] = e^{-\frac{b}{a}s} \mathscr{L}[f(at)] = \frac{1}{a} e^{-\frac{b}{a}s} F\left(\frac{S}{a}\right)$$

(4) 由位移性质和上述相似性质,得

$$\mathscr{L}\left[e^{-at} f\left(\frac{t}{a}\right)\right] = \mathscr{L}\left[f\left(\frac{t}{a}\right)\right]\Big|_{s+a} = af(as)\,|_{s+a} = af(as+a^2)$$

3. 若 $\mathscr{L}[f(t)] = F(s)$,证明(像函数的微分性质)$F^{(n)}(s) = (-1)^n \mathscr{L}[t^n f(t)]$,$\mathrm{Re}\,(s) > c$. 特别 $\mathscr{L}[tf(t)] = -F'(s)$,或 $f(t) = -\frac{1}{t}\mathscr{L}^{-1}[F'(s)]$,并利用此结论,计算下列各式.

(2) $f(t) = t\int_0^t e^{-3t}\sin 2t dt$,求 $F(s)$; (3) $F(s) = \ln\frac{s+1}{s-1}$,求 $f(t)$.

证明 $F^{(n)}(s) = \frac{d^n}{ds^n}\mathscr{L}f(t) = \frac{d^n}{ds^n}\int_0^{+\infty} f(t)e^{-st}dt = \int_0^{+\infty}\frac{d^n}{ds^n}[f(t)e^{-st}]dt =$

$$\int_0^{+\infty} (-t)^n f(t)e^{-st} dt = \mathscr{L}[(-t)^n f(t)], \quad \mathrm{Re}\,(s) > c$$

(2) 由积分性质,有

$$\mathscr{L}\left[\int_0^t e^{-3\tau}\sin 2\tau d\tau\right] = \frac{1}{s}\mathscr{L}[e^{-3t}\sin 2t] = \frac{1}{s}\frac{2}{(s+3)^2+4}$$

由像函数的微分公式,有

$$\mathscr{L}[f(t)] = \mathscr{L}\left[t\int_0^t e^{-3\tau}\sin 2\tau d\tau\right] = -\frac{d}{ds}\left\{\frac{2}{s[(s+3)^2+4]}\right\} = \frac{2(3s^2+12s+13)}{s^2[(s+3)^2+4]^2}$$

(3) $F'(s) = \left(\ln\frac{s+1}{s-1}\right)' = -2\frac{1}{s^2-1} = \mathscr{L}\left[t\frac{2}{t}\sinh t\right]$,知 $f(t) = \frac{2}{t}\sinh t$.

4. 若 $\mathscr{L}[f(t)] = F(s)$,证明 $\mathscr{L}\left[\frac{f(t)}{t}\right] = \int_s^{+\infty} F(s)ds$,或 $f(t) = t\mathscr{L}^{-1}\left[\int_s^{+\infty} F(s)ds\right]$,并利用此结论,计算下列各式.

(3) $F(s) = \frac{s}{(s^2-1)^2}$,求 $f(t)$; (4) $f(t) = \int_0^t \frac{e^{-3t}\sin 2t}{t}dt$,求 $F(s)$.

证明 $\int_s^{\infty} F(s)ds = \int_s^{+\infty}\int_0^{+\infty} f(t)e^{-st}dtds = \int_s^{+\infty}\int_0^{+\infty} f(t)e^{-st}dsdt = \int_0^{+\infty}\frac{f(t)}{t}e^{-st}dt = \mathscr{L}\left[\frac{f(t)}{t}\right]$

(3) $f(t) = t\mathscr{L}^{-1}\left[\int_s^{\infty}\frac{u}{(u^2-1)^2}du\right] = t\mathscr{L}^{-1}\left[-\frac{1}{2}\frac{1}{u^2-1}\Big|_s^{\infty}\right] =$

$$t\mathscr{L}^{-1}\left[\frac{1}{4(s-1)} - \frac{1}{4(s+1)}\right] = \frac{1}{4}t(e^t - e^{-t}) = \frac{t}{2}\mathrm{sh}t$$

(4) $F(s) = \mathscr{L}\left[\int_0^t\frac{e^{-3\tau}\sin 2\tau}{\tau}d\tau\right] = \frac{1}{s}\mathscr{L}\left[\frac{e^{-3t}\sin 2t}{t}\right] =$

$$\frac{1}{s}\int_s^{\infty}\mathscr{L}[e^{-3t}\sin 2t]du = \frac{1}{s}\int_s^{\infty}\frac{2}{(u+3)^2+4}du = \frac{1}{s}\arctan\frac{u+3}{2}\Big|_s^{\infty} = \frac{1}{s}\mathrm{arccot}\frac{s+3}{2}$$

5. 计算下列积分.

(3) $\int_0^{+\infty}\frac{e^{-at}\cos bt - e^{-mt}\cos nt}{t}dt$; (6) $\int_0^{+\infty} te^{-3t}\sin 2t dt$;

(7) $\int_0^{+\infty}\frac{e^{-\sqrt{2}t}\sinh t\sin t}{t}dt$; (9) $\int_0^{+\infty} t^3 e^{-t}\sin t dt$;

(11) $\int_0^{+\infty} e^{-t}\mathrm{erf}\sqrt{t}\,dt$,其中 $\mathrm{erf}\sqrt{t} = \frac{2}{\sqrt{\pi}}\int_0^{\sqrt{t}} e^{-u^2}du$ 称为误差函数;

(12) $\int_0^{+\infty} J_0(t)dt$,其中 $J_0(t) = \sum_{k=0}^{\infty}\frac{(-1)^k}{(k!)^2}\left(\frac{t}{2}\right)^{2k}$ 称为零阶 Bessel 函数.

解 (3) 原式 $= \int_0^{+\infty} \mathscr{L}\left[\mathrm{e}^{-at}\cos bt - \mathrm{e}^{-mt}\cos nt\right]\mathrm{d}s = \int_0^{+\infty}\left[\dfrac{s+a}{(s+a)^2+b^2} - \dfrac{s+m}{(s+m)^2+n^2}\right]\mathrm{d}s =$

$$\frac{1}{2}\ln\frac{(s+a)^2+b^2}{(s+m)^2+n^2}\Big|_0^{\infty} = \frac{1}{2}\ln\frac{m^2+n^2}{a^2+b^2}$$

(6) 考虑到 $\mathscr{L}[\sin 2t] = \dfrac{2}{s^2+4}$ 和微分性质 $\mathscr{L}[t\sin 2t] = -\left(\dfrac{2}{s^2+4}\right)' = \dfrac{4s}{(s^2+4)^2}$，得

$$\int_0^{+\infty} t\mathrm{e}^{-3t}\sin 2t\,\mathrm{d}t = \frac{4s}{(s^2+4)^2}\Big|_{s=3} = \frac{12}{169}$$

(7) 原式 $= \int_0^{+\infty}\mathscr{L}\left[\mathrm{e}^{-\sqrt{2}t}\dfrac{\mathrm{e}^t - \mathrm{e}^{-t}}{2}\sin t\right]\mathrm{d}s = \dfrac{1}{2}\int_0^{+\infty}\mathscr{L}\left[\mathrm{e}^{-(\sqrt{2}-1)t}\sin t - \mathrm{e}^{-(\sqrt{2}+1)t}\sin t\right]\mathrm{d}s =$

$$\frac{1}{2}\int_0^{\infty}\left[\frac{1}{(s+\sqrt{2}-1)^2+1} - \frac{1}{(s+\sqrt{2}+1)^2+1}\right]\mathrm{d}s =$$

$$\frac{1}{2}\left[\arctan(\sqrt{2}+1) - \arctan(\sqrt{2}-1)\right] =$$

$$\frac{1}{2}\left[\arctan(\sqrt{2}+1) - \arctan(\sqrt{2}-1)\right] = \frac{1}{2}\arctan 1 = \frac{\pi}{8}$$

(9) 考虑到 $\mathscr{L}[\sin t] = \dfrac{1}{s^2+1}$，利用微分性质 $\mathscr{L}[t^3\sin t] = -\left(\dfrac{1}{s^2+1}\right)''' = \dfrac{24s^3-24s}{(s^2+4)^4}$，得

$$\int_0^{+\infty} t^3\mathrm{e}^{-t}\sin t\,\mathrm{d}t = \mathscr{L}[t^3\sin t]_{s=1} = \frac{24s^3-24s}{(s^2+4)^4}\Big|_{s=1} = 0$$

(11) $\displaystyle\int_0^{+\infty} \mathrm{e}^{-t}\mathrm{erf}\sqrt{t}\,\mathrm{d}t = \mathscr{L}[\mathrm{erf}(\sqrt{t})]\big|_{s=1} = \dfrac{1}{s\sqrt{s+1}}\Big|_{s=1} = \dfrac{\sqrt{2}}{2}$

(12) $\displaystyle\int_0^{+\infty} J_0(t)\mathrm{d}t = \mathscr{L}[J_0(t)]_{s=0} = \dfrac{1}{\sqrt{s^2+1}}\Big|_{s=0} = 1$

6. 求下列函数的 Laplace 逆变换.

(5) $F(s) = \dfrac{2s+3}{s^2+9}$;　　　　　　(6) $F(s) = \dfrac{s+3}{(s+1)(s-3)}$;

(7) $F(s) = \dfrac{s+1}{s^2+s-6}$;　　　　　(8) $F(s) = \dfrac{2s+5}{s^2+4s+13}$.

分析 有理分式函数可分解成常见的真分式，借助 Laplace 变换表进行计算.

解 (5) $f(t) = \mathscr{L}^{-1}[F(s)] = 2\mathscr{L}^{-1}\left[\dfrac{s}{s^2+9}\right] + \mathscr{L}^{-1}\left[\dfrac{3}{s^2+9}\right] = 2\cos 3t + \sin 3t$

(6) $f(t) = \mathscr{L}^{-1}[F(s)] = \mathscr{L}^{-1}\left[\dfrac{s+3}{(s+1)(s-3)}\right] = \mathscr{L}^{-1}\left[\dfrac{1}{2}\left(\dfrac{3}{s-3}\right) - \dfrac{1}{s+1}\right] =$

$$\frac{3}{2}\mathscr{L}^{-1}\left[\frac{1}{s-3}\right] - \frac{1}{2}\mathscr{L}^{-1}\left[\frac{1}{s+1}\right] = \frac{3}{2}\mathrm{e}^{3t} - \frac{1}{2}\mathrm{e}^{-t}$$

(7) $f(t) = \mathscr{L}^{-1}[F(s)] = \mathscr{L}^{-1}\left[\dfrac{s+1}{s^2+s-6}\right] = \mathscr{L}^{-1}\left[\dfrac{1}{5}\left(\dfrac{3}{s-2} + \dfrac{2}{s+3}\right)\right] =$

$$\frac{3}{5}\mathscr{L}^{-1}\left[\frac{1}{s-2}\right] + \frac{2}{5}\mathscr{L}^{-1}\left[\frac{1}{s+3}\right] = \frac{3}{5}\mathrm{e}^{2t} + \frac{2}{5}\mathrm{e}^{-3t}$$

(8) $f(t) = \mathscr{L}^{-1}[F(s)] = \mathscr{L}^{-1}\left[\dfrac{2s+5}{s^2+4s+13}\right] = \mathscr{L}^{-1}\left[\dfrac{2(s+2)+1}{(s+2)^2+3^2}\right] =$

$$2\mathscr{L}^{-1}\left[\frac{s+2}{(s+2)^2+3^2}\right] + \frac{1}{3}\mathscr{L}^{-1}\left[\frac{3}{(s+2)^2+3^2}\right] = 2\mathrm{e}^{-2t}\cos 3t + \frac{1}{3}\mathrm{e}^{-2t}\sin 3t =$$

$$\frac{1}{3}\mathrm{e}^{-2t}(6\cos 3t + \sin 3t)$$

7. 求如图 8-5 所示函数 $f(t)$ 的 Laplace 变换.

解 (1) 显然，该函数以 2τ 为周期，且在一个周期内可表示为

$$f(t) = \begin{cases} A, & 0 \leqslant t < \tau \\ -A, & \tau \leqslant t < 2\tau \end{cases}$$

其 Laplace 变换为

$$\mathscr{L}[f(t)] = \frac{A}{1-\mathrm{e}^{-2\tau s}}\int_0^{2\tau} f(t)\mathrm{e}^{-st}\mathrm{d}t = \frac{A}{1-\mathrm{e}^{-2\tau s}}\left(\int_0^{\tau}\mathrm{e}^{-st}\mathrm{d}t + \int_\tau^{2\tau}(-1)\mathrm{e}^{-st}\mathrm{d}t\right) =$$

$$\frac{A}{1-\mathrm{e}^{-2\tau s}}\left[\frac{\mathrm{e}^{-st}\big|_0^{\tau}}{-s} - \frac{\mathrm{e}^{-st}\big|_0^{2\tau}}{-s}\right] = \frac{A}{1-\mathrm{e}^{-2\tau s}}\frac{1-\mathrm{e}^{-\tau s}+\mathrm{e}^{-2\tau s}-\mathrm{e}^{-\tau s}}{s} =$$

$$\frac{A}{s}\frac{(1-\mathrm{e}^{-\tau s})^2}{1-\mathrm{e}^{-2\tau s}} = \frac{A}{s}\tanh\frac{\tau s}{2}$$

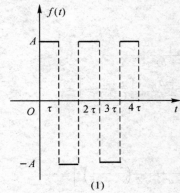

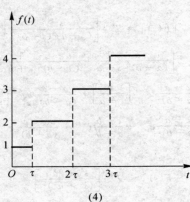

(1)　　　　　　　　　　　　　(4)

图　8-5

(4) 由图易知：

$$f(t) = [u(t) + u(t-\tau) + u(t-2\tau) + \cdots] = \sum_{k=0}^{\infty} u(t-k\tau), \quad \mathrm{Re}\,(s) > 0$$

$$\mathscr{L}[f(t)] = \sum_{k=0}^{\infty}\frac{1}{s}\mathrm{e}^{-ks\tau} = \frac{1}{s}\frac{1}{1-\mathrm{e}^{-s\tau}} = \frac{1}{2s}\left(1+\cosh\frac{s\tau}{2}\right)$$

习题三

1. 设 $f_1(t), f_2(t)$ 均满足 Laplace 变换存在定理的条件(若它们的增长指数均为 c)，且 $\mathscr{L}[f_1(t)] = F_1(s)$，$\mathscr{L}[f_2(t)] = F_2(s)$，则乘积 $f_1(t) \cdot f_2(t)$ 的 Laplace 变换一定存在，且

$$\mathscr{L}[f_1(t) \cdot f_2(t)] = \frac{1}{2\pi\mathrm{i}}\int_{\beta-\mathrm{i}\infty}^{\beta+\mathrm{i}\infty} F_1(q)F_2(s-q)\mathrm{d}q$$

其中，$\beta > c, \mathrm{Re}\,(s) > \beta + c$.

证明　显然 $f_1(t), f_2(t)$ 均满足 Laplace 变换存在定理的条件以及增长指数均为 c_0，知乘积 $f_1(t)f_2(t)$ 也一定满足变换存在定理的条件且增长指数为 $2c_0$.

当 $\beta > c_0$ 时，有 $\mathscr{L}[f_1(t)f_2(t)] = \int_0^{+\infty} f_1(t)f_2(t)\mathrm{e}^{-st}\mathrm{d}t$ 在 $\mathrm{Re}\,(s) \geqslant \beta + c_0$ 上存在且一致收敛.

由 $f_1(t) = \frac{1}{2\pi\mathrm{i}}\int_{\beta-\mathrm{i}\infty}^{\beta+\mathrm{i}\infty} F_1(q)\mathrm{e}^{qt}\mathrm{d}q$，从而得

$$\mathscr{L}[f_1(t)f_2(t)] = \int_0^{+\infty} f_1(t)f_2(t)\mathrm{e}^{-st}\mathrm{d}t = \int_0^{+\infty}\left(\frac{1}{2\pi\mathrm{i}}\int_{\beta-\mathrm{i}\infty}^{\beta+\mathrm{i}\infty} F_1(q)\mathrm{e}^{qt}\mathrm{d}q\right)f_2(t)\mathrm{e}^{-st}\mathrm{d}t =$$

$$\frac{1}{2\pi\mathrm{i}}\int_{\beta-\mathrm{i}\infty}^{\beta+\mathrm{i}\infty} F_1(q)\int_0^{+\infty} f_2(t)\mathrm{e}^{-(s-q)t}\mathrm{d}t\mathrm{d}q = \frac{1}{2\pi\mathrm{i}}\int_{\beta-\mathrm{i}\infty}^{\beta+\mathrm{i}\infty} F_1(q)F_2(s-q)\mathrm{d}q$$

2. 求下列函数的 Laplace 逆变换(原像函数)，并用另一种方法加以验证。

(3) $F(s) = \dfrac{s+c}{(s+a)(s+b)^2}$;　　(4) $F(s) = \dfrac{s^2+2a^2}{(s^2+a^2)^2}$;　　　　(8) $F(s) = \dfrac{s^2+2s-1}{s(s-1)^2}$;

$(9)F(s) = \dfrac{1}{s^2(s^2-1)}$;　　　　$(10)F(s) = \dfrac{s}{(s^2+1)(s^2+4)}$.

分析　Laplace 逆变换可采用留数计算积分或直接采用常见函数的 Laplace 变换表.

解　(3)(方法一)

$$f(t) = \mathscr{L}^{-1}[F(s)] = \mathrm{Res}\left[\frac{(s+c)\mathrm{e}^{st}}{(s+a)(s+b)^2}, -a\right] + \mathrm{Res}\left[\frac{(s+c)\mathrm{e}^{st}}{(s+a)(s+b)^2}, -b\right] =$$

$$\frac{(c-a)\mathrm{e}^{-at}}{(b-a)^2} + \frac{\mathrm{d}}{\mathrm{d}s}\left(\frac{s+c}{s+a}\mathrm{e}^{st}\right)\bigg|_{s=-b} = \frac{c-a}{(a-b)^2}\mathrm{e}^{-at} + \frac{c-b}{a-b}t\mathrm{e}^{-bt} + \frac{a-c}{(a-b)^2}\mathrm{e}^{-bt}$$

(方法二)

$$f(t) = \mathscr{L}^{-1}[F(s)] = \mathscr{L}^{-1}\left[\frac{s+c}{(s+a)(s+b)^2}\right] =$$

$$\mathscr{L}^{-1}\left[\frac{c-a}{(a-b)^2}\frac{1}{s+a} + \frac{a-c}{(a-b)^2}\frac{1}{s+b} + \frac{c-b}{a-b}\frac{1}{(s+b)^2}\right] =$$

$$\frac{c-a}{(a-b)^2}\mathscr{L}^{-1}\left[\frac{1}{s+a}\right] + \frac{a-c}{(a-b)^2}\mathscr{L}^{-1}\left[\frac{1}{s+b}\right] + \frac{c-b}{a-b}\mathscr{L}^{-1}\left[\frac{1}{(s+b)^2}\right] =$$

$$\frac{c-a}{(a-b)^2}\mathrm{e}^{-at} + \frac{c-b}{a-b}t\mathrm{e}^{-bt} + \frac{a-c}{(a-b)^2}\mathrm{e}^{-bt}$$

(4)(方法一)

$$f(t) = \mathscr{L}^{-1}[F(s)] = \mathscr{L}^{-1}\left[\frac{s^2+2a^2}{(s^2+a^2)^2}\right] = \mathscr{L}^{-1}\left[\frac{3}{2a}\frac{a}{s^2+a^2} + \frac{1}{2}\left(\frac{s}{s^2+a^2}\right)\right] =$$

$$\frac{3}{2a}\mathscr{L}^{-1}\left[\frac{a}{s^2+a^2}\right] + \frac{1}{2}\mathscr{L}^{-1}\left[\left(\frac{s}{s^2+a^2}\right)'\right] = \frac{3}{2a}\sin at - \frac{1}{2}t\cos at$$

(方法二)

$$f(t) = \mathscr{L}^{-1}[F(s)] = \mathrm{Res}\left[\frac{s^2+2a^2}{(s^2+a^2)^2}\mathrm{e}^{st}, ai\right] + \mathrm{Res}\left[\frac{s^2+2a^2}{(s^2+a^2)^2}\mathrm{e}^{st}, -ai\right] =$$

$$\frac{\mathrm{d}}{\mathrm{d}s}\frac{s^2+2a^2}{(s+ai)^2}\mathrm{e}^{st}\bigg|_{s=ai} + \frac{\mathrm{d}}{\mathrm{d}s}\frac{s^2+2a^2}{(s-ai)^2}\mathrm{e}^{st}\bigg|_{s=-ai} =$$

$$\frac{3}{4ai}\mathrm{e}^{ait} - \frac{1}{4}t\mathrm{e}^{ait} - \frac{3}{4ai}\mathrm{e}^{-ait} - \frac{1}{4}t\mathrm{e}^{-ait} = \frac{3}{2a}\sin at - \frac{1}{2}t\cos at$$

(8)(方法一)

$$f(t) = \mathscr{L}^{-1}\left[\frac{s^2+2s-1}{s(s-1)^2}\right] = \mathscr{L}^{-1}\left[-\frac{1}{s} + \frac{2}{s-1} + \frac{2}{(s-1)^2}\right] =$$

$$\mathscr{L}^{-1}\left[-\frac{1}{s}\right] + \mathscr{L}^{-1}\left[\frac{2}{s-1}\right] + \mathscr{L}^{-1}\left[\frac{2}{(s-1)^2}\right] = -1 + 2\mathrm{e}^t + 2t\mathrm{e}^t$$

(方法二)

$$f(t) = \mathscr{L}^{-1}\left[\frac{s^2+2s-1}{s(s-1)^2}\right] = \mathrm{Res}\left[\frac{s^2+2s-1}{s(s-1)^2}\mathrm{e}^{st}, 0\right] + \mathrm{Res}\left[\frac{s^2+2s-1}{s(s-1)^2}\mathrm{e}^{st}, 1\right] =$$

$$-1 + \frac{\mathrm{d}}{\mathrm{d}s}\left(\frac{s^2+2s-1}{s(s-1)^2}\right)\bigg|_{s=1} = -1 + 2\mathrm{e}^t + 2t\mathrm{e}^t$$

(9)(方法一)

$$f(t) = \mathscr{L}^{-1}[F(s)] = \mathscr{L}^{-1}\left[\frac{1}{s^2(s^2-1)}\right] = \mathscr{L}^{-1}\left[\frac{1}{2}\left(\frac{1}{s-1} - \frac{1}{s+1}\right) - \frac{1}{s^2}\right] = \frac{1}{2}(\mathrm{e}^t - \mathrm{e}^{-t}) - t =$$

$$\frac{1}{2}(\mathrm{e}^t - \mathrm{e}^{-t}) - t$$

(方法二)

$$f(t) = \mathrm{Res}\left[\frac{\mathrm{e}^{st}}{s^2(s^2-1)}, 0\right] + \mathrm{Res}\left[\frac{\mathrm{e}^{st}}{s^2(s^2-1)}, 1\right] + \mathrm{Res}\left[\frac{\mathrm{e}^{st}}{s^2(s^2-1)}, -1\right] =$$

$$\frac{d}{ds}\left(\frac{e^{st}}{s^2-1}\right)\bigg|_{s=0}+\frac{e^t}{2}-\frac{e^{-t}}{2}=\sinh t-t$$

(10)（方法一）

$$f(t)=\mathscr{L}^{-1}\left[\frac{s}{(s^2+1)(s^2+4)}\right]=\mathscr{L}^{-1}\left[\frac{1}{3}\left(\frac{s}{s^2+1}-\frac{s}{s^2+4}\right)\right]=\frac{1}{3}(\cos t-\cos 2t)$$

（方法二）

$$f(t)=\mathscr{L}^{-1}\left[\frac{s}{(s^2+1)(s^2+4)}\right]=\text{Res}\left[\frac{se^{st}}{(s^2+1)(s^2+4)},i\right]+\text{Res}\left[\frac{se^{st}}{(s^2+1)(s^2+4)},-i\right]+$$

$$\text{Res}\left[\frac{se^{st}}{(s^2+1)(s^2+4)},2i\right]+\text{Res}\left[\frac{se^{st}}{(s^2+1)(s^2+4)},-2i\right]=$$

$$\frac{ie^{it}}{2i(i^2+4)}+\frac{-ie^{-it}}{-2i(i^2+4)}+\frac{2ie^{2it}}{4i(4i^2+1)}+\frac{-2ie^{-2it}}{(-4i)(4i^2+1)}=$$

$$\frac{e^{it}}{6}+\frac{e^{-it}}{6}+\frac{e^{2it}}{6}+\frac{e^{-2it}}{6}=\frac{1}{3}(\cos t-\cos 2t)$$

3.求下列函数的 Laplace 逆变换.

$(3)F(s)=\dfrac{2s+1}{s(s+1)(s+2)}$; $\qquad$ $(9)F(s)=\dfrac{s^2+4s+4}{(s^2+4s+13)^2}$;

$(10)F(s)=\dfrac{2s^2+s+5}{s^3+6s^2+11s+6}$; $\qquad$ $(11)F(s)=\dfrac{s+3}{s^3+3s^2+6s+4}$.

分析 直接采用 Laplace 逆变换的定义,其中的积分计算可采用 Laplace 变换表或留数定理.

解 $(3)f(t)=\mathscr{L}^{-1}\left[\dfrac{2s+1}{s(s+1)(s+2)}\right]=\text{Res}\left[\dfrac{(2s+1)e^{st}}{s(s+1)(s+2)},0\right]+$

$$\text{Res}\left[\frac{(2s+1)e^{st}}{s(s+1)(s+2)},-1\right]+\text{Res}\left[\frac{(2s+1)e^{st}}{s(s+1)(s+2)},-2\right]=$$

$$\lim_{s\to 0}\frac{(2s+1)e^{st}}{(s+1)(s+2)}+\lim_{s\to -1}\frac{(2s+1)e^{st}}{s(s+2)}+\lim_{s\to -2}\frac{(2s+1)e^{st}}{s(s+1)}=\frac{1}{2}+e^{-t}-\frac{3}{2}e^{-2t}$$

$(9)f(t)=\mathscr{L}^{-1}\left[\dfrac{s^2+4s+4}{(s^2+4s+13)^2}\right]=\mathscr{L}^{-1}\left[\dfrac{1}{(s+2)^2+9}-\dfrac{9}{[(s+2)^2+9]^2}\right]=$

$$\mathscr{L}^{-1}\left[\frac{1}{6}\frac{3}{(s+2)^2+3^2}-\frac{1}{2}\left(\frac{s+2}{(s+2)^2+3^2}\right)'\right]=\frac{1}{6}e^{-2t}\sin 3t+\frac{1}{2}te^{-2t}\cos 3t=$$

$$\frac{1}{6}e^{-2t}(\sin 3t+3t\cos 3t)$$

$(10)f(t)=\mathscr{L}^{-1}\left[\dfrac{2s^2+s+5}{s^3+6s^2+11s+6}\right]=\mathscr{L}^{-1}\left[\dfrac{2s^2+s+5}{(s+1)(s+2)(s+3)}\right]=$

$$\text{Res}\left[\frac{(2s^2+s+5)e^{st}}{(s+1)(s+2)(s+3)},-1\right]+\text{Res}\left[\frac{(2s^2+s+5)e^{st}}{(s+1)(s+2)(s+3)},-2\right]+$$

$$\text{Res}\left[\frac{(2s^2+s+5)e^{st}}{(s+1)(s+2)(s+3)},-3\right]=\lim_{s\to -1}\frac{(2s^2+s+5)}{(s+2)(s+3)}e^{st}+\lim_{s\to -2}\frac{(2s^2+s+5)}{(s+1)(s+3)}e^{st}+$$

$$\lim_{s\to -3}\frac{(2s^2+s+5)}{(s+1)(s+2)}e^{st}=3e^{-t}-11e^{-2t}+10e^{-3t}$$

$(11)f(t)=\mathscr{L}^{-1}\left[\dfrac{s+3}{s^3+3s^2+6s+4}\right]=\mathscr{L}^{-1}\left[\dfrac{1}{(s+1)^2+3}+\dfrac{2}{[(s+1)^2+3](s+1)}\right]=$

$$\mathscr{L}^{-1}\left[\frac{1}{(s+1)^2+3}+\frac{2}{3}\frac{1}{s+1}-\frac{2}{3}\frac{s+1}{(s+1)^2+3}\right]=$$

$$\frac{1}{\sqrt{3}}\mathscr{L}^{-1}\left[\frac{\sqrt{3}}{(s+1)^2+(\sqrt{3})^2}\right]+\frac{2}{3}\mathscr{L}^{-1}\left[\frac{1}{s+1}\right]-\frac{2}{3}\mathscr{L}^{-1}\left[\frac{s+1}{(s+1)^2+(\sqrt{3})^2}\right]=$$

$$\frac{1}{\sqrt{3}}e^{-t}\sin\sqrt{3}t+\frac{2}{3}e^{-t}-\frac{2}{3}e^{-t}\cos\sqrt{3}t=\frac{1}{3}e^{-t}(2-2\cos\sqrt{3}t+\sqrt{3}\sin\sqrt{3}t)$$

习题四

1. 求下列卷积.

(6) $\sin kt * \sin kt (k \neq 0)$；　　　(7) $t * \sinh t$；　　　(8) $\sinh at * \sinh at (a \neq 0)$；

(9) $u(t-a) * f(t) (a \geqslant 0)$　　　(10) $\delta(t-a) * f(t) (a \geqslant 0)$.

分析 直接根据卷积的定义.

解 (6) $\sin kt * \sin kt = \int_0^t \sin k\tau \cdot \sin k(t-\tau)d\tau = \frac{1}{2}\int_0^t \cos(2k\tau - kt)d\tau - \frac{1}{2}\int_0^t \cos kt \, d\tau =$

$$\frac{1}{2k}\sin kt - \frac{1}{2}t\cos kt$$

(7) $t * \sinh t = \int_0^t \tau \cdot \sinh(t-\tau)d\tau = \int_0^t \tau \frac{e^{t-\tau} - e^{-(t-\tau)}}{2}d\tau = \frac{e^t}{2}\int_0^t \tau e^{-\tau}d\tau - \frac{e^{-t}}{2}\int_0^t \tau e^{\tau}d\tau = \sinh t - t$

(8) $\sinh at * \sinh at = \int_0^t \sinh a\tau \sinh a(t-\tau)d\tau = \int_0^t \frac{e^{a\tau} - e^{-a\tau}}{2}\frac{e^{a(t-\tau)} - e^{-a(t-\tau)}}{2}d\tau =$

$$\frac{1}{4}\left[e^{at}\int_0^t d\tau - e^{-at}\int_0^t e^{2a\tau}d\tau - e^{at}\int_0^t e^{-2a\tau}d\tau + e^{-at}\int_0^t d\tau\right] =$$

$$\frac{1}{2}t\cosh at - \frac{1}{2a}\sinh at$$

(9) $u(t-a) * f(t) = \int_0^t u(\tau-a)f(t-\tau)d\tau$

当 $t < a$ 时，$u(\tau-a) = 0$，得 $u(t-a) * f(t) = 0$；

当 $0 \leqslant a \leqslant t$ 时，有

$$u(t-a) * f(t) = \int_0^a u(\tau-a)f(\tau-a)d\tau + \int_a^t u(\tau-a)f(t-\tau)d\tau = \int_a^t f(t-\tau)d\tau$$

(10) 当 $t < a$ 时，$\delta(\tau-a) = 0$，得 $\delta(t-a) * f(t) = 0$；

当 $0 \leqslant a \leqslant t$ 时，有

$$\delta(t-a) * f(t) = \int_0^a \delta(\tau-a)f(t-\tau)d\tau + \int_{a^-}^{a^+} \delta(\tau-a)f(t-\tau)d\tau + \int_{a^+}^t \delta(\tau-a)f(t-\tau)d\tau =$$

$$f(t-\tau)|_{\tau=a} = f(t-a)$$

3. 利用卷积定理证明 $\mathscr{L}^{-1}\left[\frac{s}{(s^2+a^2)^2}\right] = \frac{t}{2a}\sin at$.

证明 不妨设 $F_1(s) = \frac{s}{s^2+a^2}$，$F_2(s) = \frac{1}{a}\frac{a}{s^2+a^2}$，则

$$f_1(t) = \mathscr{L}^{-1}[F_1(s)] = \cos at, \quad f_2(t) = \mathscr{L}^{-1}[F_2(s)] = \frac{\sin at}{a}$$

$$\mathscr{L}^{-1}\left[\frac{s}{(s^2+a^2)^2}\right] = \mathscr{L}^{-1}[F_1(s) \cdot F_2(s)] = f_1(t) * f_2(t) = \frac{1}{a}\int_0^t \cos a\tau \sin[a(t-\tau)]d\tau =$$

$$\frac{1}{2a}\int_0^t [\sin at - \sin(2a\tau - at)]dt =$$

$$\frac{1}{2a}\left[t\sin at - \frac{1}{2a}\cos(2a\tau - at)\Big|_{\tau=0}^t\right] = \frac{1}{2a}t\sin at$$

4. 利用卷积定理，证明：$\mathscr{L}^{-1}\left[\frac{1}{\sqrt{s}(s-1)}\right] = \frac{2}{\sqrt{\pi}}e^t\int_0^{\sqrt{t}} e^{-\tau^2}d\tau$，并求 $\mathscr{L}^{-1}\left[\frac{1}{s\sqrt{s+1}}\right]$.

证明 不妨设 $F_1(s) = \frac{1}{\sqrt{s}}$，$F_2(s) = \frac{1}{s-1}$，则

$$f_1(t) = \mathscr{L}^{-1}[F_1(s)] = \mathscr{L}^{-1}\left[\frac{1}{s^{\frac{1}{2}}}\right] = \frac{1}{\Gamma\left(\frac{1}{2}\right)}\frac{1}{\sqrt{t}} = \frac{1}{\sqrt{\pi}}\frac{1}{\sqrt{t}}$$

$$f_2(t) = \mathscr{L}^{-1}[F_2(s)] = \mathscr{L}^{-1}\left[\frac{1}{s-1}\right] = e^t$$

$$\mathscr{L}^{-1}\left[\frac{1}{\sqrt{s}(s-1)}\right] = \mathscr{L}^{-1}[F_1(s) \cdot F_2(s)] = f_1(t) * f_2(t) = \int_0^t f_1(\tau) f_2(t-\tau)\mathrm{d}\tau =$$

$$\int_0^t \frac{1}{\sqrt{\pi}} \frac{1}{\sqrt{\tau}} \mathrm{e}^{t-\tau}\mathrm{d}\tau = \frac{1}{\sqrt{\pi}} \mathrm{e}^t \int_0^t \frac{1}{\sqrt{\tau}} \mathrm{e}^{-\tau}\mathrm{d}\tau \stackrel{\tau = x^2}{=} \frac{2}{\sqrt{\pi}} \mathrm{e}^t \int_0^{\sqrt{t}} \mathrm{e}^{-x^2}\mathrm{d}x$$

设 $F(s) = \dfrac{1}{\sqrt{s}(s-1)}$,则

$$\mathscr{L}^{-1}\left[\frac{1}{s\sqrt{s+1}}\right] = \mathscr{L}^{-1}[F(s+1)] = \mathrm{e}^{-t}\mathscr{L}^{-1}[F(s)] = \frac{2}{\sqrt{\pi}} \int_0^{\sqrt{t}} \mathrm{e}^{-x^2}\mathrm{d}\tau$$

6.证明卷积满足结合律: $f_1(t) * [f_2(t) * f_3(t)] = [f_1(t) * f_2(t)] * f_3(t)$.

证明 $f_1(t) * [f_2(t) * f_3(t)] = \displaystyle\int_0^t f_1(s) \int_0^{t-s} f_2(t-\tau-s) f_3(\tau)\mathrm{d}\tau\mathrm{d}s =$

$$\int_0^t f_3(\tau)\mathrm{d}\tau \int_0^{t-\tau} f_1(s) f_2(t-\tau-s)\mathrm{d}s = [f_1(t) * f_2(t)] * f_3(t)$$

习题五

1.求下列常系数微分方程的解.

(2) $y'' + 4y' + 3y = \mathrm{e}^{-t}$, $y(0) = y'(0) = 1$;

(4) $y'' - 2y' + 2y = 2\mathrm{e}^t \cos t$, $y(0) = y'(0) = 0$;

(6) $y'' - y = 4\sin t + 5\cos 2t$, $y(0) = -1$, $y'(0) = -2$;

(10) $y''' + 3y'' + 3y' + y = 6\mathrm{e}^{-t}$, $y(0) = y'(0) = y''(0) = 0$;

(12) $y^{(4)} + 2y'' + y = 0$, $y(0) = y'(0) = y'''(0) = 0$, $y''(0) = 1$.

分析 对方程进行 Laplace 变换和 Laplace 逆变换,并结合 Laplace 变换的性质以简化计算.

解 (2)方程两边同取 Laplace 变换并由初始条件,得

$$s^2 Y(s) - s - 1 + 4sY(s) - 4 + 3Y(s) = \frac{1}{s+1}$$

整理后,得

$$Y(s) = \frac{1}{(s+3)(s+1)^2} + \frac{s+5}{(s+1)(s+3)} = \frac{1}{2}\frac{1}{(s+1)^2} - \frac{3}{4}\frac{1}{s+3} + \frac{7}{4}\frac{1}{s+1}$$

两边取 Laplace 逆变换得

$$y(t) = \mathscr{L}^{-1}[Y(s)] = \frac{1}{2}\mathscr{L}^{-1}\left[\frac{1}{(s+1)^2}\right] - \frac{3}{4}\mathscr{L}^{-1}\left[\frac{1}{s+3}\right] + \frac{7}{4}\mathscr{L}^{-1}\left[\frac{1}{s+1}\right] =$$

$$\frac{1}{2}t\mathrm{e}^{-t} - \frac{3}{4}\mathrm{e}^{-3t} + \frac{7}{4}\mathrm{e}^{-t} = \frac{1}{4}[(2t+7)\mathrm{e}^{-t} - 3\mathrm{e}^{-3t}]$$

(4)两边同取 Laplace 变换并由初始条件,得

$$s^2 Y(s) - 2sY(s) + 2Y(s) = 2\frac{s-1}{(s-1)^2+1}$$

解得 $Y(s)$ 为

$$Y(s) = \frac{2(s-1)}{((s-1)^2+1)^2}$$

取 Laplace 逆变换,得 $y(t) = \mathscr{L}^{-1}[Y(s)] = \mathscr{L}^{-1}\left[-\left(\frac{1}{(s-1)^2+1}\right)'\right] = t\mathrm{e}^t \sin t$

(6)两边同取 Laplace 变换并由初始条件,得

$$s^2 Y(s) + s + 2 - Y(s) = \frac{4}{s^2+1} + \frac{5s}{s^2+4}$$

整理后,得

$$Y(s) = \frac{4}{(s^2-1)(s^2+1)} + \frac{5s}{(s^2-1)(s^2+4)} - \frac{s+2}{s^2-1} = -\frac{2}{s^2+1} - \frac{s}{s^2+4}$$

取 Laplace 逆变换,得

$$y(t) = \mathscr{L}^{-1}[Y(s)] = -2\mathscr{L}^{-1}\left[\frac{1}{s^2+1}\right] - \mathscr{L}^{-1}\left[\frac{s}{s^2+4}\right] = -2\sin t - \cos 2t$$

(10) 两边同取 Laplace 变换并由初始条件,得

$$s^3 Y(s) + 3s^2 Y(s) + 3s Y(s) + Y(s) = 6 \frac{1}{s+1}$$

整理得

$$Y(s) = \frac{6}{(s-1)^4}$$

取 Laplace 逆变换,得

$$y(t) = \mathscr{L}^{-1}\left[\frac{6}{(s-1)^4}\right] = t^3 \mathrm{e}^{-t}$$

(12) 两边同取 Laplace 变换并由初始条件,得

$$s^4 Y(s) - s + 2s^2 Y(s) + Y(s) = 0$$

整理,得 $Y(s)$ 为

$$Y(s) = \frac{s}{(s^2+1)^2}$$

取 Laplace 逆变换,得

$$y(t) = \mathscr{L}^{-1}[Y(s)] = \mathscr{L}^{-1}\left[-\frac{1}{2}\left(\frac{1}{s^2+1}\right)'\right] = \frac{1}{2} t\sin t$$

3. 求下列积分方程的解.

$$(2) y(t) = \mathrm{e}^{-t} - \int_0^t y(\tau)\mathrm{d}\tau; \qquad (4) y(t) + \int_0^t y(t-\tau)\mathrm{e}^\tau \mathrm{d}\tau = 2t - 3.$$

解 (2) 令 $\mathscr{L}[y(t)] = Y(s)$,则方程两边同取 Laplace 变换,即

$$\mathscr{L}[y(t)] = \mathscr{L}[\mathrm{e}^{-t}] - \mathscr{L}\left[\int_0^t y(\tau)\mathrm{d}\tau\right]$$

由性质得

$$Y(s) = \frac{1}{s+1} - \frac{1}{s} Y(s)$$

即

$$Y(s) = \frac{s}{(s+1)^2}$$

求其 Laplace 逆变换,即发现 $s = -1$ 是函数 $Y(s)\mathrm{e}^{st}$ 的二级极点,故有

$$y(t) = \mathscr{L}^{-1}[Y(s)] = \mathscr{L}^{-1}\left[\frac{s}{(s+1)^2}\right] = \lim_{s \to -1} \frac{\mathrm{d}}{\mathrm{d}s}\left[(s+1)^2 \frac{s\mathrm{e}^{st}}{(s+1)^2}\right] = (1-t)\mathrm{e}^{-t}$$

(4) 令 $\mathscr{L}[y(t)] = Y(s)$,则方程两边同取 Laplace 变换,即

$$\mathscr{L}[y(t)] + \mathscr{L}\left[\int_0^t y(t-\tau)\mathrm{e}^\tau \mathrm{d}\tau\right] = \mathscr{L}[2t-3]$$

在第二项的积分中,令 $t - \tau = u$,得

$$\mathscr{L}\left[\int_0^t y(t-\tau)\mathrm{e}^\tau \mathrm{d}\tau\right] = -\mathscr{L}\left[\int_0^t y(u)\mathrm{e}^{t-u}\mathrm{d}u\right] = -\mathscr{L}\left[\mathrm{e}^t \int_0^t y(u)\mathrm{e}^{-u}\mathrm{d}u\right] = -\mathscr{L}\left[\int_0^t y(u)\mathrm{e}^{-u}\mathrm{d}u\right]\Bigg|_{s-1} =$$

$$-\left\{\frac{1}{s}\mathscr{L}[y(t)\mathrm{e}^{-t}]\right\}\Bigg|_{s-1} = -\left[\frac{1}{s}Y(s+1)\right]_{s-1} = -\frac{1}{s-1}Y(s)$$

故有

$$Y(s) - \frac{1}{s-1}Y(s) = \frac{2}{s^2} - \frac{3}{s}$$

即

$$Y(s) = \frac{(s-1)(2-3s)}{s^2(s-2)}$$

求其 Laplace 逆变换为

$$y(t) = \lim_{s \to 0}\left[s^2 \frac{(2-3s)(s-1)}{s^2(s-2)}\mathrm{e}^{st}\right]' + \lim_{s \to 2}(s-2)\frac{(2-3s)(s-1)}{s^2(s-2)}\mathrm{e}^{st} = 5(-\mathrm{e}^{-t} + 4\mathrm{e}^{-2t} - 3\mathrm{e}^{-3t})$$

4. 求下列微分、积分方程的解.

$$(2) y'(t) + \int_0^t y(\tau)\mathrm{d}\tau = 1, y(0) = 0;$$

$$(4) y'(t) + 3y(t) + 2\int_0^t y(\tau)\mathrm{d}\tau = 10\mathrm{e}^{-3t}, y(0) = 0;$$

$$(6) y'(t) + 3y(t) + 2\int_0^t y(\tau)\mathrm{d}\tau = 2[u(t-1) - u(t-2)], y(0) = 1.$$

解 (2) 令 $\mathscr{L}[y(t)] = Y(s)$,则方程两边同取 Laplace 变换,即

$$\mathscr{L}[y'(t)] + \mathscr{L}\left[\int_0^t y(\tau)\,\mathrm{d}\tau\right] = \mathscr{L}[1]$$

$$sY(S) - y(0) + \frac{1}{s}Y(s) = \frac{1}{s}$$

$$Y(s) = \frac{1}{s^2 + 1}$$

求其 Laplace 逆变换为
$$y(t) = \sin t$$

(4) 令 $\mathscr{L}[y(t)] = Y(s)$，则方程两边同取 Laplace 变换，即

$$\mathscr{L}[y'(t)] + 3\mathscr{L}[y(t)] + 2\mathscr{L}\left[\int_0^t y(\tau)\,\mathrm{d}\tau\right] = 10\mathscr{L}[\mathrm{e}^{-3t}]$$

$$sY(s) + 3Y(s) + 2\frac{1}{s}Y(s) = 10\frac{1}{s+3}$$

$$Y(s) = \frac{10s}{(s+3)(s+1)(s+2)}$$

求其 Laplace 逆变换为
$$y(t) = \lim_{s \to -3}(s+3)\frac{10s\mathrm{e}^{st}}{(s+3)(s+1)(s+2)} + \lim_{s \to -1}(s+1)\frac{10s\mathrm{e}^{st}}{(s+3)(s+1)(s+2)} +$$
$$\lim_{s \to -2}(s+2)\frac{10s\mathrm{e}^{st}}{(s+3)(s+1)(s+2)} = 15\mathrm{e}^{-3t} - 5\mathrm{e}^{-t} - 20\mathrm{e}^{-2t}$$

(6) 令 $\mathscr{L}[y(t)] = Y(s)$，则方程两边同取 Laplace 变换，即

$$\mathscr{L}[y'(t)] + 3\mathscr{L}[y(t)] + 2\mathscr{L}\left[\int_0^t y(\tau)\,\mathrm{d}\tau\right] = 2\mathscr{L}[u(t-1)] - 2\mathscr{L}[u(t-2)]$$

$$sY(s) - y(0) + 3Y(s) + 2\frac{1}{s}Y(s) = \frac{2}{s}\mathrm{e}^{-s} - \frac{2}{s}\mathrm{e}^{-2s}$$

$$\frac{s^2 + 3s + 2}{s}Y(s) = \frac{2\mathrm{e}^{-s} - 2\mathrm{e}^{-2s} + s}{s}$$

$$Y(s) = \frac{2\mathrm{e}^{-s} - 2\mathrm{e}^{-2s} + s}{(s+1)(s+2)}$$

求其 Laplace 逆变换为
$$y(t) = \lim_{s \to -1}(s+1)\frac{(2\mathrm{e}^{-s} - 2\mathrm{e}^{-2s} + s)\mathrm{e}^{st}}{(s+1)(s+2)} + \lim_{s \to -2}(s+2)\frac{(2\mathrm{e}^{-s} - 2\mathrm{e}^{-2s} + s)\mathrm{e}^{st}}{(s+1)(s+2)} =$$
$$2\mathrm{e}^{-(t-1)} - 2\mathrm{e}^{-(t-2)} - 2\mathrm{e}^{-2(t-1)} + 2\mathrm{e}^{-2(t-2)} - \mathrm{e}^{-t} + 2\mathrm{e}^{-2t}$$

5.求下列微分方程组的解.

(1) $\begin{cases} x' + x - y = \mathrm{e}^t \\ y' + 3x - 2y = 2\mathrm{e}^t \end{cases}$, $x(0) = y(0) = 1$;

(2) $\begin{cases} y' - 2z' = f(t) \\ y' - z' + z = 0 \end{cases}$, $y(0) = y'(0) = z(0) = z'(0) = 0$;

(4) $\begin{cases} x'' - x + y + z = 0 \\ x + y'' - y + z = 0 \\ x + y + z'' - z = 0 \end{cases}$, $x(0) = 1, y(0) = z(0) = x'(0) = y'(0) = z'(0) = 0$.

解 (1) 对方程组两边同取 Laplace 变换并由初始条件,得

$$\begin{cases} sX(s) - 1 + X(s) - Y(s) = \dfrac{1}{s-1} \\ 3X(s) + sY(s) - 1 - 2Y(s) = 2\dfrac{1}{s-1} \end{cases}$$

整理后可得

$$\begin{cases} (s+1)X(s) - Y(s) = \dfrac{s}{s-1} \\ 3X(s) + (s-2)Y(s) = \dfrac{s+1}{s-1} \end{cases} \Rightarrow \begin{cases} X(s) = \dfrac{1}{s-1} \\ Y(s) = \dfrac{1}{s-1} \end{cases}$$

取 Laplace 逆变换,得
$$\begin{cases} x(t) = e^t \\ y(t) = e^t \end{cases}$$

（2）方程组两边同取 Laplace 变换并由初始条件,得
$$\begin{cases} sY(s) - 2sZ(s) = F(s) \\ s^2 Y(s) - s^2 Z(s) + Z(s) = 0 \end{cases}$$

其中,$Y(s)$,$Z(s)$,$F(s)$ 分别为函数 $y(t)$,$z(t)$,$f(t)$ 的 Laplace 变换.

整理后,得
$$\begin{cases} Y(s) = \dfrac{F(s)}{s} - 2\dfrac{sF(s)}{s^2+1} \\ Z(s) = -\dfrac{sF(s)}{s^2+1} \end{cases}$$

取 Laplace 逆变换,得
$$y(t) = \mathscr{L}^{-1}[Y(s)] = \mathscr{L}^{-1}\left[\frac{1}{s}F(s)\right] - 2\mathscr{L}^{-1}\left[\frac{s}{s^2+1}F(s)\right] = 1*F(t) - 2\cos t * F(t) =$$
$$(1 - 2\cos t) * F(t)$$
$$z(t) = \mathscr{L}^{-1}[Z(s)] = -\mathscr{L}^{-1}\left[\frac{s}{s^2+1}F(s)\right] = -\cos t * F(t)$$

（4）各方程两边同取 Laplace 变换并由初始条件,得
$$\begin{cases} (s^2-1)X(s) + Y(s) + Z(s) = s \\ X(s) + (s^2-1)Y(s) + Z(s) = 0 \\ X(s) + Y(s) + (s^2-1)Z(s) = 0 \end{cases}$$

由此可得
$$X(s) = \frac{2}{3}\frac{s}{s^2-2} + \frac{1}{3}\frac{s}{s^2+1}$$
$$Y(s) = -\frac{1}{3}\frac{s}{s^2-2} + \frac{1}{3}\frac{s}{s^2+1}$$
$$Z(s) = -\frac{1}{3}\frac{s}{s^2-2} + \frac{1}{3}\frac{s}{s^2+1}$$

取 Laplace 逆变换,得
$$\begin{cases} x(t) = \dfrac{2}{3}\cosh\sqrt{2}\,t + \dfrac{1}{3}\cos t \\ y(t) = -\dfrac{1}{3}\cosh\sqrt{2}\,t + \dfrac{1}{3}\cos t \\ z(t) = -\dfrac{1}{3}\cosh\sqrt{2}\,t + \dfrac{1}{3}\cos t \end{cases}$$

7. 设在原点处质量为 m 的一质点在 $t = 0$ 时在 x 方向上受到了冲击力 $k\delta(t)$ 的作用,其中 k 为常数,假定质点的初速度为零,求其运动规律.

分析　根据运动规律建立微分方程,并借助 Laplace 变换求解.

解　不妨设 t 时刻质点在 x 轴正方向上点 $x(t)$ 处,由题意知:质点运动的瞬速度为 $x'(t)$,加速度为 $x''(t)$,且 $x(0) = x'(0) = 0$,从而质点的运动规律满足微分方程:
$$mx''(t) = k\delta(t), \quad x(0) = x'(0) = 0$$

方程两边同取 Laplace 变换并由初始条件,得 $ms^2 X(s) = k$.

整理,得 $X(s)$ 为
$$X(s) = \frac{k}{m}\frac{1}{s^2}$$

取 Laplace 逆变换即得质点的运动规律为 $x(t) = \dfrac{k}{m}t$.

附　录

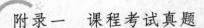附录一　课程考试真题

试　题　一

一、选择题(每题 3 分,共 15 分)

1. 若 $f(z)$ 在 z_0 解析,$g(z)$ 在 z_0 可导,则 $f(z)+g(z)$ 在 z_0( ).

(A) 解析　　　　　(B) 可导　　　　　(C) 连续　　　　　(D) 不连续

2. $(-1)^i$ 的主值是( ).

(A) $e^{\frac{\pi}{2}}$　　　　(B) $e^{-\frac{\pi}{2}}$　　　　(C) e^{π}　　　　(D) $e^{-\pi}$

3. 下列积分中,积分值不为零的是( ).

(A) $\oint\limits_C (z^3 + 2z + 3)\,\mathrm{d}z$,其中 C 为正向圆周 $|z-1|=2$

(B) $\oint\limits_C e^z\,\mathrm{d}z$,其中 C 为正向圆周 $|z|=5$

(C) $\oint\limits_C \dfrac{z}{\sin z}\,\mathrm{d}z$,其中 C 为正向圆周 $|z|=1$

(D) $\oint\limits_C \dfrac{\cos z}{z-1}\,\mathrm{d}z$,其中 C 为正向圆周 $|z|=2$

4. $z=\infty$ 是函数 $\dfrac{3+2z+z^3}{z^2}$ 的( ).

(A) 可去奇点　　　(B) 一级极点　　　(C) 二级极点　　　(D) 本性奇点

5. 以下关于 Fourier 变换和 Laplace 变换的正确的等式是( ).

(A) $\mathscr{L}[f(t)] = \mathscr{F}[f(t)]$　　　　　　(B) $\mathscr{L}[f(t)] = \mathscr{F}[f(t)u(t)]$

(C) $\mathscr{L}[f(t)] = \mathscr{F}[f(t)e^{-\beta t}]$　　　　(D) $\mathscr{L}[f(t)] = \mathscr{F}[f(t)u(t)e^{-\beta t}]$

二、填空题(每题 3 分,共 15 分)

6. 复变函数 $f(z)=u(x,y)+iv(x,y)$ 在区域 D 内一点 $z=x+iy$ 可导的充分必要条件是:$u(x,y)$ 与 $v(x,y)$ 在点 (x,y) 可微且满足如下 C-R 方程_____,_____.

7. 复变函数中的对数函数 $\mathrm{Ln}z=$ _____,其主值分支在_____之外的其他点处解析.

8. 设函数 $f(z)$ 在区域 D 内除有限个孤立奇点 $z_1,z_2,\cdots,z_n$ 外处处解析,C 是 D 内包围诸奇点的一条正向简单闭曲线,那么_____.

9. $z=0$ 是 $f(z)=\dfrac{e^{z^2}-1}{z^4}$ 的_____级极点.

10. 试写出 Fourier 积分公式:_____.

三、计算题(每题 6 分,共 24 分)

11. 计算 $\oint_C \dfrac{\mathrm{d}z}{(z-z_0)^{n+1}}$,其中 C 是正向圆周:$|z-z_0|=r>0$,n 为整数.

12. 计算 $\oint_C \dfrac{\mathrm{e}^z}{z\,(z-1)^2}\mathrm{d}z$,其中 C 为正向圆周:$|z|=2$.

13. 计算 $\oint_C \dfrac{\mathrm{e}^{iz}}{z^2+1}\mathrm{d}z$,其中 C 为正向圆周:$|z-2i|=\dfrac{3}{2}$.

14. 求 $F(s)=\dfrac{1}{s\,(s-1)^2}$ 的 Laplace 逆变换.

四、解答题

15. (10 分) 证明 $u(x,y)=x^2+x-y^2$ 为调和函数,并求以 $u(x,y)$ 为实部的解析函数 $f(z)$.

16. (8 分) 把函数 $\dfrac{1}{z\,(1-z)^2}$ 在圆环域 $0<|z|<1$ 内展开成洛朗级数.

17. (8 分) 设 $f(t)=\dfrac{t}{4+t^2}$,求 Fourier 变换 $F(w)=\mathscr{F}[f(t)]$.

18. (10 分) 利用 Laplace 变换求解微分方程 $y''+2y'-3y=\mathrm{e}^{-t}$ 满足初始条件 $y(0)=0$,$y'(0)=0$ 的解.

19. (10 分) 计算积分 $I=\displaystyle\int_{-\infty}^{+\infty}\dfrac{x^2\,\mathrm{d}x}{(x^2+1)(x^2+16)}$.

试 题 二

一、填空题(每题 3 分,共 24 分)

1. 复数 $z=\dfrac{(\sqrt{3}\,\mathrm{i}-1)^2}{1-\mathrm{i}}$ 的模为_____,辐角为_____.

2. 曲线 $z=(2+\mathrm{i})t$ 在映射 $w=z^2$ 下的像曲线为_____.

3. $\mathrm{i}^{\mathrm{i}}=$_____.

4. $z=0$ 为函数 $f(z)=\dfrac{1-\cos z}{z^8}$ 的_____级极点;在该点处的留数为_____.

5. 函数 $f(z)=z\mathrm{Im}\,(z)-\mathrm{Re}\,(z)$ 仅在 $z=$_____处可导.

6. 设 $f(z)=\displaystyle\oint_{|\xi|=2}\dfrac{\sin\dfrac{\pi}{2}\xi}{\xi-z}\mathrm{d}\xi$,其中 $|z|\neq 2$,则 $f'(1)=$_____.

7. 在映射 $w=z^2-\mathrm{i}z$ 下,$z=\mathrm{i}$ 处的旋转角为_____,伸缩率为_____.

8. 已知 $f_1(t)=\mathrm{e}^t u(t)$,$f_2(t)=tu(t)$,则它们的卷积 $f_1(t)*f_2(t)=$_____.

二、计算下列各题(每小题 6 分,共 30 分).

9. $\displaystyle\oint_{|z|=4}\dfrac{1}{\cos z}\mathrm{d}z$.

10. $\displaystyle\oint_{|z|=\pi}\dfrac{z}{z+1}\mathrm{e}^{\frac{2}{z+1}}\mathrm{d}z$.

11. $\displaystyle\int_0^\pi\dfrac{1}{1+\sin^2\theta}\mathrm{d}\theta$.

12. $\displaystyle\int_{-\infty}^{+\infty}\dfrac{x^2}{(x^2+4)^2}\mathrm{d}x$.

13. 用留数计算 $I(b)=\displaystyle\int_0^{+\infty}\dfrac{\cos bx}{x^2+a^2}\mathrm{d}x\ (a>0,b>0)$,由此求出 $F(\omega)=\dfrac{1}{\omega^2+a^2}$ 的 Fourier 逆变换.

三、解答题

14.(10 分) 验证 $v(x,y) = 2x^2 - 2y^2 + x$ 是一调和函数,并构造解析函数 $f(z) = u + iv$ 满足条件 $f(i) = -2i$.

15.(10 分) 把函数 $f(z) = \dfrac{1}{z^2 + 1}$ 在复平面上展开为 $z - i$ 的洛朗级数.

16.(8 分) 试求 Z 平面上如附图 1 所示区域在映射 $w = -\pi i \dfrac{z+i}{z-i}$ 下的像区域.

17.(10 分) 用 Laplace 变换求解微分方程 $y''' + y' = e^{2t}$ 满足初始条件 $y(0) = y'(0) = y''(0) = 0$ 的解.

18.(4 分) 设函数 $f(z)$ 在区域 $|z - z_0| < R (R > r > 0)$ 内除二级极点 z_0 外处处解析,证明:

$$\oint_{|z-z_0|=r} \frac{f'(z)}{f(z)} dz = -4\pi i$$

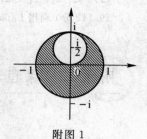

附图 1

19.(4 分) 求积分 $\oint_{|z|=1} \dfrac{e^z}{z} dz$,从而证明:$\displaystyle\int_0^\pi e^{\cos\theta} \cos(\sin\theta) d\theta = \pi$.

试　题　三

一、填空题(每题 4 分共 20 分)

1. $z = i$ 的指数表示式是 _____.

2. 函数在 $f(z) = |z|^2$ 在 z 平面上(填"是"或"否")_____.

3. 设 C 是正向圆周 $|z| = 1$,积分 $\oint_C \dfrac{dz}{z^2} = $ _____.

4. 在映射 $f(z) = z^2$ 下,曲线 C 在 $z = i$ 处的伸缩率是 _____.

5. 设 $\mathscr{F}[f(z)] = \dfrac{1}{\beta + i\omega}$,则 $\mathscr{F}[f(t-2)] = $ _____.

二、判断题(每题 3 分共 12 分)

6. 解析函数的导函数不一定为解析函数. (　　)

7. 单位脉冲函数 $\delta(t)$ 与常数 1 构成一个 Fourier 变换对. (　　)

8. 解析函数 $f(z) = u(x,y) + iv(x,y)$ 的 $u(x,y)$ 与 $v(x,y)$ 互为共轭调和函数. (　　)

9. 函数 $f(z)$ 在 z_0 处的转动角与 z_0 所在曲线 C 的形状及方向无关. (　　)

三、计算题(每题 5 分,共 30 分)

10. 求 $z^2 - 2i = 0$ 的全部根.

11. $\oint_C \dfrac{z e^z}{z^2 - 4} dz, C: |z - 2| = 1$ 的正向.

12. $\oint_{|z|=4} \left(\dfrac{1}{z+1} + \dfrac{2}{z-3} \right) dz$(积分沿正向圆周进行).

13. 求函数 $f(z) = \dfrac{1}{(z+i)^{10}(z-2)}$ 在无穷远点处的留数.

14. 求函数 $f(t) = \begin{cases} 0 & t < 0, \\ e^{-\beta t}, & t \geqslant 0 \end{cases}$ 的 Fourier 变换 $F(\omega)$.

15. 利用 Laplace 变换的性质求 $\mathscr{L}[\cos 3t \cdot e^{2t}]$.

四、解答题

16.(8 分) 试证明 $u(x,y) = 2x - x^3 + 3xy^2$ 为调和函数,并求出它的共轭调和函数.

17. (8分) 求把上半平面 $\text{Im}(z) > 0$ 映射成单位圆 $|w| < 1$ 的分式线性函数,并使 $f(\text{i}) = 0, f(-1) = 1$.

18. (10分) 将函数 $\dfrac{1}{(z+1)(1-z)}$ 在下列圆环域内分别展开为洛朗级数.

(1) $0 < |z+1| < 2$;　　　　　　　　(2) $2 < |z-1| < +\infty$.

19. (12分) 利用 Laplace 变换求解微分方程:
$$y''' + 3y'' + 3y' + y = 1, \quad y(0) = y'(0) = y''(0) = 0$$

附录二　课程考试真题参考解答

试题一参考解答

$1 \sim 5$　B D D B D　　$6.\ \dfrac{\partial u}{\partial x} = \dfrac{\partial v}{\partial u}, \quad \dfrac{\partial u}{\partial y} = -\dfrac{\partial v}{\partial x}.$　　$7.\ \ln|z| + \text{i Arg}z,$　　复平面上原点和负实轴.

$8.\ \displaystyle\oint_c f(z)\,\mathrm{d}z = 2\pi\text{i}\sum_{k=1}^{n}\text{Res}[f(z), z_k].$　　$9.\ 2.$

$10.\ \dfrac{1}{2\pi}\displaystyle\int_{-\infty}^{+\infty}\left[\int_{-\infty}^{+\infty}f(\tau)\mathrm{e}^{-\text{i}\omega\tau}\,\mathrm{d}\tau\right]\mathrm{e}^{\text{i}\omega t}\,\mathrm{d}\omega.$

11. 解
$$C: z = z_0 + r\mathrm{e}^{\text{i}\theta}\ (0 \leqslant \theta \leqslant 2\pi), \quad \mathrm{d}z = \text{i}r\mathrm{e}^{\text{i}\theta}\,\mathrm{d}\theta$$
$$I = \int_0^{2\pi}\frac{\text{i}r\mathrm{e}^{\text{i}\theta}\,\mathrm{d}\theta}{(r\mathrm{e}^{\text{i}\theta})^n} = \frac{1}{r^{n-1}}\int_0^{2\pi}\text{i}\mathrm{e}^{-\text{i}(n-1)\theta}\,\mathrm{d}\theta = \begin{cases} 0, & n \neq 1 \\ 2\pi\text{i}, & n = 1 \end{cases}$$

12. 解　取 $C_1: |z| = 1/3; C_2: |z-1| = 1/3$, 则
$$\oint_c \frac{\mathrm{e}^z}{z\,(z-1)^2}\,\mathrm{d}z = \oint_{c_1}\frac{\mathrm{e}^z}{z\,(z-1)^2}\,\mathrm{d}z + \oint_{c_2}\frac{\mathrm{e}^z}{z\,(z-1)^2}\,\mathrm{d}z = 2\pi\text{i}\left[\frac{\mathrm{e}^z}{(z-1)^2}\Big|_{z=0} + \frac{\mathrm{d}}{\mathrm{d}z}\frac{\mathrm{e}^z}{z}\Big|_{z=1}\right] = 2\pi\text{i}$$

13. 解
$$\oint_c \frac{\mathrm{e}^{\text{i}z}}{z^2+1}\,\mathrm{d}z = 2\pi\text{i}\,\frac{\mathrm{e}^{\text{i}z}}{z+\text{i}}\Big|_{z=\text{i}} = \pi\mathrm{e}^{-1}$$

14. 解　因为 $\mathscr{L}[\mathrm{e}^t] = \dfrac{1}{s-1}$, 所以 $\mathscr{L}[t\mathrm{e}^t] = -\left(\dfrac{1}{s-1}\right)' = \dfrac{1}{(s-1)^2}.$

又 $\mathscr{L}\left[\displaystyle\int_0^t t\mathrm{e}^t\,\mathrm{d}t\right] = \dfrac{1}{s}\dfrac{1}{(s-1)^2} = F(s)$, 所以 $\mathscr{L}^{-1}[F(s)] = \displaystyle\int_0^t t\mathrm{e}^t\,\mathrm{d}t = (t-1)\mathrm{e}^t.$

15. 证明
$$\frac{\partial u}{\partial x} = 2x + 1, \quad \frac{\partial u}{\partial y} = -2y$$
$$\frac{\partial^2 u}{\partial x^2} = 2, \quad \frac{\partial^2 u}{\partial y^2} = -2$$

故
$$\frac{\partial^2 u}{\partial x^2} + \frac{\partial^2 u}{\partial y^2} = 0$$

即 $u(x,y) = x^2 + x - y^2$ 为调和函数.
$$f'(z) = \frac{\partial u}{\partial x} - \text{i}\frac{\partial u}{\partial y} = 2x + 1 + 2\text{i}y = 2z + 1$$

故
$$f(z) = \int (2z+1)\,\mathrm{d}z = z^2 + z + c$$

由 $\text{Re}[f(z)] = u(x,y) = x^2 + x - y^2$ 可知, $\text{Re}(c) = 0, c$ 为任意纯虚数.

16. 解　由
$$\frac{1}{(1-z)^2} = \left(\frac{1}{1-z}\right)' = \left(\sum_{n=0}^{\infty}z^n\right)' = \sum_{n=1}^{\infty}nz^{n-1}, \quad 0 < |z| < 1$$

得
$$\frac{1}{z\,(1-z)^2} = \frac{1}{z}\frac{1}{(1-z)^2} = \sum_{n=1}^{\infty}nz^{n-2}, \quad 0 < |z| < 1$$

17. 解　$F(\omega) = \int_{-\infty}^{+\infty} \frac{t}{4+t^2} e^{-i\omega t} dt = -i\int_{-\infty}^{+\infty} \frac{t}{4+t^2} \sin \omega t \, dt = -\int_{-\infty}^{+\infty} \frac{t}{4+t^2} e^{-i\omega t} dt$

当 $\omega = 0$ 时，$F(\omega) = 0$；

当 $\omega < 0$ 时，$F(\omega) = 2\pi i \cdot \text{Res}\left[\frac{z}{4+z^2} e^{-i\omega z}, 2i\right] = \pi i e^{2\omega}$；

当 $\omega > 0$ 时，$F(\omega) = -2\pi i \cdot \text{Res}\left[\frac{z}{4+z^2} e^{i\omega z}, 2i\right] = -\pi i e^{-2\omega}$.

18. 解　$s^2 Y(s) - sy(0) - y'(0) + 2sY(s) - 2y(0) - 3Y(s) = \frac{1}{s+1}$

故　　　　$Y(s) = \frac{1}{(s-1)(s+1)(s+3)} = \frac{\frac{1}{8}}{s-1} - \frac{\frac{1}{4}}{s+1} + \frac{\frac{1}{8}}{s+3}$

$$y(t) = \mathscr{L}^{-1}[F(s)] = \frac{e^t}{8} - \frac{e^{-t}}{4} + \frac{e^{-3t}}{8}$$

19. 解　函数 $R(z) = \frac{z^2}{(z^2+1)(z^2+16)}$ 在上半平面有两个一级极点 i 与 4i.

其中　　　　$\text{Res}[R(z), i] = \lim_{z \to i} \frac{z^2}{(z+i)(z^2+16)} = \frac{i}{30}$

$$\text{Res}[R(z), 4i] = \lim_{z \to 4i} \frac{z^2}{(z^2+1)(z+4i)} = -\frac{2i}{15}$$

故　　　　$I = 2\pi i\left(\frac{i}{30} - \frac{2}{15}i\right) = \frac{\pi}{5}$

试题二参考解答

1. $2\sqrt{2}$，　$-5\pi/12$　　　　2. $v = \frac{4}{3}u$　　　　3. $e^{-\left(\frac{\pi}{2}+2k\pi\right)}$　　　　4. 6，　0

5. $(0, -1)$　　　　6. 0　　　　7. $\frac{\pi}{2}$，　1　　　　8. $t - 1 + e^{-t}$

9. 解　　　　$\cos z = 0 \Rightarrow z = k\pi + \frac{\pi}{2}, k \in \mathbf{Z}$，在 $|z| = 4$ 内,有 $z = \pm\frac{\pi}{2}$

原式 $= 2\pi i\left\{\text{Res}\left[\frac{1}{\cos z}, \frac{\pi}{2}\right] + \text{Res}\left[\frac{1}{\cos z}, -\frac{\pi}{2}\right]\right\} = 2\pi i\{-1 + 1\} = 0$

10. 解　　　　$e^{\frac{2}{z+1}} = 1 + \frac{2}{z+1} + \frac{1}{2!}\left(\frac{1}{z+1}\right)^2 + \cdots$

原式 $= \oint_{|z|=\pi} e^{\frac{2}{z+1}} dz + \oint_{|z|=\pi} \frac{-1}{z+1} e^{\frac{2}{z+1}} dz = 2\pi i(2-1) = 2\pi i$

11. 解　原式 $= \int_0^{\pi/2} \frac{dx}{1 + \frac{1}{2}(1-\cos 2x)} \xrightarrow{t=2x} \int_0^{\pi} \frac{dt}{3 - \cos t} = \frac{1}{2}\int_{-\pi}^{\pi} \frac{dt}{3 - \cos t} =$

$\frac{1}{2}\int_0^{2\pi} \frac{dt}{3 - \cos t} = i\oint_{|z|=1} \frac{dz}{z^2 - 6z + 1}$

$f(z) = \frac{1}{z^2 - 6z + 1}$ 在 $|z| = 1$ 内有一阶极点 $z_0 = 3 - \sqrt{8}$，

$$\text{Res}[f(z), z_0] = \lim_{z \to z_0} \frac{1}{(z^2 - 6z + 1)'} = \frac{-1}{4\sqrt{2}}$$

故　　　　原式 $= i \times 2\pi i \times \frac{-1}{4\sqrt{2}} = \frac{\pi}{2\sqrt{2}} = \frac{\sqrt{2}}{4}\pi$

12. 解　$z = 2i$ 为 $f(z) = \frac{x^2}{(x^2+4)^2}$ 在上半平面的二级极点，

$$原式 = 2\pi i \mathrm{Res}\left[\frac{z^2}{(z^2+4)^2},2i\right] = 2\pi i \lim_{z\to 2i}\left[\frac{z^2}{(z+2i)^2}\right]' = 2\pi i\left(-\frac{i}{8}\right) = \frac{\pi}{4}$$

13.解　函数 $f(z) = \dfrac{\mathrm{e}^{ibz}}{z^2+a^2}$ 在上半平面有一级极点 $z = ai$,

$$\mathrm{Res}[f(z),ai] = \lim_{z\to ai}\frac{\mathrm{e}^{ibz}}{z+ai} = \frac{\mathrm{e}^{-ab}}{2ai}$$

$$原式 = \frac{1}{2}\times 2\pi i \mathrm{Res}[f(z),ai] = \frac{\pi}{2a}\mathrm{e}^{-ab}$$

$$\mathscr{F}^{-1}[F(\omega)] = \begin{cases} \dfrac{\pi}{2a}\mathrm{e}^{-at}, & t > 0 \\[2mm] \dfrac{\pi}{2a}, & t = 0 \\[2mm] \dfrac{\pi}{2a}\mathrm{e}^{at}, & t < 0 \end{cases}$$

14.解　$v_{xx} = 4, v_{yy} = -4, v_{xx} + v_{yy} = 0$,故 $v(x,y)$ 为调和函数.

$$v_y = -4y = u_x, u = -4xy + c(y),\quad -v_x = -(4x+1) = u_y, -(4x+1) = -4x + c'(y)$$

$$c'(y) = -1, c(y) = -y + c$$

故
$$u(x,y) = -4xy - y + c$$

由 $f(i) = -2i$,得
$$c = 1,\quad f(z) = (-4xy - y + 1) + i(2x^2 - 2y^2 + x)$$

15.解　$f(z)$ 在复平面内有两个孤立奇点 $z = \pm i$,$f(z)$ 在 $0 < |z-i| < 2$ 与 $2 < |z-i| < +\infty$ 内解析.

当 $0 < |z-i| < 2$ 时,有

$$f(z) = \frac{1}{z-i}\frac{1}{z+i} = \frac{1}{z-i}\frac{1}{2i+z-i} = \frac{1}{2i}\frac{1}{z-i}\frac{1}{1+\dfrac{z-i}{2i}} =$$

$$\frac{1}{2i}\frac{1}{z-i}\sum_{n=0}^{\infty}(-1)^n\left(\frac{z-i}{2i}\right)^n \sum_{n=0}^{\infty}(-1)^n\left(\frac{1}{2i}\right)^{n+1}(z-i)^{n-1}$$

当 $2 < |z-i| < +\infty$ 时,

$$f(z) = \frac{1}{z-i}\frac{1}{2i+z-i} = \frac{1}{(z-i)^2}\frac{1}{1+\dfrac{2i}{z-i}} = \frac{1}{(z-i)^2}\sum_{n=0}^{\infty}(-1)^n\left(\frac{2i}{z-i}\right)^n =$$

$$\sum_{n=0}^{\infty}(-2i)^n\left(\frac{1}{z-i}\right)^{n+2}$$

16.解

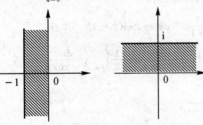
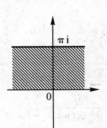

17.解　设 $\mathscr{L} = [y(t)] = Y(s)$,对方程取 Laplace 变换

$$s^3Y(s) + sY(s) = \frac{1}{s-2},\quad Y(s) = \frac{1}{s(s^2+1)(s-2)}$$

$$y(t) = \mathscr{L}^{-1}\left[\frac{1}{s(s^2+1)(s-2)}\right] = \mathscr{L}^{-1}\left[\frac{-\dfrac{1}{2}}{s} + \frac{\dfrac{1}{10}}{s-2} + \frac{\dfrac{2}{5}s - \dfrac{1}{5}}{s^2+1}\right] = -\frac{1}{2} + \frac{1}{10}\mathrm{e}^{2t} + \frac{2}{5}\cos t - \frac{1}{5}\sin t$$

18.证明　$f(z)$ 在 $|z-z_0| = r$ 内有二级极点 z_0,因此 $f(z) = \dfrac{1}{(z-z_0)^2}g(z)$,$g(z)$ 在 $|z-z_0| = r$ 内

解析无零点.

$g'(z)$ 亦在 $|z-z_0|=r$ 内解析,则

$$\oint_{|z-z_0|=r}\frac{f'(z)}{f(z)}\mathrm{d}z=\oint_{|z-z_0|=r}\frac{g'(z)(z-z_0)-2g(z)}{(z-z_0)^3}\frac{(z-z_0)^2}{g(z)}\mathrm{d}z=\oint_{|z-z_0|=r}\left(\frac{g'(z)}{g(z)}-\frac{2}{z-z_0}\right)\mathrm{d}z=$$

$$\oint_{|z-z_0|=r}\left(-\frac{2}{z-z_0}\right)\mathrm{d}z=-2\times2\pi\mathrm{i}=-4\pi\mathrm{i}$$

19. 证明 $\oint_{|z|=1}\frac{\mathrm{e}^z}{z}\mathrm{d}z=2\pi\mathrm{i}\mathrm{e}^z\mid_{z=0}=2\pi\mathrm{i}$

因为 $I=\int_0^{2\pi}\mathrm{e}^{\cos\theta}[\cos(\sin\theta)+\mathrm{i}\sin(\sin\theta)]\mathrm{d}\theta=\int_0^{2\pi}\mathrm{e}^{\cos\theta}\cdot\mathrm{e}^{\mathrm{i}\sin\theta}\mathrm{d}\theta=\int_0^{2\pi}\mathrm{e}^{\cos\theta+\mathrm{i}\sin\theta}\mathrm{d}\theta$

令 $$z=\mathrm{e}^{\mathrm{i}\theta},\quad\mathrm{d}\theta=\frac{1}{\mathrm{i}z}\mathrm{d}z$$

所以 $$I=\oint_{|z|}\mathrm{e}^z\frac{1}{\mathrm{i}z}\mathrm{d}z=2\pi$$

而 $$\int_0^\pi\mathrm{e}^{\cos\theta}\cos(\sin\theta)\mathrm{d}\theta=\frac{1}{2}\mathrm{Re}(I)=\pi$$

试题三参考解答

1. $\mathrm{e}^{\mathrm{i}\frac{\pi}{2}}$ 2. 否   3. 0   4. 2   5. $\mathrm{e}^{-2\mathrm{i}\omega}\dfrac{1}{\beta+\mathrm{i}\omega}$

6. ×   7. √   8. ×   9. √

10. 解 由原式得

$$z^2=2\mathrm{i}\Rightarrow z=(2\mathrm{i})^{1/2}=(2\mathrm{e}^{\pi\mathrm{i}/2+2k\pi\mathrm{i}})^{1/2}=\sqrt{2}\,\mathrm{e}^{(1/4+k)\pi\mathrm{i}}(k=0,1)$$

单根: $$\sqrt{2}\,\mathrm{e}^{\pi\mathrm{i}/4};\quad\sqrt{2}\,\mathrm{e}^{5\pi\mathrm{i}/4}$$

11. 解 $$\oint_c\frac{z\mathrm{e}^z}{z^2-4}\mathrm{d}z=\oint_c\frac{\frac{z\mathrm{e}^z}{z+2}}{z-2}\mathrm{d}z=2\pi\mathrm{i}\frac{z\mathrm{e}^z}{z+2}\bigg|_{z=2}=\mathrm{e}^2\pi\mathrm{i}$$

12. 解 $$原式=\oint_{|z|=4}\frac{\mathrm{d}z}{z+1}+\oint_{|z|=4}\frac{2}{z-3}\mathrm{d}z=2\pi\mathrm{i}+4\pi\mathrm{i}=6\pi\mathrm{i}$$

13. 解 $$\mathrm{Res}[f,\infty]=-\mathrm{Res}\left[f\left(\frac{1}{z}\right)\frac{1}{z^2},0\right]=\mathrm{Res}\left[\frac{1}{\left(\frac{1}{z}+\mathrm{i}\right)^{10}\left(\frac{1}{z}-2\right)}\frac{1}{z^2},0\right]=$$

$$-\mathrm{Res}\left[\frac{z^9}{(1+z\mathrm{i})^{10}(1-2z)},0\right]=0$$

14. 解 $$F(\omega)=\int_{-\infty}^{+\infty}f(t)\mathrm{e}^{-\mathrm{i}\omega t}\mathrm{d}t=\int_0^{+\infty}\mathrm{e}^{-\beta t}\mathrm{e}^{-\mathrm{i}\omega t}\mathrm{d}t=\frac{1}{\beta+\mathrm{i}\omega}$$

15. 解 因为 $$\mathscr{L}[\cos3t]=\frac{s}{s^2+9}$$

所以 $$\mathscr{L}[\cos3t\cdot\mathrm{e}^{2t}]=\frac{s-2}{(s-2)^2+9}$$

16. 证明 由 $$\frac{\partial u}{\partial x}=2-3x^2+3y^2,\quad\frac{\partial^2u}{\partial x^2}=-6x$$

$$\frac{\partial u}{\partial y}=6xy,\quad\frac{\partial^2u}{\partial y^2}=6x$$

得 $$\frac{\partial^2u}{\partial x^2}+\frac{\partial^2u}{\partial y^2}=0$$

即 $u(x,y)$ 为调和函数.

又
$$\frac{\partial v}{\partial x} = -\frac{\partial u}{\partial y} = -6xy$$

$$v = \int (-6xy)\mathrm{d}x = -3x^2 y + g(y)$$

$$\frac{\partial v}{\partial y} = -3x^2 + g'(y)$$

由 $\frac{\partial v}{\partial y} = \frac{\partial u}{\partial x}$ 得

$$-3x^2 + g'(y) = 2 - 3x^2 + 3y^2$$

故
$$g(y) = \int (2 + 3y^2)\mathrm{d}y = 2y + y^3 + c$$

$$v(x,y) = -3x^2 y + 2y + y^3 + c$$

17. 解   设 $\omega = \mathrm{e}^{\mathrm{i}\theta}\dfrac{z-\mathrm{i}}{z+\mathrm{i}}$

因为 $f(-1) = 1$,则有

$$1 = \mathrm{e}^{\mathrm{i}\theta}\frac{-1-\mathrm{i}}{-1+\mathrm{i}} \Rightarrow \mathrm{e}^{\mathrm{i}\theta} = -\mathrm{i}$$

从而
$$\omega = -\mathrm{i}\frac{z-\mathrm{i}}{z+\mathrm{i}} = \mathrm{e}^{-\frac{\pi}{2}\mathrm{i}}\frac{z-\mathrm{i}}{z+\mathrm{i}}$$

18. 解   (1) 当 $0 < |z+1| < 2$ 时,

$$\frac{1}{1-z} = \frac{1}{2-(z+1)} = \frac{1}{2}\frac{1}{1-\frac{z+1}{2}} = \frac{1}{2}\sum_{n=0}^{\infty}\left(\frac{z+1}{2}\right)^n$$

故洛朗级数为

$$\frac{1}{(z+1)(1-z)} = \frac{1}{z+1}\frac{1}{1-z} = \sum_{n=0}^{\infty}\frac{(z+1)^{n-1}}{2^{n+1}}$$

(2) 当 $2 < |z-1| < +\infty$ 时,

显然有 $\left|\dfrac{2}{z-1}\right| < 1$

$$\frac{1}{z+1} = \frac{1}{z-1}\frac{1}{1+\frac{2}{z-1}} = \frac{1}{z-1}\left[1 - \frac{2}{z-1} + \frac{2^2}{(z-1)^2} - \cdots\right] = \sum_{n=0}^{\infty}(-1)^n\frac{2^n}{(z-1)^{n+1}}$$

故洛朗级数为

$$-\frac{1}{z-1}\cdot\frac{1}{z+1} = -\frac{1}{(z-1)^2} + \frac{2}{(z-1)^3} - \cdots = \sum_{n=0}^{\infty}(-1)^{n+1}\frac{2^n}{(z-1)^{n+2}}$$

19. 解   不妨设 $\mathscr{L}[y(t)] = Y(s)$,

在方程的两边取 Laplace 变换并考虑初始条件得

$$s^3 Y(s) + 3s^2 Y(s) + 3s Y(s) + Y(s) = \frac{1}{s}$$

解得
$$Y(s) = \frac{1}{s(s+1)^3}$$

取逆变换得

$$f(t) = \operatorname*{Res}_{s=0}[Y(s)\mathrm{e}^{st},0] + \operatorname*{Res}_{s=-1}[Y(s)\mathrm{e}^{st},-1] = \frac{1}{(s+1)^3}\mathrm{e}^{st}\,|_{s=0} + \frac{1}{2}\lim_{s\to-1}\frac{\mathrm{d}}{\mathrm{d}s^2}\left[\frac{\mathrm{e}^{st}}{s}\right] =$$

$$1 - \frac{1}{2}\mathrm{e}^{-t} - t\mathrm{e}^{-t} - \mathrm{e}^{-t}$$